算法学习与应用
从入门到精通

张玲玲◎编著

人民邮电出版社

北　京

图书在版编目（ＣＩＰ）数据

算法学习与应用从入门到精通 / 张玲玲编著. -- 北京 : 人民邮电出版社，2016.9（2019.3重印）
ISBN 978-7-115-41885-2

Ⅰ．①算… Ⅱ．①张… Ⅲ．①电子计算机－算法理论－基本知识 Ⅳ．①TP301.6

中国版本图书馆CIP数据核字(2016)第123637号

内 容 提 要

算法是程序的灵魂，只有掌握了算法，才能轻松地驾驭程序开发。算法能够告诉开发者在面对一个项目功能时用什么思路去实现，有了这个思路后，编程工作只需遵循这个思路去实现即可。本书循序渐进、由浅入深地详细讲解了算法实现的核心技术，并通过具体实例的实现过程演练了各个知识点的具体使用流程。

全书共 20 章，其中，第 1 章讲解了算法为什么是程序的灵魂；第 2～8 章分别讲解了常用的算法，如线性表、队列和栈，树，图，查找算法，内部排序算法，外部排序算法等知识，这些内容都是算法技术核心的语法知识；第 9～15 章分别讲解了经典的数据结构问题、解决数学问题、解决趣味问题、解决图像问题、算法的经典问题、解决奥赛问题、常见算法应用实践等高级编程技术，这些内容是算法技术的重点和难点；第 16～20 章分别通过 5 个综合实例的实现过程，介绍了算法在综合开发项目中的使用流程和发挥的作用。全书内容以"技术解惑"和"实践应用"贯穿全书，引领读者全面掌握算法的核心技术。

本书不但适合算法研究和学习的初学者，也适合有一定算法基础的读者，还可以作为大中专院校相关专业师生的学习用书和培训学校的教材。

◆ 编　著　张玲玲

责任编辑　张　涛

责任印制　焦志炜

◆ 人民邮电出版社出版发行　　北京市丰台区成寿寺路 11 号
邮编　100164　电子邮件　315@ptpress.com.cn
网址　http://www.ptpress.com.cn
固安县铭成印刷有限公司印刷

◆ 开本：787×1092　1/16
印张：31.75
字数：847 千字　　　　　　　　2016 年 9 月第 1 版
印数：4 201－4 500 册　　　　　2019 年 3 月河北第 5 次印刷

定价：69.00 元（附光盘）

读者服务热线：(010)81055410　印装质量热线：(010)81055316
反盗版热线：(010)81055315
广告经营许可证：京东工商广登字 20170147 号

前　言

从你开始学习编程的那一刻起，就注定了以后所要走的路：从编程学习者开始，依次经历实习生、程序员、软件工程师、架构师、CTO 等职位的磨砺；当你站在职位顶峰的位置蓦然回首，会发现自己的成功并不是偶然，在程序员的成长之路上会有不断修改代码、寻找并解决 Bug、不停测试程序和修改项目的经历；不可否认的是，只要你在自己的开发生涯中稳扎稳打，并且善于总结和学习，最终将会得到可喜的收获。

一本合适的书

对于一名想从事程序开发的初学者来说，究竟如何学习才能提高自己的开发技术呢？其一的答案就是买一本合适的程序开发书籍进行学习。但是，市面上许多面向初学者的编程书籍中，大多数篇幅都是基础知识讲解，多偏向于理论；读者读了以后面对实战项目时还是无从下手，如何实现从理论平滑过渡到项目实战，是初学者迫切需要的书籍，为此，作者特意编写了本书。

本书用一本书的容量讲解了入门类、范例类和项目实战类 3 类图书的内容，并且对实战知识不是点到为止地讲解，而是深入地探讨。用纸质书＋光盘资料（视频和源程序）＋网络答疑的方式，实现了入门＋范例演练＋项目实战的完美呈现，帮助读者从入门平滑过渡到适应项目实战的角色。

本书的特色

1．以"入门到精通"的写作方法构建内容，让读者入门容易

为了使读者能够完全看懂本书的内容，本书遵循"入门到精通"基础类图书的写法，循序渐进地讲解了算法的基本知识。

2．破解语言难点，"技术解惑"贯穿全书，绕过学习中的陷阱

本书不是编程语言知识点的罗列式讲解，为了帮助读者学懂基本知识点，每章都会有"技术解惑"板块，让读者知其然又知其所以然，也就是看得明白，学得通。

3．全书共计 320 个实例，具有与"实例大全"类图书同数量级的范例

书中一共有 320 个实例，其中包含了 5 个综合实例。通过这些实例的练习，读者有更多的实践演练机会，实现了对知识点的横向切入和纵向比较，并且可以从不同的角度展现一个知识点的用法，真正达到举一反三的效果。

4．视频讲解，降低学习难度

书中每一章节均提供声、图并茂的语音教学视频，这些视频能够引导初学者快速入门，增强学习的信心，从而快速理解所学知识。

5．贴心提示和注意事项提醒

本书根据需要在各章安排了很多"注意""说明"和"技巧"等小板块，让读者可以在学习过程中更轻松地理解相关知识点及概念，更快地掌握个别技术的应用技巧。

6．源程序＋视频＋PPT 丰富的学习资料，让学习更轻松

因为本书的内容非常多，不可能用一本书的篇幅囊括"基础＋范例＋项目案例"的内容，所

以需要配套 DVD 光盘来辅助实现。在本书的光盘中不但有全书的源代码，而且还精心制作了实例讲解视频。本书配套的 PPT 资料可以在网站下载（www.toppr.net）。

7．QQ 群+网站论坛实现教学互动，形成互帮互学的朋友圈

本书作者为了方便给读者答疑，特提供了网站论坛、QQ 群等技术支持，并且随时在线与读者互动。让大家在互学互帮中形成一个良好的学习编程的氛围。

本书的学习论坛是：www.toppr.net。

本书的 QQ 群是：347459801。

本书的内容

本书循序渐进、由浅入深地详细讲解了算法应用技术，并通过具体实例的实现过程演练了各个知识点的具体应用。全书共 20 章，讲解了常用的算法思想，线性表、队列和栈，树，图，查找算法，内部排序算法，外部排序算法等知识，这些内容都是算法技术最核心的语法知识；另外，还讲解了经典的数据结构问题，解决数学问题，解决趣味问题，解决图像问题，算法的经典问题，解决奥赛问题，常见算法应用实践高级编程技术的基本知识等算法技术的重点和难点。最后通过 5 个综合实例的实现过程，介绍了算法在综合开发项目中的使用流程和发挥的作用。全书以"技术讲解"→"范例演练"→"技术解惑"贯穿全书，引领读者全面掌握算法的应用。

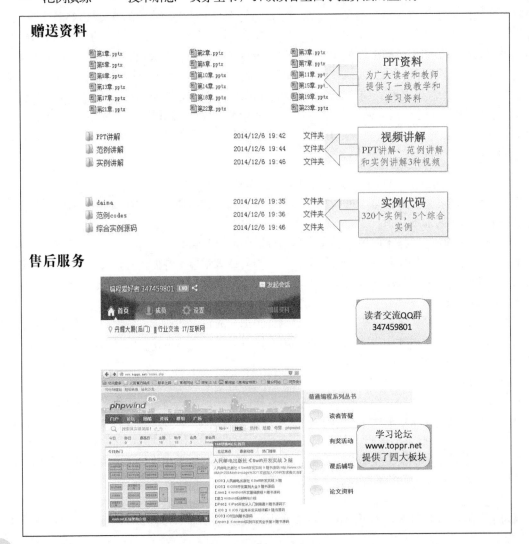

本书的读者对象

初学编程的自学者	算法爱好者
大中专院校的教师和学生	相关培训机构的教师和学员
毕业设计的学生	初、中级程序开发人员
软件测试人员	参加实习的初级程序员
在职程序员	

致谢

本书在编写过程中，十分感谢我的家人给予的巨大支持。本人水平毕竟有限，书中存在纰漏之处在所难免，诚请读者提出意见或建议，以便修订并使之更臻完善。编辑联系邮箱：zhangtao@ptpress.com.cn。

最后感谢读者购买本书，希望本书能成为读者编程路上的领航者，祝读者阅读快乐！

作者

目　　录

本书实例

第1章

算法是程序的灵魂

　　算法是程序的灵魂，只有掌握了算法，才能轻松地驾驭程序开发。软件开发工作不是按部就班的，而是选择一种最合理的算法去实现项目功能。算法能够引导开发者在面对一个项目功能时用什么思路去实现，有了这个思路后，编程工作只需遵循这个思路去实现即可。在本章将详细讲解计算机算法的基础知识，为读者步入后面的学习打下基础。

1.1 算法的基础

📹 知识点讲解：光盘:视频讲解\第 1 章\算法的基础.avi

自然界中的很多事物并不是独立存在的，而是和许多其他事物有着千丝万缕的联系。就拿算法和编程来说，两者之间就有着必然的联系。在编程界有一个不成文的原则，要想学好编程就必须学好算法。要想获悉这一说法的原因，先看下面对两者的定义。

（1）算法：是一系列解决问题的清晰指令，算法代表着用系统的方法描述解决问题的策略机制。也就是说，能够对符合一定规范的输入，在有限时间内获得所要求的输出。如果一个算法有缺陷，或不适合于某个问题，执行这个算法将不会解决这个问题。不同的算法可能用不同的时间、空间或效率来完成同样的任务。

（2）编程：是让计算机为解决某个问题而使用某种程序设计语言编写程序代码，并最终得到结果的过程。为了使计算机能够理解人的意图，人类就必须将需要解决的问题的思路、方法和手段通过计算机能够理解的形式"告诉"计算机，使计算机能够根据人的指令一步一步去工作，完成某种特定的任务。编程的目的是实现人和计算机之间的交流，整个交流过程就是编程。

在上述对编程的定义中，核心内容是思路、方法和手段等，这都需要用算法来实现。由此可见，编程的核心是算法，只要算法确定了，后面的编程工作只是实现算法的一个形式而已。

1.1.1 算法的特征

在 1950 年，Algorithm（算法）一词经常同欧几里德算法联系在一起。这个算法就是在欧几里德的《几何原本》中所阐述的求两个数的最大公约数的过程，即辗转相除法。从此以后，Algorithm 这一叫法一直沿用至今。

随着时间的推移，算法这门科学得到了长足的发展，算法应该具有如下 5 个重要的特征。

① 有穷性：保证执行有限步骤之后结束。

② 确切性：每一步骤都有确切的定义。

③ 输入：每个算法有零个或多个输入，以刻画运算对象的初始情况，所谓零个输入是指算法本身舍弃了初始条件。

④ 输出：每个算法有一个或多个输出，显示对输入数据加工后的结果，没有输出的算法是毫无意义的。

⑤ 可行性：原则上算法能够精确地运行，进行有限次运算后即可完成一种运算。

1.1.2 何为算法

为了理解什么是算法，先看一道有趣的智力题。

"烧水泡茶"有如下 5 道工序：①烧开水、②洗茶壶、③洗茶杯、④拿茶叶、⑤泡茶。

烧开水、洗茶壶、洗茶杯、拿茶叶是泡茶的前提。其中，烧开水需要 15 分钟，洗茶壶需要 2 分钟，洗茶杯需要 1 分钟，拿茶叶需要 1 分钟，泡茶需要 1 分钟。

下面是两种"烧水泡茶"的方法。

1. 方法 1

第一步：烧水。

第二步：水烧开后，洗刷茶具，拿茶叶。

第三步：沏茶。

2. 方法 2

第一步：烧水。

第二步：烧水过程中，洗刷茶具，拿茶叶。

第三步：水烧开后沏茶。

问题：比较这两个方法有何不同，并分析哪个方法更优。

上述两个方法都能最终实现"烧水泡茶"的功能，每种方法的 3 个步骤就是一种"算法"。算法是指在有限步骤内求解某一问题所使用的一组定义明确的规则。通俗点说，就是计算机解题的过程。在这个过程中，无论是形成解题思路还是编写程序，都是在实施某种算法。前者是推理实现的算法，后者是操作实现的算法。

1.2　计算机中的算法

知识点讲解：光盘:视频讲解\第 1 章\计算机中的算法.avi

众所周知，做任何事情都需要一定的步骤。计算机虽然功能强大，能够帮助人们解决很多问题，但是计算机在解决问题时，也需要遵循一定的步骤。在编写程序实现某个项目功能时，也需要遵循一定的算法。在本节的内容中，将一起探寻算法在计算机中的地位，探索算法在计算机中的基本应用知识。

1.2.1　认识计算机中的算法

计算机中的算法可分为如下两大类。

① 数值运算算法：求解数值。

② 非数值运算算法：事务管理领域。

假设有一个下面的运算：$1×2×3×4×5$，为了计算上述运算结果，最普通的做法是按照如下步骤进行计算。

第 1 步：先计算 1 乘以 2，得到结果 2。

第 2 步：将步骤 1 得到的乘积 2 乘以 3，计算得到结果 6。

第 3 步：将 6 再乘以 4，计算得 24。

第 4 步：将 24 再乘以 5，计算得 120。

最终计算结果是 120，上述第 1 步到第 4 步的计算过程就是一个算法。如果想用编程的方式来解决上述运算，通常会使用如下算法来实现。

第 1 步：假设定义 $t=1$。

第 2 步：使 $i=2$。

第 3 步：使 $t×i$，乘积仍然放在变量 t 中，可表示为 $t×i→t$。

第 4 步：使 i 的值+1，即 $i+1→i$。

第 5 步：如果 i≤5，返回重新执行步骤 3 以及其后的步骤 4 和步骤 5；否则，算法结束。

由此可见，上述算法方式就是数学中的"$n!$"公式。既然有了公式，在具体编程的时候，只需使用这个公式就可以解决上述运算的问题。

再看下面的一个数学应用问题。

假设有 80 个学生，要求打印输出成绩在 60 分以上的学生。

在此用 n 来表示学生学号，n_i 表示第 i 个学生学号；$cheng$ 表示学生成绩，$cheng_i$ 表示第 i 个学生成绩。根据题目要求，可以写出如下算法。

第 1 步：$1→i$。

第 2 步：如果 $cheng_i≥60$，则打印输出 n_i 和 $cheng_i$，否则不打印输出。

第 3 步：$i+1→i$。

第 4 步：如果 i≤80，返回步骤 2，否则，结束。

由此可见，算法在计算机中的地位十分重要。所以在面对一个项目应用时，一定不要立即编写程序，而是要仔细思考解决这个问题的算法是什么。想出算法之后，然后以这个算法为指导思想来编程。

1.2.2　为什么说算法是程序的灵魂

相信广大读者经过了解和学习 1.2.1 节的内容，已基本了解了算法在计算机编程中的重要作用，在程序开发中，算法已经成为衡量一名程序员水平高低的参照物。水平高的程序员都会看重数据结构和算法的作用，水平越高，就越能理解算法的重要性。算法不仅仅是运算工具，它更是程序的灵魂。在现实项目开发过程中，很多实际问题需要精心设计的算法才能有效解决。

算法是计算机处理信息的基础，因为计算机程序本质上是一个算法，告诉计算机确切的步骤来执行一个指定的任务，如计算职工的薪水或打印学生的成绩单。通常，当算法在处理信息时，数据会从输入设备读取，写入输出设备，也可能保存起来供以后使用。

著名计算机科学家沃思提出了下面的公式。

数据结构+算法=程序

实际上，一个程序应当采用结构化程序设计方法进行程序设计，并且用某一种计算机语言来表示。因此，可以用下面的公式表示。

程序=算法+数据结构+程序设计方法+语言和环境

上述公式中的 4 个方面是一种程序设计语言所应具备的知识。在这 4 个方面中，算法是灵魂，数据结构是加工对象，语言是工具，编程需要采用合适的方法。其中，算法是用来解决"做什么"和"怎么做"的问题。实际上程序中的操作语句就是算法的体现，所以说，不了解算法就谈不上程序设计。数据是操作对象，对操作的描述即是操作步骤，操作的目的是对数据进行加工处理以得到期望的结果。举个通俗点的例子，厨师做菜肴，需要有菜谱。菜谱上一般应包括：①配料（数据）、②操作步骤（算法）。这样，面对同样的原料可以加工出不同风味的菜肴。

1.3　在计算机中表示算法的方法

知识点讲解：光盘:视频讲解\第 1 章\在计算机中表示算法的方法.avi

在 1.2.1 节中演示的算法都是通过语言描述来体现的。其实除了语言描述之外，还可以通过其他方法来描述算法。在接下来的内容中，将简单介绍几种表示算法的方法。

1.3.1　用流程图来表示算法

流程图的描述格式如图 1-1 所示。

再次回到 1.2.1 节中的问题。

假设有 80 个学生，要求打印输出成绩在 60 分以上的学生。

针对上述问题，可以使用图 1-2 所示的算法流程图来表示。

在日常流程设计应用中，通常使用如下 3 种流程图结构。

① 顺序结构。顺序结构如图 1-3 所示，其中 A 和 B 两个框是顺序执行的，即在执行完 A 以后再执行 B 的操作。顺序结构是一种基本结构。

② 选择结构。选择结构也称为分支结构，如图 1-4 所示。此结构中必含一个判断框，根据给定的条件是否成立来选择是执行 A 框还是 B 框。无论条件是否成立，只能执行 A 框或 B 框之一，也就是说 A、B 两框只有一个，也必须有一个被执行。若两框中有一框为空，程序仍然按两个分支的方向运行。

③ 循环结构。循环结构分为两种，一种是当型循环，一种是直到型循环。当型循环是先判断条件 P 是否成立，成立才执行 A 操作，如图 1-5（a）所示。而直到型循环是先执行 A 操作再判断条件 P 是否成立，成立再执行 A 操作，如图 1-5（b）所示。

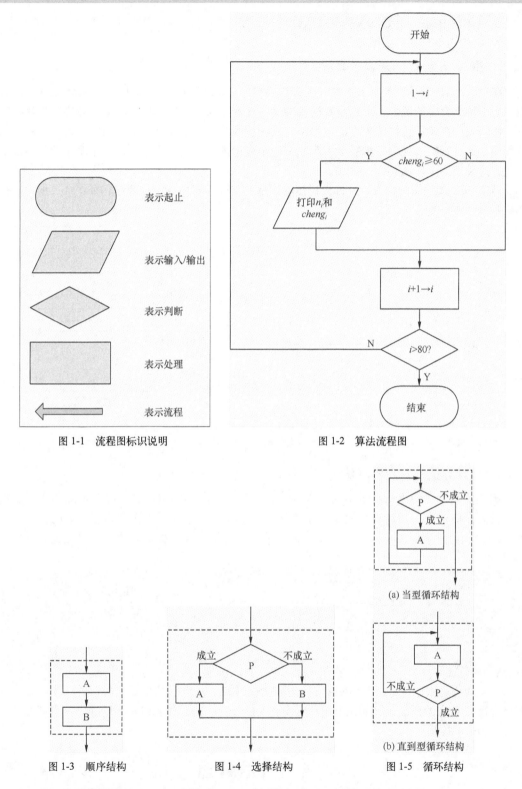

图 1-1 流程图标识说明

图 1-2 算法流程图

图 1-3 顺序结构

图 1-4 选择结构

图 1-5 循环结构

上述 3 种基本结构有如下 4 个特点，这 4 个特点对于理解算法很有帮助。

① 只有一个入口。

② 只有一个出口。

③ 结构内的每一部分都有机会被执行到。

④ 结构内不存在"死循环"。

1.3.2　用 N-S 流程图来表示算法

在 1973 年，美国学者提出了 N-S 流程图的概念，通过它可以表示计算机的算法。N-S 流程图由一些特定意义的图形、流程线及简要的文字说明构成，能够比较清晰明确地表示程序的运行过程。人们在使用传统流程图的过程中，发现流程线不一定是必需的，所以设计了一种新的流程图，这种新的方式可以把整个程序写在一个大框图内，这个大框图由若干个小的基本框图构成，这种新的流程图简称 N-S 图。

遵循 N-S 流程图的特点，N-S 流程图的顺序结构图 1-6 所示，选择结构如图 1-7 所示，循环结构如图 1-8 所示。

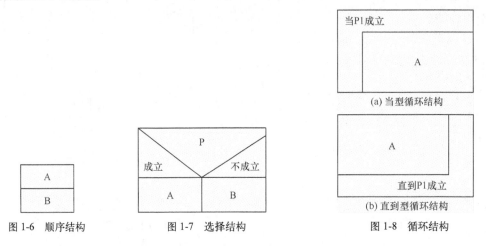

图 1-6　顺序结构　　　　图 1-7　选择结构　　　　图 1-8　循环结构

1.3.3　用计算机语言表示算法

因为算法可以解决计算机中的编程问题，是计算机程序的灵魂，所以，可以使用计算机语言来表示算法。当用计算机语言表示算法时，必须严格遵循所用语言的语法规则。再次回到 1.2.1 节中的问题：$1 \times 2 \times 3 \times 4 \times 5$，如果用 C 语言编程来解决这问题，可以通过如下代码实现。

```
main(){
int i,t;//定义两个变量
t=1;
i=2;//t初始值为1，i初始值为2
while(i<=5){
t=t*i;
i=i+1;
}
printf("%d",t);
}
```

上述代码是根据 1.2.1 节中的语言描述算法编写的，因为是用 C 语言编写的，所以，需要严格遵循 C 语言的语法。例如在上述代码中，主函数 main()、变量和 printf()输出信息都遵循了 C 语言的语法规则。

1.4　技术解惑

在一些培训班的广告中到处充斥着"一个月打造高级程序员"的口号，书店里也随处可见书名打着"入门捷径"旗号的书。有过学习经验和工作经验的人们往往深有体会，这些宣传不能全信，学习编程之路需要付出辛苦的汗水，需要付出相当多的时间和精力。结合笔者的学习经验，现总结出如下 3 条经验和大家一起分享。

（1）学得要深入，基础要扎实

基础的作用不必多说，基础的重要性在大学课堂上老师曾经讲了很多次，在此重点说明"深入"。职场不是学校，企业要求你能高效地完成项目功能，但是现实中的项目种类繁多，需要从根本上掌握算法技术的精髓，入门水平不会被开发公司所接受，他们需要的是高手。

（2）恒心、演练、举一反三

学习编程的过程是枯燥的，要将学习算法作为自己的乐趣，只有做到持之以恒才能掌握到编程的精髓。另外，编程最注重实践，最害怕闭门造车。每一个语法，每一个知识点，都要反复用实例来演练，这样才能加深对知识的理解。并且要做到举一反三，只有这样才能对知识有深入的理解。

（3）语言之争的时代更要学会坚持

当今新技术、新思想、新名词层出不穷，令人眼花缭乱。希望大家不要盲目追求各种新的技术，建议大家做一名立场坚定的程序员，人们都说 C 语言已经老掉牙了，但是现实是，C 语言永远是我们学习高级语言的基础，永远是内核和嵌入式开发的首选语言。所以只要认定自己的选择，就要坚持下去。

第 2 章

常用的算法思想

算法思想有很多，业界公认的常用算法思想有 8 种，分别是枚举、递推、递归、分治、贪心、试探法、动态迭代和模拟。当然 8 种只是一个大概的划分，是一个"仁者见仁、智者见智"的问题。在本章将详细讲解这 8 种算法思想的基本知识，希望读者理解并掌握这 8 种算法思想的基本用法和核心知识，为学习本书后面的知识打下基础。

2.1 枚举算法思想

📽️ 知识点讲解: 光盘:视频讲解\第 2 章\枚举算法思想.avi

枚举算法思想的最大特点是,在面对任何问题时它会去尝试每一种解决方法。在进行归纳推理时,如果逐个考察了某类事件的所有可能情况,因而得出一般结论,那么这个结论是可靠的,这种归纳方法叫作枚举法。

2.1.1 枚举算法基础

枚举算法的思想是:将问题的所有可能的答案一一列举,然后根据条件判断此答案是否合适,保留合适的,丢弃不合适的。在 C 语言中,枚举算法一般使用 while 循环实现。使用枚举算法解题的基本思路如下。

① 确定枚举对象、枚举范围和判定条件。

② 逐一列举可能的解,验证每个解是否是问题的解。

枚举算法一般按照如下 3 个步骤进行。

① 题解的可能范围,不能遗漏任何一个真正解,也要避免有重复。

② 判断是否是真正解的方法。

③ 使可能解的范围降至最小,以便提高解决问题的效率。

枚举算法的主要流程如图 2-1 所示。

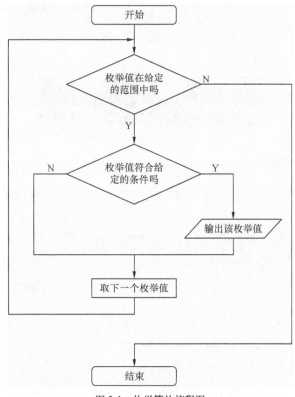

图 2-1 枚举算法流程图

2.1.2 实战演练——百钱买百鸡

为了说明枚举算法的基本用法,接下来将通过一个具体实例的实现过程,详细讲解枚举算法思想在编程中的基本应用。

实例 2-1　使用枚举法解决"百钱买百鸡"问题
源码路径　光盘\daima\2\xiaoji.c

问题描述：我国古代数学家在《算经》中有一道题："鸡翁一，值钱五；鸡母一，值钱三；鸡雏三，值钱一。百钱买百鸡，问鸡翁、母、雏各几何？"意为：公鸡每只 5 元，母鸡每只 3 元，小鸡 3 只 1 元。用 100 元钱买 100 只鸡，问公鸡、母鸡、小鸡各多少？

算法分析：根据问题的描述，可以使用枚举法解决这个问题。以 3 种鸡的个数为枚举对象（分别设为 mj、gj 和 xj），以 3 种鸡的总数（$mj+gj+xj=100$）和买鸡用去的钱的总数 $(xj/3+mj×3+gj×5=100)$ 作为判定条件，穷举各种鸡的个数。

具体实现：根据上述问题描述，用枚举算法解决实例 2-1 的问题。根据"百钱买百鸡"的枚举算法分析，编写实现文件 xiaoji.c，具体实现代码如下所示。

```
#include <stdio.h>
int main()
{
    int x,y,z;//定义3个变量，分别表示公鸡、母鸡和小鸡个数
    for(x=0;x<=20;x++)
    {
        for(y=0;y<=33;y++)
        {
            z=100-x-y;
            if (z%3==0 &&x*5+y*3+z/3==100)//3种鸡一共100只
                printf("公鸡：%d,母鸡：%d,小鸡：%d\n",x,y,z);
        }
    }
    getch();
    return 0;
}
```

执行后的效果如图 2-2 所示。

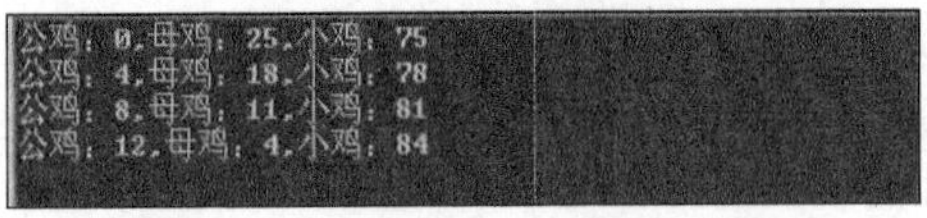

图 2-2　"百钱买百鸡"问题执行效果

2.1.3　实战演练——解决"填写运算符"问题

一个实例不能说明枚举算法思想的基本用法，在下面的实例中将详细解使用枚举法解决"填写运算符"的问题。

实例 2-2　使用枚举法解决"填写运算符"问题
源码路径　光盘\daima\2\yunsuan.c

问题描述：在下面的算式中，添加"+""−""×""÷"4 个运算符，使这个等式成立。

5　5　5　5　5 = 5

算法分析：上述算式由 5 个数字构成，一共需要填入 4 个运算符。根据题目要求，知道每两个数字之间的运算符只能有 4 种选择，分别是"+""−""×""÷"。在具体编程时，可以通过循环来填入各种运算符，然后再判断算式是否成立。并且保证当填入除号时，其右侧的数不能是 0，并且"×""÷"运算符的优先级高于"+""−"。

具体实现：根据上述"填写运算符"的枚举算法分析，编写实现文件 yunsuan.c，具体实现代码如下所示。

```
#include <stdio.h>
int main()
```

```
{
    int j,i[5];                               //循环变量，数组i用来表示4个运算符
    int sign;                                 //累加运算时的符号
    int result;                               //保存运算式的结果值
    int count=0;                              //计数器，统计符合条件的方案
    int num[6];                               //保存操作数
    float left,right;                         //保存中间结果
    char oper[5]={' ','+','-','*','/'};       //运算符
    printf("输入5个数，之间用空格隔开：");
for(j=1;j<=5;j++)
scanf("%d",&num[j]);
    printf("输入结果：");
scanf("%d",&result);
    for(i[1]=1;i[1]<=4;i[1]++)                //循环4种运算符，1表示+，2表示-,3表示*，4表示/
    {
if((i[1]<4) || (num[2]!=0))   //运算符若是/,则第二个运算数不能为0
        {
            for(i[2]=1;i[2]<=4;i[2]++)
            {
if((i[2]<4) || (num[3]!=0))
                {
                    for(i[3]=1;i[3]<=4;i[3]++)
                    {
if((i[3]<4) || num[4]!=0)
                        {
                            for(i[4]=1;i[4]<=4;i[4]++)
                            {
if((i[4]<4) || (num[5]!=0))
                                {
left=0;
right=num[1];
sign=1;
//使用case语句，将四种运算符填到对应的空格位置，并进行运算
for(j=1;j<=4;j++)
{
switch(oper[i[j]])
{
case '+':
left=left+sign*right;
sign=1;
right=num[j+1];
break;
case '-':
left=left+sign*right;
sign=-1;
right=num[j+1];
break;//通过f=-1实现减法
case '*':
right=right*num[j+1];
break;//实现乘法
case '/':
                                                    right=right/num[j+1];//实现除法
break;
}
}
//开始判断，如果运算式的结果和输入的结果相同，则表示找到一种算法，并输出这个解
if(left+sign*right==result)
{
count++;
printf("%3d: ",count);
for(j=1;j<=4;j++)
printf("%d%c",num[j],oper[i[j]]);
printf("%d=%d\n",num[5],result);
}
}
                                }
                            }
                        }
                    }
                }
            }
        }
    }
if(count==0)
```

```
            printf("没有符合要求的方法! \n");
    getch();
    return 0;
}
```

在上述代码中，定义了 *left* 和 *right* 两个变量，*left* 用于保存上一步的运算结果，*right* 用于保存下一步的运算结果。因为"×"和"÷"的优先级高于"+"和"−"，所以计算时先计算"×"和"÷"，再计算"+"和"−"。执行后的效果如图 2-3 所示。

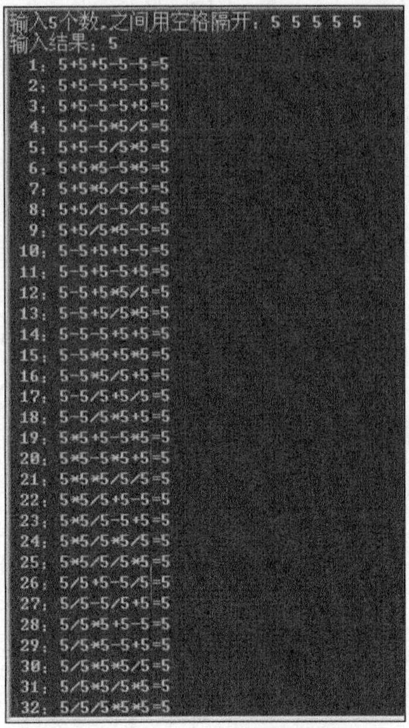

图 2-3　"填写运算符"问题执行效果

2.2　递推算法思想

知识点讲解：光盘:视频讲解\第 2 章\递推算法思想.avi

与枚举算法思想相比，递推算法能够通过已知的某个条件，利用特定的关系得出中间推论，然后逐步递推，直到得到结果为止。由此可见，递推算法要比枚举算法聪明，它不会尝试每种可能的方案。

2.2.1　递推算法基础

递推算法可以不断利用已有的信息推导出新的东西，在日常应用中有如下两种递推算法。

① 顺推法：从已知条件出发，逐步推算出要解决问题的方法。例如斐波那契数列就可以通过顺推法不断递推算出新的数据。

② 逆推法：从已知的结果出发，用迭代表达式逐步推算出问题开始的条件，即顺推法的逆过程。

2.2.2　实践演练——解决"斐波那契数列"问题

为了说明递推算法的基本用法，接下来将通过一个具体实例的实现过程，详细讲解递推算法思想在编程过程中的基本应用。

实例 2-3　使用顺推法解决"斐波那契数列"问题
源码路径　光盘\daima\2\shuntui.c

问题描述：斐波那契数列因数学家列昂纳多·斐波那契以兔子繁殖为例子而引入，故又称为"兔子数列"。一般而言，兔子在出生两个月后，就有繁殖能力，一对兔子每个月能生出一对小兔子来。如果所有兔子都不死，那么一年以后可以繁殖多少对兔子？

算法分析：以新出生的一对小兔子进行如下分析。

① 第一个月小兔子没有繁殖能力，所以还是一对。

② 2个月后，一对小兔子生下了一对新的小兔子，所以共有两对兔子。

③ 3个月以后，老兔子又生下一对，因为小兔子还没有繁殖能力，所以一共是 3 对。

……

依次类推可以列出关系表，如表 2-1 所示。

表 2-1　月数与兔子对数关系表

月数:	1	2	3	4	5	6	7	8	…
对数:	1	1	2	3	5	8	13	21	…

表中数字 1，1，2，3，5，8……构成了一个数列，这个数列有个十分明显的特点：前面相邻两项之和，构成了后一项。这个特点的证明：每月的大兔子数为上月的兔子数，每月的小兔子数为上月的大兔子数，某月兔子的对数等于其前面紧邻两个月的和。

由此可以得出具体算法如下所示：

设置初始值为 $F_0=1$，第 1 个月兔子的总数是 $F_1=1$。

第 2 个月的兔子总数是 $F_2=F_0+F_1$。

第 2 个月的兔子总数是 $F_3=F_1+F_2$。

第 3 个月的兔子总数是 $F_4=F_2+F_3$。

………

第 n 个月的兔子总数是 $F_n=F_n-2+F_n-1$。

具体实现：根据上述问题描述，根据"斐波那契数列"的顺推算法分析，编写实现文件 shuntui.c，具体实现代码如下所示。

```c
#include <stdio.h>
#define NUM 13
int main()
{
int i;
    long fib[NUM] = {1,1}; //定义一个拥有13个元素的数组，用于保存兔子的初始数据和每月的总数
//顺推每个月的总数
for(i=2;i<NUM;i++)
    {
fib[i] = fib[i-1]+fib[i-2];
    }
//循环输出每个月的总数
for(i=0;i<NUM;i++)
    {
        printf("第%d月兔子总数:%d\n", i, fib[i]);
    }
getch();
return 0;
}
```

执行后的效果如图 2-4 所示。

图 2-4　"斐波那契数列"问题执行效果

2.2.3　实践演练——解决"银行存款"问题

一个实例不能说明递推算法思想的基本用法，接下来开始使用逆推算法解决"银行存款"问题。

实例 2-4	使用逆推法解决"银行存款"问题
	源码路径　　光盘\daima\2\nitui.c

问题描述：母亲为儿子小 Sun 4 年的大学生活准备了一笔存款，方式是整存零取，规定小 Sun 每月月底取下一个月的生活费。现在假设银行的年利息为 1.71%，请编写程序，计算母亲最少需要存入多钱？

算法分析：可以采用逆推法分析存钱和取钱的过程，因为按照月为周期取钱，所以需要将 4 年分为 48 个月，并分别对每个月进行计算。

如果在第 48 月后 Sun 大学毕业时连本带息要取 1000 元，则要先求出第 47 个月时银行存款的钱数：

第 47 月月末存款=1000/(1+0.0171/12)；

第 46 月月末存款=(第 47 月月末存款+1000)/(1+0.0171/12)；

第 45 月月末存款=(第 46 月月末存款+1000)/(1+0.0171/12)；

第 44 月月末存款=(第 45 月月末存款+1000)/(1+0.0171/12)；

……

第 2 月月末存款=(第 3 月月末存款+1000)/(1+0.0171/12)；

第 1 月月末存款=(第 2 月月末存款+1000)/(1+0.0171/12)。

具体实现：编写实现文件 nitui.c，具体实现代码如下所示。

```
#include <stdio.h>
#define FETCH 1000
#define RATE 0.0171
int main()
{
    double corpus[49];
    int i;
    corpus[48]=(double)FETCH;
    for(i=47;i>0;i--)
    {
    corpus[i]=(corpus[i+1]+FETCH)/(1+RATE/12);
    }
    for(i=48;i>0;i--)
    {
        printf("%d月月末本利共计:%.2f\n",i,corpus[i]);
    }
    getch();
    return 0;
}
```

执行后的效果如图 2-5 所示。

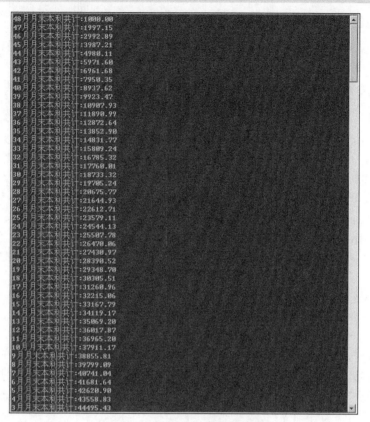

图 2-5 "银行存款"问题执行效果

2.3 递归算法思想

知识点讲解：光盘:视频讲解\第 2 章\递归算法思想.avi

因为递归算法思想往往用函数的形式来体现，所以递归算法需要预先编写功能函数。这些函数是独立的功能，能够实现解决某个问题的具体功能，当需要时直接调用这个函数即可。在本节的内容中，将详细讲解递归算法思想的基本知识。

2.3.1 递归算法基础

在计算机编程应用中，递归算法对解决大多数问题是十分有效的，它能够使算法的描述变得简洁而且易于理解。递归算法有如下 3 个特点。

① 递归过程一般通过函数或子过程来实现。

② 递归算法在函数或子过程的内部，直接或者间接地调用自己的算法。

③ 递归算法实际上是把问题转化为规模缩小了的同类问题的子问题,然后再递归调用函数或过程来表示问题的解。

在使用递归算法时，读者应该注意如下 4 点。

① 递归是在过程或函数中调用自身的过程。

② 在使用递归策略时，必须有一个明确的递归结束条件，这称为递归出口。

③ 递归算法通常显得很简洁，但是运行效率较低，所以一般不提倡用递归算法设计程序。

④ 在递归调用过程中，系统用栈来存储每一层的返回点和局部量。如果递归次数过多，则容易造成栈溢出，所以一般不提倡用递归算法设计程序。

2.3.2 实践演练——解决"汉诺塔"问题

为了说明递归算法的基本用法，接下来将通过一个具体实例的实现过程，详细讲解递归算法思想在编程中的基本应用。

实例 2-5 使用递归算法解决"汉诺塔"问题

源码路径 光盘\daima\2\hannuo.c

问题描述：寺院里有 3 根柱子，第一根有 64 个盘子，从上往下盘子越来越大。方丈要求小和尚 A_1 把这 64 个盘子全部移动到第 3 根柱子上。在移动的时候，始终只能小盘子压着大盘子，而且每次只能移动一个。

方丈发布命令后，小和尚 A_1 就马上开始了工作，下面看他的工作过程。

(1) 聪明的小和尚 A_1 在移动时，觉得很难，另外他也非常懒惰，所以找来 A_2 来帮他。他觉得要是 A_2 能把前 63 个盘子先移动到第二根柱子上，自己再把最后一个盘子直接移动到第三根柱子，再让 A_2 把刚才的前 63 个盘子从第二根柱子上移动到第三根柱子上，整个任务就完成了。所以他找了另一个小和尚 A_2，然后下了如下命令：

① 把前 63 个盘子移动到第二根柱子上；
② 把第 64 个盘子移动到第三根柱子上后；
③ 把前 63 个盘子移动到第三根柱子上；

(2) 小和尚 A_2 接到任务后也觉得很难，所以他也和 A_1 想的一样：要是有一个人能把前 62 个盘子先移动到第三根柱子上，再把最后一个盘子直接移动到第二根柱子，再让那个人把刚才的前 62 个盘子从第三根柱子上移动到第三根柱子上，任务就算完成了。所以他也找了另外一个小和尚 A_3，然后下了如下命令：

① 把前 62 个盘子移动到第三根柱子上；
② 自己把第 63 个盘子移动到第二根柱子上后；
③ 把前 62 个盘子移动到第二根柱子上；

(3) 小和尚 A_3 接了任务，又把移动前 61 个盘子的任务"依葫芦画瓢"的交给了小和尚 A_4，这样一直递推下去，直到把任务交给了第 64 个小和尚 A_{64} 为止。

(4) 此时此刻，任务马上就要完成了，唯一的工作就是 A_{63} 和 A64 的工作了。

小和尚 A_{64} 移动第 1 个盘子，把它移开，然后小和尚 A_{63} 移动给他分配的第 2 个盘子。

小和尚 A_{64} 再把第 1 个盘子移动到第 2 个盘子上。到这里 A_{64} 的任务完成，A_{63} 完成了 A_{62} 交给他的任务的第一步。

算法分析：从上面小和尚的工作过程可以看出，只有 A_{64} 的任务完成后，A_{63} 的任务才能完成，只有小和尚 A_2～小和尚 A_{64} 的任务完成后，小和尚 A_1 剩余的任务才能完成。只有小和尚 A_1 剩余的任务完成，才能完成方丈吩咐给他的任务。由此可见，整个过程是一个典型的递归问题。接下来我们以有 3 个盘子来分析。

第 1 个小和尚命令：

① 第 2 个小和尚先把第一根柱子前 2 个盘子移动到第二根柱子，借助第三根柱子；
② 第 1 个小和尚自己把第一根柱子最后的盘子移动到第三根柱子；
③ 第 2 个小和尚你把前 2 个盘子从第二根柱子移动到第三根柱子。

非常显然，第②步很容易实现。

其中第一步，第 2 个小和尚有 2 个盘子，他就命令：

① 第 3 个小和尚把第一根柱子第 1 个盘子移动到第三根柱子（借助第二柱子）；
② 第 2 个小和尚自己把第一根柱子第 2 个盘子移动到第二根柱子上；

③ 第 3 个小和尚把第 1 个盘子从第三根柱子移动到第二根柱子。

同样，第②步很容易实现，但第 3 个小和尚只需要移动 1 个盘子，所以他也不用再下派任务了（注意：这就是停止递归的条件，也叫边界值）。

第③步可以分解为，第 2 个小和尚还是有 2 个盘子，于是命令：

① 第 3 个小和尚把第二根柱子上的第 1 个盘子移动到第一根柱子；

② 第 2 个小和尚把第 2 个盘子从第二根柱子移动到第三根柱子；

③ 第 3 个小和尚你把第一根柱子上的盘子移动到第三根柱子。

分析组合起来就是：1→3，1→2，3→2，借助第三根柱子移动到第二根柱子；1→3 是自私人留给自己的活；2→1，2→3，1→3 是借助别人帮忙，第一根柱子移动到第三根柱子一共需要七步来完成。

如果是 4 个盘子，则第一个小和尚的命令中第①步和第③步各有 3 个盘子，所以各需要 7 步，共 14 步，再加上第 1 个小和尚的第①步，所以 4 个盘子总共需要移动 7+1+7=15 步；同样，5 个盘子需要 15+1+15=31 步，6 个盘子需要 31+1+31=63 步……由此可以知道，移动 n 个盘子需要（$2n-1$）步。

假设用 $hannuo$（n,a,b,c）表示把第一根柱子上的 n 个盘子借助第 2 根柱子移动到第 3 根柱子。由此可以得出如下结论。

第①步的操作是 $hannuo(n-1,1,3,2)$，第③步的操作是 $hannuo(n-1,2,1,3)$。

具体实现：根据上述算法分析，编写实现文件 hannuo.c，具体代码如下所示。

```c
move(int n,int x,int y,int z)//移动函数，根据递归算法编写
{
if (n==1)
printf("%c-->%c\n",x,z);
else
    {
move(n-1,x,z,y);
printf("%c-->%c\n",x,z);
        {
getchar();}
move(n-1,y,x,z);
    }
}
main()
{
int h;
    printf("输入盘子个数: ");//提示输入盘子个数
scanf("%d",&h);
    printf("移动%2d个盘子的步骤如下:\n",h);
    move(h,'a','b','c');//调用前面定义的函数开始移动，依次输出一定步骤
system("pause");
}
```

执行后先输入移动盘子的个数，按下【Enter】键后将会显示具体步骤。执行效果如图 2-6 所示。

图 2-6 "汉诺塔"问题执行效果

2.3.3　实践演练——解决"阶乘"问题

为了说明递归算法的基本用法,接下来将通过一个具体实例的实现过程,详细讲解使用递归算法思想解决阶乘问题的方法。

实例 2-6　**使用递归算法解决"阶乘"问题**
源码路径　光盘\daima\2\yunsuan.c

问题描述:阶乘(factorial)是基斯顿·卡曼(Christian Kramp)于 1808 年发明的一种运算符号。自然数由 $1 \sim n$ 的 n 个数连乘积叫作 n 的阶乘,记作 $n!$。

例如所要求的数是 4,则阶乘式是 $1 \times 2 \times 3 \times 4$,得到的积是 24,即 24 就是 4 的阶乘。

例如所要求的数是 6,则阶乘式是 $1 \times 2 \times 3 \times \cdots \times 6$,得到的积是 720,即 720 就是 6 的阶乘。

例如所要求的数是 n,则阶乘式是 $1 \times 2 \times 3 \times \cdots \times n$,设得到的积是 x,x 就是 n 的阶乘。

在下面列出了 $0 \sim 10$ 的阶乘。

0!=1

1!=1

2!=2

3!=6

4!=24

5!=120

6!=720

7!=5040

8!=40320

9!=362880

10!=3628800

算法分析:假如计算 6 的阶乘,则计算过程如图 2-7 所示。

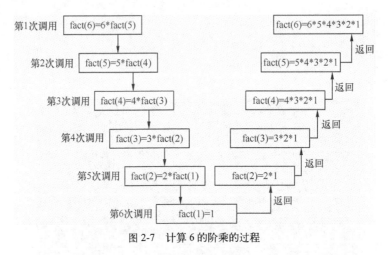

图 2-7　计算 6 的阶乘的过程

具体实现:根据上述算法分析,使用递归法编写文件 jiecheng.c,具体代码如下所示。

```c
#include <stdio.h>
int fact(int n);
int main()
{
    int i;
    printf("输入要计算阶乘的一个整数: ");
```

```
        scanf("%d",&i);
        printf("%d的阶乘结果为: %d\n",i,fact(i));
        getch();
        return 0;
}
int fact(int n)
{
        if(n<=1)
        return 1;
        else
        return n*fact(n-1);
```

执行后如果输入"6"并按下【Enter】键,则会输出6的阶乘是720,执行效果如图2-8所示。

图2-8 计算6的阶乘的执行效果

2.4 分治算法思想

📖 知识点讲解: 光盘:视频讲解\第2章\分治算法思想.avi

在本节将要讲解的分治算法也采取了各个击破的方法,将一个规模为 N 的问题分解为 K 个规模较小的子问题,这些子问题相互独立且与原问题性质相同。只要求出子问题的解,就可得到原问题的解。

2.4.1 分治算法基础

在编程过程中,经常遇到处理数据相当多、求解过程比较复杂、直接求解法会比较耗时的问题。在求解这类问题时,可以采用各个击破的方法。具体做法是:先把这个问题分解成几个较小的子问题,找到求出这几个子问题的解法后,再找到合适的方法,把它们组合成求整个大问题的解。如果这些子问题还是比较大,还可以继续再把它们分成几个更小的子问题,以此类推,直至可以直接求出解为止。这就是分治算法的基本思想。

使用分治算法解题的一般步骤如下。

① 分解,将要解决的问题划分成若干个规模较小的同类问题。

② 求解,当子问题划分得足够小时,用较简单的方法解决。

③ 合并,按原问题的要求,将子问题的解逐层合并构成原问题的解。

2.4.2 实践演练——解决"大数相乘"问题

为了说明分治算法的基本用法,接下来将通过一个具体实例的实现过程,详细讲解分治算法思想在编程中的基本应用。

实例 2-7　解决"大数相乘"问题
源码路径　光盘\daima\2\fenzhi.c

问题描述:所谓大数相乘,是指计算两个大数的积。

算法分析:假如计算 123×456 的结果,则分治算法的基本过程如下所示。

第一次拆分为:12和45,具体说明如下所示。

设 char *a = "123", *b = "456", 对 a 实现 t = strlen(a), t/2 得 12(0、1 位置)余 3(2 位置)为 3 和 6。

同理,对另一部分 b 也按照上述方法拆分,即拆分为 456。

使用递归求解：12×45，求得 12×45 的结果左移两位补 0 右边，因为实际上是 120×450；12×6（同上左移一位其实是 120×6）；3×45（同上左移一位其实是 3×450）；3×6（解的结果不移动）。

第二次拆分：12 和 45，具体说明如下所示。

1 和 4：交叉相乘并将结果相加，1×4 左移两位为 400，1×5 左移一位为 50，2×4 左移一位为 80，2×5 不移为 10。

2 和 5：相加得 400+50+80+10=540。

另外几个不需要拆分得 72、135、18，所以：54000+720+1350+18=56088。

由此可见，整个解法的难点是对分治的理解，以及结果的调整和对结果的合并。

具体实现：根据上述分治算法思想，编写实例文件 fenzhi.c，具体实现代码如下所示。

```c
#include <stdio.h>
#include <malloc.h>
#include <stdlib.h>
#include <string.h>

char *result = '\0';
int    pr = 1;

void getFill(char *a,char *b,int ia,int ja,int ib,int jb,int tbool,int move){
int    r,m,n,s,j,t;
char *stack;

    m = a[ia] - 48;
    if( tbool){//  直接将结果数组的标志位填入,这里用了堆栈思想
        r = (jb - ib > ja - ia) ? (jb - ib) : (ja - ia);
stack = (char *)malloc(r + 4);
for(r = j = 0,s = jb; s >= ib; r ++,s --){
            n = b[s] - 48;
stack[r] = (m * n + j) % 10;
            j = (m * n + j) / 10;
        }
if( j){
stack[r] = j;
r ++;
        }
for(r --; r >= 0; r --,pr ++)
result[pr] = stack[r];
free(stack);
for(move = move + pr; pr < move; pr ++)
result[pr] = '\0';
    else{ //与结果的某几位相加,这里不改变标志位pr的值
        r = pr - move - 1;
for(s = jb,j = 0; s >= ib; r --,s --){
            n = b[s] - 48;
            t = m * n + j + result[r];
result[r] = t % 10;
            j = t / 10;
        }
for( ; j ; r --){
            t = j + result[r];
result[r] = t % 10;
            j = t / 10;
        }
    }
}

int    get(char *a,char *b,int ia,int ja,int ib,int jb,int t,int move){
int m,n,s,j;
if(ia == ja){
        getFill(a,b,ia,ja,ib,jb,t,move);
return 1;
    }
else if(ib == jb){
        getFill(b,a,ib,jb,ia,ja,t,move);
return 1;
```

```
        }
    else{
            m = (ja + ia) / 2;
            n = (jb + ib) / 2;
            s = ja - m;
            j = jb - n;
            get(a,b,ia,m,ib,n,t,s + j + move);
            get(a,b,ia,m,n + 1,jb,0,s + move);
            get(a,b,m + 1,ja,ib,n,0,j + move);
            get(a,b,m + 1,ja,n + 1,jb,0,0 + move);
        }
    return 0;
    }

int    main(){
char *a,*b;
int    n,flag;

        a = (char *)malloc(1000);
        b = (char *)malloc(1000);
printf("The program will computer a*b\n");
printf("Enter a b:");
scanf("%s %s",a,b);
result = (char *)malloc(strlen(a) + strlen(b) + 2);
flag = pr = 1;
result[0] = '\0';
if(a[0] == '-' && b[0] == '-')
        get(a,b,1,strlen(a)-1,1,strlen(b)-1,1,0);
if(a[0] == '-' && b[0] != '-'){
flag = 0;
        get(a,b,1,strlen(a)-1,0,strlen(b)-1,1,0);
    }
if(a[0] != '-' && b[0] == '-'){
flag = 0;
    get(a,b,0,strlen(a)-1,1,strlen(b)-1,1,0);
    }
if(a[0] != '-' && b[0] != '-')
        get(a,b,0,strlen(a)-1,0,strlen(b)-1,1,0);
if(!flag)
printf("-");
if( result[0] )
printf("%d",result[0]);
for(n = 1; n < pr ; n ++)
printf("%d",result[n]);
printf("\n");
free(a);
free(b);
free(result);
system("pause");
return 0;
}
```

执行后先分别输入两个大数,例如 123 和 456,按下【Enter】键后将输出这两个数相乘的积。执行效果如图 2-9 所示。

图 2-9 "大数相乘"问题的执行效果

2.4.3 实践演练——欧洲冠军杯比赛日程安排

实例 2-8 使用分治算法解决"欧洲冠军杯比赛日程安排"问题
源码路径 光盘\daima\2\ouguan.c

问题描述:一年一度的欧洲冠军杯马上就要打响,在初赛阶段采用循环制,设共有 n 队参加，初赛共进行 $n-1$ 天，每队要和其他各队进行一场比赛，然后按照最后积分选拔进入决赛的球队。要求每队每天只能进行一场比赛，并且不能轮空。请按照上述需求安排比赛日程，决定每天各队的对手。

算法分析：根据分治算法思路，将所有参赛队伍分为两半，则 n 队的比赛日程表可以通过 $n/2$ 个队的比赛日程来决定。然后继续按照上述一分为二的方法对参赛队进行划分，直到只剩余最后 2 队时为止。

假设 n 队的编号为 1，2，3，…，n，比赛日程表制作为一个二维表格，每行表示每队所对阵队的编号。例如 8 支球队 7 天比赛的日程表如表 2-2 所示。

表 2-2   **8 队比赛日程表**

编号	第 1 天	第 2 天	第 3 天	第 4 天	第 5 天	第 6 天	第 7 天
1	2	3	4	5	6	7	8
2	1	4	3	6	5	8	7
3	4	1	2	7	8	5	6
4	3	2	1	8	7	6	5
5	6	7	8	1	2	3	4
6	5	8	7	2	1	4	3
7	8	5	6	3	4	1	2
8	7	6	5	4	3	2	1

根据表 2-2 的分析，可以将复杂的问题分治而解，即分解为多个简单的问题。例如有 4 队的比赛日程如表 2-3 所示。

表 2-3   **4 队比赛日程表**

编号	第 1 天	第 2 天	第 3 天
1	2	3	4
2	1	4	3
3	4	1	2
4	3	2	1

具体实现：根据上述分治算法思想，编写实例文件 ouguan.c，具体实现代码如下所示。

```
#include <stdio.h>
#define MAXN 64
int a[MAXN+1][MAXN+1]={0};
void gamecal(int k,int n)//处理编号k开始的n个球队的日程
{
int i,j;
if(n==2)
    {
        a[k][1]=k;    //参赛球队编号
        a[k][2]=k+1; //对阵球队编号
        a[k+1][1]=k+1; //参赛球队编号
        a[k+1][2]=k; //对阵球队编号
    }else{
        gamecal(k,n/2);
        gamecal(k+n/2,n/2);
        for(i=k;i<k+n/2;i++) //填充右上角
        {
        for(j=n/2+1;j<=n;j++)
            {
a[i][j]=a[i+n/2][j-n/2];
            }
        }
        for(i=k+n/2;i<k+n;i++) //填充左下角
        {
            for(j=n/2+1;j<=n;j++)
            {
```

```
            a[i][j]=a[i-n/2][j-n/2];
                }
            }
        }

int main()
{
    int m,i,j;
    printf("参赛球队数：");
    scanf("%d",&m);
    j=2;
for(i=2;i<8;i++)
    {
        j=j*2;
        if(j==m) break;
    }
if(i>=8)
    {
        printf("参赛球队数必须为2的整数次幂，并且不超过64！\n");
        getch();
        return 0;
    }
    gamecal(1,m);
    printf("\n编号 ");
for(i=2;i<=m;i++)
        printf("%2d天 ",i-1);
        printf("\n");
        for(i=1;i<=m;i++)
    {
for(j=1;j<=m;j++)
printf("%4d ",a[i][j]);
printf("\n");
    }
getch();
return 0;
}
```

执行后先输入参赛球队数目，输入完成并按下【Enter】键会显示具体的比赛日程，执行效果如图 2-10 所示。

图 2-10　比赛日程安排的执行效果

2.5　贪心算法思想

📀 知识点讲解：光盘:视频讲解\第 2 章\贪心算法思想.avi

　　本节所要讲解的贪心算法也被称为贪婪算法，它在求解问题时总想用在当前看来是最好方法来实现。这种算法思想不从整体最优上考虑问题，仅仅是在某种意义上的局部最优求解。虽然贪心算法并不能得到所有问题的整体最优解，但是面对范围相当广泛的许多问题时，能产生整体最优解或者是整体最优解的近似解。由此可见，贪心算法只是追求某个范围内的最优，可以称之为"温柔的贪婪"。

2.5.1　贪心算法基础

　　贪心算法从问题的某一个初始解出发，逐步逼近给定的目标，以便尽快求出更好的解。当达到算法中的某一步不能再继续前进时，就停止算法，给出一个近似解。由贪心算法的特点和思路可看出，贪心算法存在以下 3 个问题。

① 不能保证最后的解是最优的。

② 不能用来求最大或最小解问题。

③ 只能求满足某些约束条件的可行解的范围。

贪心算法的基本思路如下。

① 建立数学模型来描述问题。

② 把求解的问题分成若干个子问题。

③ 对每一子问题求解，得到子问题的局部最优解。

④ 把子问题的局部最优解合并成原来解问题的一个解。

实现该算法的基本过程如下。

（1）从问题的某一初始解出发。

（2）while 能向给定总目标前进一步。

（3）求出可行解的一个解元素。

（4）由所有解元素组合成问题的一个可行解。

2.5.2 实践演练——解决"装箱"问题

为了说明贪心算法的基本用法，接下来将通过一个具体实例的实现过程，详细讲解贪心算法思想在编程中的基本应用。

实例 2-9	使用贪心算法解决"装箱"问题
	源码路径　光盘\daima\2\zhuangxiang.c

问题描述：假设有编号分别为 $0, 1, \cdots, n-1$ 的 n 种物品，体积分别为 $V_0, V_1, \cdots, V_{n-1}$。将这 n 种物品装到容量都为 V 的若干箱子里。约定这 n 种物品的体积均不超过 V，即对于 $0 \leqslant i < n$，有 $0 < V_i \leqslant V$。不同的装箱方案所需要的箱子数目可能不同。装箱问题要求用尽量少的箱子装下这 n 种物品。

算法分析：如果将 n 种物品的集合分解为 n 个或小于 n 个物品的所有子集，使用最优解法就可以找到。但是所有可能的划分的总数会显得太大。对于适当大的 n，如果要找出所有可能的划分，会需要花费很多时间。此时可以使用贪心算法这种近似算法来解决装箱问题。如果每只箱子所装物品用链表来表示，链表的首节点指针保存在一个结构中，该结构能够记录剩余的空间量和该箱子所装物品链表的首指针，并使用全部箱子的信息构成链表。

具体实现：根据上述算法思想，编写实例文件 zhuangxiang.c，具体实现代码如下所示。

```c
#include <stdio.h>
#include <stdlib.h>

#define N 6
#define V 100

typedef struct box
{
    int no;
    int size;
    struct box* next;
}BOX;

void init_list(BOX** H)
{
    *H = (BOX*)malloc(sizeof(BOX));
    (*H)->no = 0;
    (*H)->size = 0;
    (*H)->next = NULL;
```

```
    }
BOX* find_p(BOX* H, int volume, int v)
{
    BOX* p = H->next;
    while(p!=NULL)
      {
        if(p->size+volume <= v)
        break;
        p = p->next;
      }
    return p;
}
void add_list_tail(BOX* H, BOX* p)
{
    BOX* tmp = H->next;
    BOX* q = H;
    while(tmp!=NULL)
      {
        q = tmp;
        tmp = tmp->next;
      }
    q->next = p;
}

void print_list(BOX* H)
{
    BOX* p = H->next;
    while(p!=NULL)
      {
        printf("%d:%d\n", p->no, p->size);
        p = p->next;
      }
}

int add_box(int volume[], int v)
{
    int count = 0;
    int i;
    BOX* H = NULL;
    init_list(&H);
    for(i=0;i<N;i++)
      {
        BOX* p = find_p(H, volume[i], v);
        if(p==NULL)
          {
            count++;
            p = (BOX*)malloc(sizeof(BOX));
            p->no = count;
            p->size = volume[i];
            p->next = NULL;
            add_list_tail(H, p);
          }
        else
          {
            p->size += volume[i];
          }
      }
    print_list(H);
    return count;
}

int main(int argc, char *argv[])
{
    int ret;
    int volumes[] = {60, 45, 35, 20, 20, 20};
    ret = add_box(volumes, V);
    printf("%d\n", ret);
    system("PAUSE");
    return 0;
}
```

执行后的效果如图 2-11 所示。

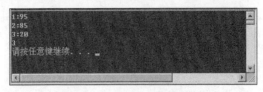

图 2-11　"装箱"问题执行效果

2.5.3　实践演练——解决"找零方案"问题

为了说明贪心算法的基本用法,接下来将通过一个具体实例的实现过程,详细讲解解决"找零方案"问题的方法。

实例 2-10　使用贪心算法解决"找零方案"问题
源码路径　光盘\daima\2\ling.c

问题描述:要求编写一段程序实现统一银座超市的找零方案,只需要输入需要补给顾客的金额,然后通过程序可以计算出该金额可以由哪些面额的人民币组成。

算法分析:人民币有 100、50、10、5、2、1、0.5、0.2、0.1 等多种面额(单位为元)。在找零钱时,可以有多种方案,例如需补零钱 68.90 元,至少可有以下 3 个方案。

① 1 张 50、1 张 10、1 张 5、3 张 1、1 张 0.5、4 张 0.1。

② 2 张 20、2 张 10、1 张 5、3 张 1、1 张 0.5、4 张 0.1。

③ 6 张 10、1 张 5、3 张 1、1 张 0.5、4 张 0.1。

具体实现:根据上述算法思想分析,编写实例文件 ling.c,具体实现代码如下所示。

```
#include <stdio.h>
#define MAXN 9
int parvalue[MAXN]={10000,5000,2000,1000,500,100,50,10};
int num[MAXN]={0};
int exchange(int n)
{
int i,j;
for(i=0;i<MAXN;i++)
        if(n>parvalue[i]) break; //找到比n小的最大面额
while(n>0 && i<MAXN)
        {
if(n>=parvalue[i])
        {
        n-=parvalue[i];
        num[i]++;
}else if(n<10 && n>=5)
        {
        num[MAXN-1]++;
        break;
}else i++;
        }
return 0;
}
int main()
{
    int i;
    float m;
    printf("输入需要找零金额: " );
    scanf("%f",&m);
    exchange((int)100*m);
    printf("\n%.2f元零钱的组成：\n",m);
for(i=0;i<MAXN;i++)
if(num[i]>0)
        printf("%6.2f: %d张\n",(float)parvalue[i]/100.0,num[i]);
getch();
return 0;
}
```

执行后先输入需要找零的金额,例如 68.2,按下【Enter】键后会输出找零方案,执行如图 2-12 所示。

图 2-12 "找零方案"问题执行效果

2.6 试探法算法思想

知识点讲解：光盘:视频讲解\第 2 章\试探法算法思想.avi

试探法也叫回溯法，试探法的处事方式比较委婉，它先暂时放弃关于问题规模大小的限制，并将问题的候选解按某种顺序逐一进行枚举和检验。当发现当前候选解不可能是正确的解时，就选择下一个候选解。如果当前候选解除了不满足问题规模要求外能够满足所有其他要求时，则继续扩大当前候选解的规模，并继续试探。如果当前候选解满足包括问题规模在内的所有要求时，该候选解就是问题的一个解。在试探算法中，放弃当前候选解，并继续寻找下一个候选解的过程称为回溯。扩大当前候选解的规模，并继续试探的过程称为向前试探。

2.6.1 试探法算法基础

使用试探算法解题的基本步骤如下所示。

① 针对所给问题，定义问题的解空间。

② 确定易于搜索的解空间结构。

③ 以深度优先方式搜索解空间，并在搜索过程中用剪枝函数避免无效搜索。

试探法为了求得问题的正确解，会先委婉地试探某一种可能的情况。在进行试探的过程中，一旦发现原来选择的假设情况是不正确的，立即会自觉地退回一步重新选择，然后继续向前试探，如此这般反复进行，直至得到解或证明无解时才死心。

假设存在一个可以用试探法求解的问题 P，该问题表达为：对于已知的由 n 元组（$y_1, y_2, \cdots, y_n$）组成的一个状态空间 $E=\{$（$y_1, y_2, \cdots, y_n$）$\mid y_i \in S_i, i=1, 2, \cdots, n\}$，给定关于 n 元组中的一个分量的一个约束集 D，要求 E 中满足 D 的全部约束条件的所有 n 元组。其中，S_i 是分量 y_i 的定义域，且$|S_i|$有限，$i=1, 2, \cdots, n$。E 中满足 D 的全部约束条件的任一 n 元组为问题 P 的一个解。

解问题 P 的最简单方法是使用枚举法，即对 E 中的所有 n 元组逐一检测其是否满足 D 的全部约束，如果满足，则为问题 P 的一个解。但是这种方法的计算量非常大。

对于现实中的许多问题，所给定的约束集 D 具有完备性，即 i 元组（$y_1, y_2, \cdots, y_i$）满足 D 中仅涉及 $y_1, y_2, \cdots, y_j$ 的所有约束，这意味着 j（$j<i$）元组（$y_1, y_2, \cdots, y_j$）一定也满足 D 中仅涉及 $y_1, y_2, \cdots, y_j$ 的所有约束，$i=1, 2, \cdots, n$。换句话说，只要存在 $0 \le j \le n-1$，使得（$y_1, y_2, \cdots, y_j$）违反 D 中仅涉及 $y_1, y_2, \cdots, y_j$ 的约束之一，则以（$y_1, y_2, \cdots, y_j$）为前缀的任何 n 元组（$y_1, y_2, \cdots, y_j, y_{j+1}, \cdots, y_n$）一定也违反 D 中仅涉及 $y_1, y_2, \cdots, y_i$ 的一个约束，$n \ge i \triangleright j$。因此，对于约束集 D 具有完备性的问题 P，一旦检测断定某个 j 元组（$y_1, y_2, \cdots, y_j$）违反 D 中仅涉及 $y_1, y_2, \cdots, y_j$ 的一个约束，就可以肯定，以（$y_1, y_2, \cdots, y_j$）为前缀的任何 n 元组（$y_1, y_2, \cdots, y_j, y_{j+1}, \cdots, y_n$）都不会是问题 P 的解，因而就不必去搜索它们、检测它们。试探法是针对这类问题而推出的，比枚举算法的效率更高。

2.6.2　实践演练——解决"八皇后"问题

为了说明试探算法的基本用法，接下来将通过一个具体实例的实现过程，详细讲解试探算法思想在编程中的基本应用。

实例 2-11　使用试探算法解决"八皇后"问题
源码路径　光盘\daima\2\hui.c

问题描述："八皇后"问题是一个古老而著名的问题，是试探法的典型例题。该问题由 19 世纪数学家高斯 1850 年手工解决：在 8×8 格的国际象棋上摆放 8 个皇后，使其不能互相攻击，即任意两个皇后都不能处于同一行、同一列或同一斜线上，问有多少种摆法。

算法分析：首先将这个问题简化，设为 4×4 的棋盘，会知道有 2 种摆法，每行摆在列 2、4、1、3 或 3、1、4、2 上。

输入：无

输出：若干种可行方案，每种方案用空行隔开，如下是一种方案。

第 1 行第 2 列

第 2 行第 4 列

第 3 行第 2 列

第 4 行第 3 列

试探算法将每行的可行位置入栈（就是放入一个数组 a[5]，这里用的是 a[1]~a[4]），不行就退栈换列重试，直到找到一套方案输出。再接着从第一行换列重试其他方案。

具体实现：根据上述问题描述，使用试探算法加以解决。根据"八皇后"的试探算法分析，编写实现文件 hui.c，具体实现代码如下所示。

```c
#include <stdio.h>
#define N 8
int solution[N], j, k, count, sols;
int place(int row, int col)
{
for (j = 0; j <row; j++)
    {
if (row - j == solution[row] - solution[j] || row + solution[row] == j + solution[j] || solution[j] == solution[row])
return 0;
    }
return 1;
}
void backtrack(int row)
{
count++;
if (N == row)
    {
        sols++;
        for (k = 0; k <N; k++)
        printf("%d\t", solution[k]);
        printf("\n\n");
    }
else
    {
int i;
for (i = 0; i <N; i++)
        {
            solution[row] = i;
            if (place(row, i))
            backtrack(row + 1);
        }
    }
}
void queens()
{
backtrack(0);
}
```

```
int main(void)
{
    queens();
    printf("总共方案: %d\n", sols);
    getch();
    return 0;
}
```

执行后会输出所有的解决方案，执行效果如图 2-13 所示。

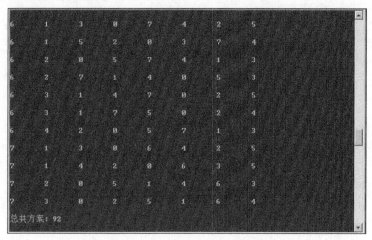

图 2-13　"八皇后"问题执行效果

2.6.3　实践演练——体彩 29 选 7 彩票组合

为了说明试探算法的基本用法，接下来将通过一个具体实例的实现过程，详细讲解解决"体彩 29 选 7 彩票组合"问题的方法。

实例 2-12　解决"体彩 29 选 7 彩票组合"问题

源码路径　光盘\daima\2\caipiao.c

问题描述：假设有一种 29 选 7 的彩票，每注由 7 个 1~29 的数字组成，且这 7 个数字不能相同，编写程序生成所有的号码组合。

算法分析：采用试探法可以逐步解出所有可能的组合，首先分析按照如下顺序生成彩票号码。

29 28 27 26 25 24 23

29 28 27 26 25 24 22

29 28 27 26 25 24 21

……

29 28 27 26 25 24 1

29 28 27 26 25 23 22

……

从上述排列顺序可以看出，在生成组合时首先变化最后一位，当最后一位为 1 时将试探计算倒数第二位，并且使该位值减 1，到最后再变化最后一位。通过上述递归调用，就可以实现 29 选 7 的彩票组合。

具体实现：根据"彩票组合"的试探算法分析编写实现文件 caipiao.c，具体实现代码如下所示。

```
#include <stdio.h>
#define MAXN 7 //设置每一注彩票的位数
#define NUM 29 //设置组成彩票的数字
int num[NUM];
```

```
int lottery[MAXN];
void combine(int n, int m)
{
int i,j;
for(i=n;i>=m;i--)
    {
        lottery[m-1]=num[i-1]; //保存一位数字
if (m>1)
combine(i-1,m-1);
        else        //若m=1，输出一注号码
        {
for(j=MAXN-1;j>=0;j--)
printf("%3d",lottery[j]);
getch();
printf("\n");
        }
    }
}
int main()
{
int i,j;
    for(i=0;i<NUM;i++)   //设置彩票各位数字
num[i]=i+1;
for(i=0;i<MAXN;i++)
lottery[i]=0;
combine(NUM,MAXN);
getch();
return 0;
}
```

执行后的效果如图 2-14 所示。

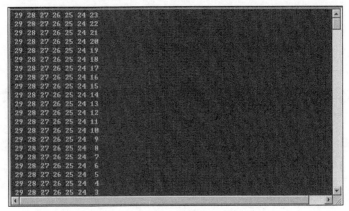

图 2-14　"体彩 29 选 7 彩票组合"问题执行效果

2.7　迭代算法

知识点讲解：光盘:视频讲解\第 2 章\迭代算法.avi

迭代法也称辗转法，是一种不断用变量的旧值递推新值的过程，在解决问题时总是重复利用一种方法。与迭代法相对应的是直接法（或者称为一次解法），即一次性解决问题。迭代法又分为精确迭代和近似迭代。"二分法"和"牛顿迭代法"属于近似迭代法，功能都比较类似。

2.7.1　迭代算法基础

迭代算法是用计算机解决问题的一种基本方法。它利用计算机运算速度快、适合做重复性操作的特点，让计算机对一组指令（或一定步骤）进行重复执行，在每次执行这组指令（或这些步骤）时，都从变量的原值推出它的一个新值。

在使用迭代算法解决问题时，需要做好如下 3 个方面的工作。

（1）确定迭代变量

在可以使用迭代算法解决的问题中，至少存在一个迭代变量，即直接或间接地不断由旧值递推出新值的变量。

（2）建立迭代关系式

迭代关系式是指如何从变量的前一个值推出其下一个值的公式或关系。通常可以使用递推或倒推的方法来建立迭代关系式，迭代关系式的建立是解决迭代问题的关键。

（3）对迭代过程进行控制

在编写迭代程序时，必须确定在什么时候结束迭代过程，不能让迭代过程无休止地重复执行下去。通常可分为如下两种情况来控制迭代过程：

①　所需的迭代次数是个确定的值，可以计算出来，可以构建一个固定次数的循环来实现对迭代过程的控制；

②　所需的迭代次数无法确定，需要进一步分析出用来结束迭代过程的条件。

2.7.2　实践演练——解决"求平方根"问题

为了说明迭代算法的基本用法，接下来将通过一个具体实例的实现过程，详细讲解迭代算法思想在编程中的基本应用。

实例 2-13 ｜ 解决"求平方根"问题
源码路径　光盘\daima\2\diedai.c

问题描述：在屏幕中输入一个数字，使用编程方式求出其平方根是多少。

算法分析：求平方根的迭代公式是：$x1=1/2*(x0+a/x0)$。

①　设置一个初值 $x0$ 作为 a 的平方根值，在程序中取 $a/2$ 作为 a 的初值；利用迭代公式求出一个 $x1$。此值与真正的 a 的平方根值相比往往会有很大的误差。

②　把新求得的 $x1$ 代入 $x0$，用这个新的 $x0$ 再去求出一个新的 $x1$。

③　利用迭代公式再求出一个新的 $x1$ 的值，即用新的 $x0$ 求出一个新的平方根值 $x1$，此值将更加趋近于真正的平方根值。

④　比较前后两次求得的平方根值 $x0$ 和 $x1$，如果它们的差值小于指定的值，即达到要求的精度，则认为 $x1$ 就是 a 的平方根值，去执行步骤⑤；否则执行步骤②，即循环进行迭代。

⑤　输出结果。

迭代法常用于求方程或方程组的近似根，假设设方程为 $f(x)=0$，用某种数学方法导出等价的形式 $x=g(x)$，然后按以下步骤执行：

①　选一个方程的近似根，赋给变量 x_0；

②　将 x_0 的值保存于变量 x_1，然后计算 $g(x_1)$，并将结果存于变量 x_0；

③　当 x_0 与 x_1 的差的绝对值还大于指定的精度要求时，重复步骤②的计算。

如果方程有根，并且用上述方法计算出来了近似的根序列，则按照上述方法求得的 x_0 就被认为是方程的根。

具体实现：根据上述算法思想，编写实例文件 diedai.c，具体实现代码如下所示。

```c
#include<stdio.h>
#include<math.h>
void main()
{
double a,x0,x1;
printf("Input a:\n");
scanf("%lf",&a);
if(a<0)
printf("Error!\n");
```

```
else
{
x0=a/2;
x1=(x0+a/x0)/2;
do
{
x0=x1;
x1=(x0+a/x0)/2;
}while(fabs(x0-x1)>=1e-6);
}
printf("Result:\n");
printf("sqrt(%g)=%g\n",a,x1);
getch();
return 0;
}
```

执行后先输入要计算平方根的数值，假如输入 2，按下【Enter】键后会输出 2 的平方根结果。执行效果如图 2-15 所示。

使用迭代法求根时应注意以下两种可能发生的情况。

① 如果方程无解，算法求出的近似根序列就不会收敛，迭代过程会变成死循环，因此在使用迭代算法前应先考察方程是否有解，并在程序中对迭代的次数给予限制。

图 2-15　"求平方根"问题执行效果

② 方程虽然有解，但迭代公式选择不当，或迭代的初始近似根选择不合理，也会导致迭代失败。

2.8 模拟算法思想

知识点讲解：光盘:视频讲解\第 2 章\模拟算法思想.avi

模拟是对真实事物或者过程的虚拟。在编程时为了实现某个功能，可以用语言来模拟那个功能，模拟成功也就相应地表示编程成功。

2.8.1 模拟算法的思路

模拟算法是一种基本的算法思想，可用于考查程序员的基本编程能力，其解决方法就是根据题目给出的规则对题目要求的相关过程进行编程模拟。在解决模拟类问题时，需要注意字符串处理、特殊情况处理和对题目意思的理解。在 C 语言中，通常使用函数 srand() 和 rand() 来生成随机数。其中，函数 srand() 用于初始化随机数发生器，然后使用函数 rand() 来生成随机数。如果要使用上述两个函数，则需要在源程序头部包含 time.h 文件。在程序设计过程中，可使用随机函数来模拟自然界中发生的不可预测情况。在解题时，需要仔细分析题目给出的规则，要尽可能地做到全面考虑所有可能出现的情况，这是解模拟类问题的关键点之一。

2.8.2 实践演练——解决"猜数字游戏"问题

为了说明模拟算法的基本用法，接下来将通过一个具体实例的实现过程，详细讲解模拟算法思想在编程中的基本应用。

实例 2-14　使用模拟算法解决"猜数字游戏"问题
源码路径　光盘\daima\2\shuzi.c

问题描述：用计算机随机生成一个 1～100 的数字，然后由用户来猜这个数，根据用户猜测的次数分别给出不同的提示。

算法分析：使用模拟算法进行如下分析。

① 通过 rand()随机生成一个 1～100 的数字。

② 通过循环让用户逐个输入要猜测的整数，并将输入的数据与随机数字进行比较。

③ 将比较的结果输出。

具体实现：根据上述问题描述，及"猜数字游戏"的模拟算法分析，编写实现文件 shuzi.c，具体实现代码如下所示。

```
#include <time.h>
 #include <stdio.h>
int main()
  {
    int n,m,i=0;
    srand(time(NULL));
    n=rand() % 100 + 1;
do{
      printf("输入你猜的数字:");
      scanf("%d",&m);
      i++;
if (m>n)
            printf("错误!太大了!\n");
else if (m<n)
            printf("错误!数太小了!\n");
}while(m!=n);
    printf("回答正确!\n");
    printf("共猜测了%d次。\n",i);
if(i<=5)
        printf("你太聪明了，这么快就猜出来了！");
else if(i>5)
        printf("还需改进方法，以便更快猜出来！");
getch();
return 0;
  }
```

执行后的效果如图 2-16 所示。

图 2-16 "猜数字游戏"问题执行效果

2.8.3 实践演练——解决"掷骰子游戏"问题

为了说明模拟算法的基本用法，接下来将通过一个具体实例的实现过程，详细讲解解决"掷骰子游戏"问题的方法。

实例 2-15 使用模拟算法解决"掷骰子游戏"问题

源码路径 光盘\daima\2\guzi.c

问题描述：由用户输入骰子数量和参赛人数，然后由计算机随机生成每一粒骰子的数量，再累加得到每一个选手的总点数。

算法分析：使用模拟算法进行分析。

① 定义一个随机函数 play()，根据骰子数量随机生成骰子的点数。

② 设置一个死循环，可以重复操作。

③ 处理每个选手，调用函数 play()模拟掷骰子游戏的场景。

具体实现：根据"掷骰子游戏"的模拟算法分析编写实现文件 guzi.c，具体实现代码如下所示。

```
#include <stdio.h>
#include <time.h>
void play(int n)
{
int i,m=0,t=0;
for(i=0;i<n;i++)
```

```
    {
        t=rand()%6+1;
        m+=t;
        printf("\t第%d粒:%d;\n",i+1,t);
    }
    printf("\t总点数为:%d\n",m);
}
int main(void)
{
    int c;//参赛人数
    int n;//骰子数量
int i,m;
do{
        srand(time(NULL));
        printf("设置骰子数量(输入0退出):");
        scanf("%d",&n);
        if(n==0) break;//至少一个骰子
        printf("\n输入本轮参赛人数(输入0退出):");
        scanf("%d",&c);
    if(c==0) break;
    for(i=0;i<c;i++)
        {
            printf("\n第%d位选手掷出的骰子为: \n",i+1);
            play(n);
        }
printf("\n");
}while(1);
return 0;
}
```

执行后的效果如图 2-17 所示。

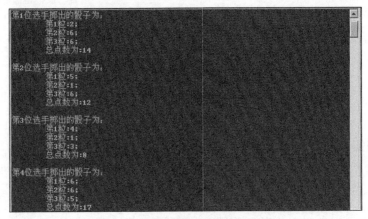

图 2-17　"掷骰子游戏"问题执行效果

2.9　技术解惑

2.9.1　衡量算法的标准是什么

算法是否优劣有如下 5 个标准。

① 确定性。算法的每一种运算必须有确定的意义，该种运算应执行何种动作应无二义性，目的明确。

② 可行性。要求算法中待实现的运算都是可行的，即至少在原理上能由人用纸和笔在有限的时间内完成。

③ 输入。一个算法有零个或多个输入，在算法运算开始之前给出算法所需数据的初值，这些输入来自特定的对象集合。

④ 输出。输出是算法运算的结果，一个算法会产生一个或多个输出，输出同输入具有某种特定关系。

⑤ 有穷性。一个算法总是在执行了有穷步的运算后终止，即该算法是有终点的。

通常有如下两种衡量算法效率的方法：

① 事后统计法。该方法的缺点是必须在计算机上实际运行程序，容易被其他因素掩盖算法本质。

② 事前分析估算法。该方法的优点是可以预先比较各种算法，以便均衡利弊而从中选优。

与算法执行时间相关的因素如下：

① 算法所用"策略"；

② 算法所解问题的"规模"；

③ 编程所用"语言"；

④ "编译"的质量；

⑤ 执行算法的计算机的"速度"。

在上述因素中，后 3 条受计算机硬件和软件的制约，因为是"估算"，所以只需考虑前两条即可。

事后统计容易陷入盲目境地，例如，当程序执行很长时间仍未结束时，不易判别是程序错了还是确实需要那么长的时间。

一个算法的"运行工作量"通常是随问题规模的增长而增长，所以应该用"增长趋势"来作为比较不同算法的优劣的准则。假如，随着问题规模 n 的增长，算法执行时间的增长率与 $f(n)$ 的增长率相同，则可记作：$T(n) = O(f(n))$，称 $T(n)$ 为算法的（渐近）时间复杂度。

究竟如何估算算法的时间复杂度呢？任何一个算法都是由一个"控制结构"和若干"原操作"组成的，所以可以将一个算法的执行时间看作：所有原操作的执行时间之和 Σ（原操作(i)的执行次数×原操作(i)的执行时间）。

算法的执行时间与所有原操作的执行次数之和成正比。对于所研究的问题来说，从算法中选取一种基本操作的原操作，以该基本操作在算法中重复执行的次数作为算法时间复杂度的依据。以这种衡量效率的办法所得出的不是时间量，而是一种增长趋势的量度。它与软硬件环境无关，只暴露算法本身执行效率的优劣。下面通过 3 段代码介绍时间复杂度的估算方法。

代码 1：两个 $n \times n$ 的矩阵相乘。其中矩阵的"阶" n 为问题的规模。

算法如下：

```
void Mult_matrix( int c[][], int a[][], int b[][],  int n)
  {
  // a、b和c均为n阶方阵，且c是a和b的乘积
  for (i=1; i<=n; ++i)
  for (j=1; j<=n; ++j) {
  c[i,j] = 0;
  for (k=1; k<=n; ++k)
  c[i,j] += a[i,k]*b[k,j];
    }
  }// Mult_matrix
```

算法的时间复杂度为 $O(n^3)$。

代码 2：对 n 个整数的序列进行选择排序。其中序列的"长度" n 为问题的规模。

算法如下：

```
void select_sort(int a[], int n)
  {
  // 将a中整数序列重新排列成自小至大有序的整数序列。
  for ( i = 0; i< n-1; ++i) {
    j = i;
  for ( k = i+1; k < n; ++k )
```

```
if ( a[k] < a[j] ) j = k;
if ( j != i ) { w = a[j]; a[j] = a[i]; a[i] = w;}
  } // select_sort
```

算法的时间复杂度为 $O(n^2)$。

代码 3：对 n 个整数的序列进行起泡排序。其中序列的"长度"n 为问题的规模。

算法如下：

```
void bubble_sort(int a[], int n)
  {
  // 将a中整数序列重新排列成自小至大有序的整数序列。
  for (i=n-1, change=TRUE; i>1 && change; --i) {
  change = FALSE;
  for (j=0; j<i; ++j)
  if (a[j] > a[j+1])
  { w = a[j]; a[j]= a[j+1]; a[j+1]= w; change = TRUE }
    }
  } // bubble_sort
```

算法的时间复杂度为 $O(n^2)$。

从上述 3 个例子可见，算法时间复杂度取决于最深循环内包含基本操作的语句的重复执行次数，称语句重复执行的次数为语句的"频度"。

2.9.2　在什么时候选择使用枚举法

也许很多读者觉得枚举（enumeration）有点"笨"，所以很多人称之为"暴力算法（brute force enumeration）"；但是枚举却又总是人们面对算法问题时的第一反应。

在任何情况下，需要选准最合适的对象，无论是枚举还是其他算法思想，这都是最关键的。选准（枚举）对象的根本原因在于优化，具体表现为减少求解步骤，缩小求解的解空间，或者是使程序更具有可读性和易于编写。有时候选好了枚举对象，确定了枚举思想解决问题，问题就迎刃而解了。有时候对题目无从下手，只得使用枚举思想解题时，需要考虑的往往是从众多枚举对象中选择最适合的对象，这往往需要辨别的智慧。

在运用枚举思想时需要面对的问题如表 2-4 所示。

表 2-4　　　　　　　　　　　运用枚举思想时需要面对的问题

特点及要求	可能出现的问题
选取考察对象	选取的考察对象不恰当
逐个考察所有可能的情况	没有"逐个"考察，不恰当地遗漏了一些情况； 没有考察"所有"，对解空间集的确定失误
选取判断标准	判断标准"不正确"，导致结果错误； "不全面"，导致结果错误或得到结果的效率下降； "不高效"，意味着没有足够的剪枝

用枚举法解题的最大缺点是运算量比较大，解题效率不高。如果枚举范围太大（一般以不超过 200 万次为限），因为效率低的问题会在时间上难以承受。但枚举算法的思路简单，无论是程序编写还是调试都很方便。所以如果题目的规模不是很大，在规定的时间与空间限制内能够求出解，那么最好是采用枚举法，而不需太在意是否还有更快的算法，这样可以有更多的时间去解答其他难题。

2.9.3　递推和递归有什么差异

递推和递归虽然只有一个字的差异，但是两者之间还是不同的。递推像是多米诺骨牌，根据前面几个得到后面的；递归是大事化小，比如"汉诺塔"（Hanoi）问题就是典型的递归。如果一个问题既可以用递归算法求解，也可以用递推算法求解，此时往往选择用递推算法，因为递推的效率比递归高。

2.9.4　总结分治法能解决什么类型的问题

分治法所能解决的问题一般具有以下 4 个特征。

① 当问题的规模缩小到一定的程度就可以容易地解决问题。此特征是绝大多数问题都可以满足的，因为问题的计算复杂性一般随着问题规模的增加而增加。

② 问题可以分解为若干个规模较小的相同问题，即该问题具有最优子结构性质。此特征是应用分治法的前提，它也是大多数问题可以满足的，此特征反映了递归思想的应用。

③ 利用该问题分解出的子问题的解可以合并为该问题的解；此特征最为关键，能否利用分治法完全取决于问题是否具有特征③，如果具备了特征①和特征②，而不具备特征③，则可以考虑用贪婪法或动态迭代法。

④ 该问题所分解出的各个子问题是相互独立的，即子问题之间不包含公共的子问题。此特征涉及分治法的效率问题，如果各子问题是不独立的则分治法要做许多不必要的工作，重复地解公共的子问题，此时虽然可用分治法，但一般用动态迭代法较好。

2.9.5　分治算法的机理是什么

分治策略的思想起源于对问题解的特性所做出的观察和判断，即：原问题可以被划分成 k 个子问题，然后用一种方法将这些子问题的解合并，合并的结果就是原问题的解。既然知道解可以以某种方式构造出来，就没有必要（使用枚举回溯）进行大批量的搜索了。枚举、回溯、分支限界利用了计算机工作的第一个特点——高速，不怕数据量大；分治算法思想利用了计算机工作的第二个特点——重复。

2.9.6　为什么说贪婪算法并不是最优解决问题的方案

还是看"装箱"问题，说明贪婪算法并不是解决问题的最优方案。该算法依次将物品放到它第一个能放进去的箱子中，该算法虽不能保证找到最优解，但还是能找到非常好的解。设 n 件物品的体积按从大到小排序，即有 $V_0 \geqslant V_1 \geqslant \cdots \geqslant V_{n-1}$。如不满足上述要求，只要先对这 n 件物品按它们的体积从大到小排序，然后按排序结果对物品重新编号即可。下面介绍就是一个典型的贪心算法的问题。

```
先取体积最大的
{   输入箱子的容积;
输入物品种数n;
按体积从大到小顺序，输入各物品的体积;
预置已用箱子链为空;
预置已用箱子计数器box_count为0;
for (i=0;i<n;i++)
    { 从已用的第一只箱子开始顺序寻找能放入物品i的箱子j;
    if（已用箱子都不能再放物品i)
    { 另用一个箱子，并将物品i放入该箱子;
      box_count++;
    }
else
将物品i放入箱子j;
    }
}
```

通过上述算法，能够求出需要的箱子数 box_count，并能求出各箱子所装物品。

再看下面的例子。

设有 6 种物品，它们的体积分别为 60、45、35、20、20 和 20 单位体积，箱子的容积为 100 个单位体积。按上述算法计算，需三只箱子，各箱子所装物品分别为：第一只箱子装物品 1、3；第二只箱子装物品 2、4、5；第三只箱子装物品 6。而最优解为两只箱子，分别装物品 1、4、5 和 2、3、6。

上述例子说明，贪心算法不一定能找到最优解。

2.9.7　回溯算法会影响算法效率吗

下面是回溯的 3 个要素。

① 解空间：是要解决问题的范围，不知道范围的搜索是不可能找到结果的。

② 约束条件：包括隐形的和显性的，题目中的要求以及题目描述隐含的约束条件，是搜索有解的保证。

③ 状态树：是构造深搜过程的依据，整个搜索以此树展开。

适合解决没有要求求最优解的问题，如果采用，一定要注意跳出条件及搜索完成的标志，否则会陷入泥潭不可自拔。

下面是影响算法效率的因素。

❏ 搜索树的结构、解的分布、约束条件的判断。

❏ 改进回溯算法的途径。

❏ 搜索顺序。

❏ 节点少的分支优先，解多的分支优先。

❏ 让回溯尽量早发生。

2.9.8　递归算法与迭代算法有什么区别

递归是自顶向下逐步拓展需求，最后自下向顶运算，即由 $f(n)$ 拓展到 $f(1)$，再由 $f(1)$ 逐步算回 $f(n)$。迭代是直接自下向顶运算，由 $f(1)$ 算到 $f(n)$。递归是在函数内调用本身，迭代是循环求值，建议熟悉其他算法的读者不推荐使用递归算法。

虽然递归算法的效率低一点，但是随着现在计算机性能的提升，且递归便于理解，可读性强，所以建议对其他算法不熟悉的初学者使用递归算法来解决问题。

第 3 章

线性表、队列和栈

在本书第 2 章中，已经讲解了现实中最常用的 8 种算法思想。其实这些算法都是用来处理数据的，这些被处理的数据必须按照一定的规则进行组织。当这些数据之间存在一种或多种特定关系时，通常将这些关系称为结构。在 C 语言数据之间一般存在如下 3 种基本结构。

① 线性结构：数据元素间是一对一关系。

② 树形结构：数据元素间是一对多关系。

③ 网状结构：数据元素间是多对多关系。

在本章中，将详细讲解上述 3 种数据结构的基本知识。

3.1 线性表详解

📀 知识点讲解：光盘:视频讲解\第 3 章\线性表详解.avi

　　线性表中各个数据元素之间是一对一的关系，除了第一个和最后一个数据元素外，其他数据元素都是首尾相接的。因为线性表的逻辑结构简单，便于实现和操作，所以该数据结构在实际应用中被广泛采用。在本节中，将详细讲解线性表的基本知识。

3.1.1 线性表的特性

　　线性表是一种最基本、最简单、最常用的数据结构。在实际应用中，线性表都是以栈、队列、字符串、数组等特殊线性表的形式来使用的。因为这些特殊线性表都具有自己的特性，所以掌握这些特殊线性表的特性，对于数据运算的可靠性和提高操作效率是至关重要的。

　　线性表是一个线性结构，它是一个含有 $n \geqslant 0$ 个节点的有限序列。在节点中，有且仅有一个开始节点没有前驱并有一个后继节点，有且仅有一个终端节点没有后继并有一个前驱节点，其他的节点都有且仅有一个前驱和一个后继节点。通常可以把一个线性表表示成一个线性序列：k_1，k_2，$\cdots$，k_n，其中 k_1 是开始节点，k_n 是终端节点。

　　1. 线性结构的特征

　　在编程领域中，线性结构具有如下两个基本特征。

　　① 集合中必存在唯一的"第一元素"和唯一的"最后元素"。

　　② 除最后元素之外，均有唯一的后继；除第一元素之外，均有唯一的前驱。

　　由 $n(n \geqslant 0)$ 个数据元素（节点）a_1，a_2，$\cdots$，a_n 组成的有限序列，数据元素的个数 n 定义为表的长度。当 $n=0$ 时称为空表，通常将非空的线性表($n>0$)记作：$(a_1$，a_2，$\cdots$，$a_n)$。数据元素 $a_i(1 \leqslant i \leqslant n)$ 没有特殊含义，不必去"刨根问底"地研究它，它只是一个抽象的符号，其具体含义在不同的情况下可以不同。

　　2. 线性表的基本操作过程

　　线性表虽然只是一对一的关系，但是其操作功能非常强大，具备了很多操作技能。线性表的基本操作如下。

　　① 用 Setnull（L）：置空表。

　　② 用 Length（L）：求表长度和表中各元素个数。

　　③ Get（L，i）：获取表中第 i 个元素（$1 \leqslant i \leqslant n$）。

　　④ Prior（L，i）：获取 i 的前趋元素。

　　⑤ Next（L，i）：获取 i 的后继元素。

　　⑥ Locate（L，x）：返回指定元素在表中的位置。

　　⑦ Insert（L，i，x）：插入新元素。

　　⑧ Delete（L，x）：删除已存在元素。

　　⑨ Empty（L）：判断表是否为空。

　　3. 线性表的结构特点

　　线性表具有如下结构特点。

　　① 均匀性：虽然不同数据表的数据元素是各种各样的，但同一线性表的各数据元素必须有相同的类型和长度。

　　② 有序性：各数据元素在线性表中的位置只取决于它们的序。数据元素之前的相对位置是线性的，即存在唯一的"第一个"和"最后一个"数据元素，除了第一个和最后一个外，其他元素前面只有一个数据元素直接前趋，后面只有一个直接后继。

3.1.2 顺序表操作

在现实应用中，有两种实现线性表数据元素存储功能的方法，分别是顺序存储结构和链式存储结构。顺序表操作是最简单的操作线性表的方法，此方式的主要操作功能有以下几种。

（1）计算顺序表的长度

数组的最小索引是 0，顺序表的长度就是数组中最后一个元素的索引 last 加 1。使用 C 语言计算顺序表长度的算法实现如下所示。

```
public int GetLength()
    {
    return last+1;
    }
```

（2）清空操作

清空操作是指清除顺序表中的数据元素，最终目的是使顺序表为空，此时 last 等于−1。使用 C 语言清空顺序表的算法实现如下所示。

```
public void Clear()
    {
    last = -1;
    }
```

（3）判断线性表是否为空

当顺序表的 last 为−1 时表示顺序表为空，此时会返回 true，否则返回 false 表示不为空。使用 C 语言判断线性表是否为空的算法实现如下所示。

```
public bool IsEmpty()
    {
    if (last == -1)
        {
    return true;
        }
    else
        {
    return false;
        }
    }
```

（4）判断顺序表是否为满

当顺序表为满时 last 值等于 maxsize−1，此时会返回 true，如果不为满则返回 false。使用 C 语言判断顺序表是否为满的算法实现如下所示。

```
public bool IsFull()
    {
    if (last == maxsize - 1)
        {
    return true;
        }
    else
        {
    return false;
        }
    }
```

（5）附加操作

在顺序表没有满的情况下进行附加操作，在表的末端添加一个新元素，然后使顺序表的 last 加 1。附加操作的算法实现如下所示。

```
public void Append(T item)
    {
    if(IsFull())
        {
        Console.WriteLine("List is full");
        return;
        }
    data[++last] = item;
    }
```

（6）插入操作

在顺序表中插入数据的方法非常简单，只需要在顺序表的第 i 个位置插入一个值为 $item$ 的新元素即可。插入新元素后，会使原来长度为 n 的表 $(a_1, a_2, \cdots, a_{(i-1)}, a_i, a_{(i+1)}, \cdots, a_n)$ 的长度变为 $(n+1)$，也就是变为 $(a_1, a_2, \cdots, a_{(i-1)}, item, a_i, a_{(i+1)}, \cdots, a_n)$。$i$ 的取值范围为 $1 \leqslant i \leqslant n+1$，当 i 为 $n+1$ 时，表示在顺序表的末尾插入数据元素。

在顺序表插入一个新数据元素的基本步骤如下。

① 判断顺序表的状态，判断是否已满和插入的位置是否正确，当表满或插入的位置不正确时不能插入。

② 当表未满直插入的位置正确时，将 $a_n \sim a_i$ 依次向后移动，为新的数据元素空出位置。在算法中用循环来实现。

③ 将新的数据元素插入到空出的第 i 个位置上。

④ 修改 $last$ 值以修改表长，使其仍指向顺序表的最后一个数据元素。

顺序表插入数据示意图如图 3-1 所示。

使用 C 语言在顺序表中实现插入操作的算法代码如下所示。

下标	元素
0	A
1	B
2	C
3	D
4	E
5	F
6	G
7	H
	...
MAXSIZE-1	

插入前

下标	元素
0	A
1	B
2	C
3	D
4	Z
5	E
6	F
7	G
8	H
	...
MAXSIZE-1	

插入后

图 3-1　顺序表插入数据示意图

```
public void Insert(T item, int i)
    {
                    //判断顺序表是否已满
    if (IsFull())
        {
        Console.WriteLine("Listisfull");
        return;
    }
    //判断插入的位置是否正确
    //i小于1表示在第1个位置之前插入
    //i大于last+2表示在最后一个元素后面的第2个位置插入
    if(i<1||i>last+2)
    {
        Console.WriteLine("Positioniserror!");
        return;
    }
    //在顺序表的表尾插入数据元素
    if(i==last+2)
    {
        data[i-1]=item;
    }
    else//在表的其他位置插入数据元素
    {
    //元素移动
    for(intj=last;j>=i-1;--j)
    {
        data[j+1]=data[j];
    }
    //将新的数据元素插入到第i个位置上
    data[i-1]=item;
    }
    //修改表长
    ++last;
    }
```

在上述代码中，位置变量 i 的初始值是 1 而不是 0。

（7）删除操作

可以删除顺序表中的第 i 个数据元素，删除后使原来长度为 n 的表 $(a_1, a_2, \cdots, a_{i-1}, a_i, a_{i-1}, \cdots, a_n)$ 变为长度为 $(n-1)$ 的表，即 $(a_1, a_2, \cdots, a_{i-1}, a_{i+1}, \cdots, a_n)$。$i$ 的取值范围为 $1 \leqslant i \leqslant n$。当 i

为 n 时，表示删除顺序表末尾的数据元素。

在顺序表中删除一个数据元素的基本流程如下。

① 判断顺序表是否为空，判断删除的位置是否正确，当为空或删除的位置不正确时不能删除；

② 如果表为空和删除的位置正确，则将 $a_{i+1} \sim a_n$ 依次向前移动，在算法中用循环来实现移动功能；

③ 修改 last 值以修改表长，使它仍指向顺序表的最后一个数据元素。

图 3-2 展示了在一个顺序表中删除一个元素的前后变化过程。图 3-2 中的表原来长度是 8，如果删除第 5 个元素 E，在删除后为了满足顺序表的先后关系，必须将第 6～8 个元素（下标位 5～7）向前移动一位。

使用 C 语言在顺序表中删除数据元素的基本算法实现如下所示。

下标	元素
0	A
1	B
2	C
3	D
4	F
5	G
6	H
7	
...	
MAXSIZE-1	

下标	元素
0	A
1	B
2	C
3	D
4	F
5	G
6	H
7	
8	
...	
MAXSIZE-1	

图 3-2　顺序表中删除一个元素

```
publicTDelete(inti)
{
        T tmp = default(T);
                //判断表是否为空
if (IsEmpty())
    {
    Console.WriteLine("List is empty");
    return tmp;
    }
                //判断删除的位置是否正确
                // i小于1表示删除第1个位置之前的元素
                // i大于last+1表示删除最后一个元素后面的第1个位置的元素
if (i < 1 || i > last+1)
    {
    Console.WriteLine("Position is error!");
    return tmp;
    }
                //删除的是最后一个元素
if (i == last+1)
    {
    tmp = data[last--];
    return tmp;
    }
    else //删除的不是最后一个元素
        {
                //元素移动
    tmp = data[i-1];
    for (int j = i; j <= last; ++j)
    {
    data[j] = data[j + 1]; }
        }
        //修改表长
        --last;
return tmp;
        }
```

（8）获取表元

通过获取表元运算可以返回顺序表中第 i 个数据元素的值，i 的取值范围是 $1 \leqslant i \leqslant last+1$。因为表中数据是随机存取的，所以当 i 的取值正确时，获取表元运算的时间复杂度为 $O(1)$。使用 C 语言实现获取表元运算的算法实现如下所示。

```
public T GetElem(int i)
    {
if (IsEmpty()|| (i<1) || (i>last+1))
        {
```

```
Console.WriteLine("List is empty or Position is error!");
return default(T);
                        }
return data[i-1];
```

（9）按值进行查找

所谓按值查找，是指在顺序表中查找满足给定值的数据元素。它就像住址的门牌号一样，这个值必须具体到 XX 单元 XX 室，否则会查找不到。按值查找就像 Word 中的搜索功能一样，可以在繁多的文字中找到需要查找的内容。在顺序表中找到一个值的基本流程如下所示。

① 从第一个元素起依次与给定值进行比较，如果找到，则返回在顺序表中首次出现与给定值相等的数据元素的序号，称为查找成功。

② 如果没有找到，在顺序表中没有与给定值匹配的数据元素，返回一个特殊值表示查找失败。

使用 C 语言实现按值查找运算的算法实现如下所示。

```
publicintLocate(Tvalue)
{
//顺序表为空
if(IsEmpty())
{
Console.WriteLine("listisEmpty");
return-1;
}
inti=0;
//循环处理顺序表
for(i=0;i<=last;++i)
{
//顺序表中存在与给定值相等的元素
if(value.Equals(data[i]))
{
    break;
}
}
//顺序表中不存在与给定值相等的元素
if(i>last)
{
    return-1;
}
returni;
```

3.1.3　实践演练——顺序表操作函数

为了说明顺序表的基本操作方法，接下来将通过一个具体实例的实现过程，详细讲解操作顺序表的基本流程。

实例 3-1　**演示顺序表操作函数的用法**
源码路径　光盘\daima\3\SeqListTest.c

在本实例中编写一个测试主函数 main()，然后调用前面定义的顺序表操作函数进行对应的操作。实例文件 SeqListTest.c 的具体实现代码如下所示。

```
#include <stdio.h>
typedef struct
{
    char key[15]; //节点的关键字
char name[20];
int age;
} DATA; //定义节点类型，可定义为简单类型，也可定义为结构
#include "2-1 SeqList.h"
#include "2-2 SeqList.c"
int SeqListAll(SeqListType *SL)    //遍历顺序表中的节点
{
int i;
```

```
for(i=1;i<=SL->ListLen;i++)
printf("(%s,%s,%d)\n",SL->ListData[i].key,SL->ListData[i].name,SL->ListData[i].age);
}
int main()
{
    int i;
    SeqListType SL;                         //定义顺序表变量
    DATA data,*data1;                       //定义节点保存数据类型变量和指针变量
    char key[15];                           //保存关键字

    SeqListInit(&SL);                       //初始化顺序表

    do {                                    //循环添加节点数据
        printf("输入添加的节点(学号姓名年龄): ");
        fflush(stdin);                      //清空输入缓冲区
scanf("%s%s%d",&data.key,&data.name,&data.age);
        if(data.age)                        //若年龄不为0
        {
if(!SeqListAdd(&SL,data))           //若添加节点失败
            break;                      //退出死循环
        }else   //若年龄为0
            break;                  //退出死循环
}while(1);
    printf("\n顺序表中的节点顺序为: \n");
    SeqListAll(&SL);                        //显示所有节点数据

    fflush(stdin);                          //清空输入缓冲区
    printf("\n要取出节点的序号: ");
    scanf("%d",&i);                         //输入节点序号
    data1=SeqListFindByNum(&SL,i);          //按序号查找节点
    if(data1)                               //若返回的节点指针不为NULL
        printf("第%d个节点为: (%s,%s,%d)\n",i,data1->key,data1->name,data1->age);

    fflush(stdin);                          //清空输入缓冲区
    printf("\n要查找节点的关键字: ");
    scanf("%s",key);                        //输入关键字
    i=SeqListFindByCont(&SL,key);           //按关键字查找，返回节点序号
    data1=SeqListFindByNum(&SL,i);          //按序号查询，返回节点指针
    if(data1)                               //若节点指针不为NULL
        printf("第%d个节点为: (%s,%s,%d)\n",i,data1->key,data1->name,data1->age);   getch();
    return 0;
}
```

执行后的效果如图 3-3 所示。

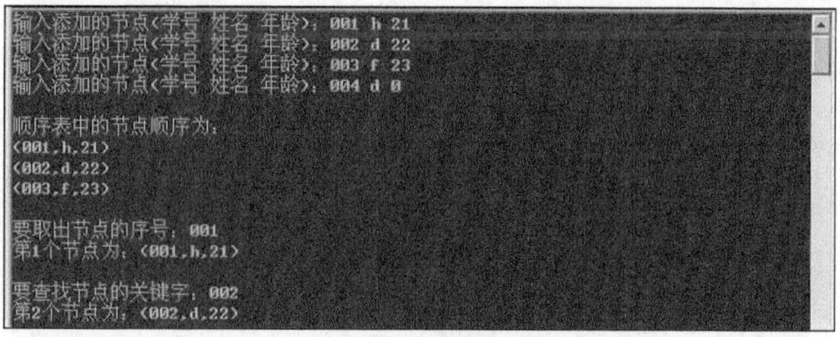

图 3-3　应用顺序表操作函数的执行效果

3.1.4　实践演练——操作顺序表

一个实例不能说明操作顺序表的基本方法，接下来开始进一步讲解操作顺序表的方法。

实例 3-2　讲解操作顺序表的方法
源码路径　光盘\daima\3\juyi.c

假设某线性表数据元素的类型为整型，以顺序结构存储线性表，通过编程实现如下功能。

① 线性表置空。

② 求线性表长度。

③ 数据元素的插入操作。

④ 数据元素的删除操作。

⑤ 显示线性表中的全部元素。

根据上述要求编写实现文件 juyi.c，具体代码如下所示。

```
#include<stdio.h>
#include<malloc.h>
#include <conio.h>
#include <stdlib.h>
#define LIST_INIT_SIZE 10
#define LISTINCREMENT 10
#define ERROR         0
#define OK            1
#define OVERFLOW   -2

typedef struct{
int *elem;
int length;
int listsize;
}SqList;

int InitList_Sq(SqList *L) //括号中传递参数是它的指针L,只有这样才能改变它指向的元素
{
int i;
  L->elem=(int *)malloc(LIST_INIT_SIZE*sizeof(int));
if(!L->elem)   exit(OVERFLOW);
  L->length =10;
  L->listsize = LIST_INIT_SIZE; //分配初始的空间
for(i=0;i<L->length;i++)
   {
       L->elem[i]=i;
   }
return OK;
}//InitList_Sq

int get_length(SqList *L)
{
return L->length;
}

int destroy(SqList *L)
{
    L->length=0;
return OK;
}

int ListInsert_Sq(SqList *L,int i, int e)
{ //在顺序表L中的第i个位置之前插入新的元素e
    //i的合法值为1<=i<=ListLength_Sq(L)+1
int *newbase,*q,*p;
if(i<1||i>L->length+1) return ERROR;
     if(L->length>=L->listsize){// 当前的存储空间已满，增加分配
newbase = ( int *)realloc(L->elem,( L->listsize +LISTINCREMENT)*sizeof(int));
if(!newbase) exit(OVERFLOW) ; //存储空间分配失败
         L->elem = newbase;
         L->listsize+=LISTINCREMENT;
    }
    q=&(L->elem[i-1]);
for(p=&(L->elem[L->length-1]);p>=q;--p)   *(p+1)=*p;
                              //插入位置及之后的元素右移
    *q=e;
    ++L->length;
return OK;
}//ListInsert_Sq;

int ListDelete_Sq(SqList *L, int i, int e) {
   // 在顺序线性表L中删除第i个元素，并用e返回其值
   //i的合法值为1≤i≤ListLength_Sq(L)
int *p, *q;
   if (i<1 || i>L->length) return ERROR;    // i值不合法
```

```
        p = &(L->elem[i-1]);              // p为被删除元素的位置
        e = *p;                           // 被删除元素的值赋给e
        q = L->elem+L->length-1;          // 表尾元素的位置
        for (++p; p<=q; ++p) *(p-1) = *p; // 被删除元素之后的元素左移
        --L->length;                      // 表长减1
    return OK;
} // ListDelete_Sq

int display_all(SqList *L)
{
int i;
for(i=0;i<L->length;i++)
        {
        printf("%d",L->elem[i]);
        printf(" ");
        }
return OK;
}
int main()
{
    SqList L;
int get,e=0;
int i,num;
    InitList_Sq(&L);
do{
    printf("请输入你要进行的操作序号\n");
    printf("1.线性表置空\n");
    printf("2.求线性表长度\n");
    printf("3.数据元素的插入操作\n");
    printf("4.数据元素的删除操作\n");
    printf("5.显示线性表中的全部元素\n");
    printf("6.退出\n");
    scanf("%d",&get);
switch(get)
        {
case 1:
        destroy(&L);//将顺序表置空，只需要将其长度置零
break;
case 2:
        printf("该线性表的长度是%d\n",get_length(&L)); //求取线性表的长度
break;
case 3:
        //在指定的位置上插入指定的数据元素
        printf("请输入你要插入的元素的位置（即在第i个元素之前插入）以及插入元素\n");
scanf("%d,%d",&i,&num);
        ListInsert_Sq(&L,i,num);
        printf("新的线性表是\n");
        display_all(&L);
break;
case 4:
        //删除指定位置的数据元素
        printf("请输入你要删除的元素的位置（即删除第i个元素）\n");
scanf("%d",&i);
        ListDelete_Sq(&L,i,e);
        printf("新的线性表是\n");
        display_all(&L);
break;
case 5:
        //显示线性表的所有元素
        display_all(&L);
printf("\n");
break;
case 6:
        //退出程序
break;
        }
}while(get!=6);
return OK;
}
```

执行后的效果如图 3-4 所示，可以实现对顺序表的对应操作。

图 3-4　操作顺序表的执行效果

3.1.5　链表操作

前面学习了顺序表的基本知识，了解到顺序表可以利用物理上的相邻关系，表达出逻辑上的前驱和后继关系。顺序表有一个硬性规定，即用连续的存储单元顺序存储线性表中的各元素。根据这条硬性规定，当对顺序表进行插入和删除操作时，必须移动数据元素才能实现线性表逻辑上的相邻关系。很不幸的是，这种操作会影响运行效率。要想解决上述影响效率的问题，需要获取链式存储结构的帮助。

链式存储结构不需要用地址连续的存储单元来实现，而是通过"链"建立起数据元素之间的次序关系。所以它不要求逻辑上相邻的两个数据元素在物理结构上也相邻，在插入和删除时无需移动元素，从而提高了运行效率。链式存储结构主要有单链表、循环链表、双向链表、静态链表等几种形式。

要想在 C 语言中实现链表功能，需要使用结构定义语句来定义链表中的帧节点。在结构中除了有各种类型的数据成员之外，还必须有一个指向相同结构体类型数据的指针变量，这个指针变量用来指向下一个节点。通过这个指针成员，可以把各个节点连接起来。上述操作的具体格式如下所示。

```
struct结构体类型名
{
数据类型成员变量1;
数据类型成员变量2;
……
数据类型成员变量n;
struct结构体类型名*指针变量名;
}
```

1. 创建一个链表

使用 C 语言建立一个链表的实现代码如下所示。

```
LinkList GreatLinkList(int n){
    /*建立一个长度为n的链表*/
    LinkList p,r,list=NULL;
    ElemType e;
int i;
for(i=1;i<=n;i++){
        Get(e);
        p=(LinkList)malloc(sizeof(LNode));
        p->data=e;
        p->next=NULL;
        if(!list)
        list=p;
        else
        r->next=p;
        r=p;
    }
return list;
}
```

上述代码的具体实现流程如下。

① 使用函数 malloc() 在内存的动态存储区中创建一块大小为 sizeof(LNode) 的空间，并将其地址赋值给 LinkList 类型变量 p（LinkList 为指向 LNode 变量的类型，LNode 为前面定义的链表节点类型）。然后将数据 e 存入该节点的数据域 data，指针域存放 NULL。其中数据 e 由函数 Get() 获得。

② 如果指针变量 list 为空，则说明本次生成的节点是第一个节点，因此将 p 赋值给 list。

变量 list 为 LinkList 类型，只用来指向第一个链表节点，因此它是该链表的头指针，最后要返回。

③ 如果指针变量 list 不为空，则说明本次生成的节点不是第一个节点，所以要将 p 赋值给 r->next。在此变量 r 是一个 LinkList 类型，永远指向原先链表的最后一个节点，也就是要插入节点的前一个节点。

④ 再将 p 赋值给 r，目的是使 r 再次指向最后的节点，以便生成链表的下一个节点，这样能够保证 r 永远指向原先链表的最后一个节点。

⑤ 将生成的链表的头指针 list 返回主调函数，通过 list 就可以访问到该链表的每一个节点，并对该链表进行操作。至此，就建立了一条长度为 n 的链表，

2. 向链表中插入节点

在实际应用中，在指针 q 指向的节点后面插入节点的基本流程如下。

① 创建一个新的节点，然后用指针 p 指向这个节点。

② 将 q 指向的节点的 next 域的值（即 q 的后继节点的指针）赋值给 p 指向节点的 next 域。

③ 将 p 的值赋值给 q 的 next 域。

图 3-5 很形象地展示了上述 3 个步骤的具体过程。

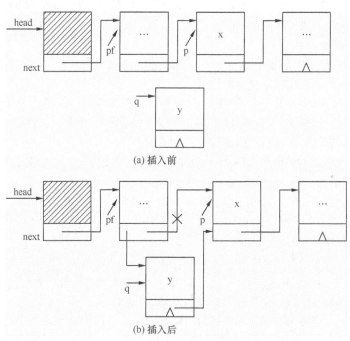

(a) 插入前

(b) 插入后

图 3-5　链表中插入节点

使用 C 语言实现向链表中插入节点的具体算法描述如下所示。

```
void insertList(LinkList *list,LinkList q,ElemType e){
    /*向链表中由指针q指出的节点后面插入节点，节点数据为e*/
    LinkList p;
    p=( LinkList)malloc(sizeof(LNode));        /*生成一个新节点，由p指向它*/
    p->data=e;                                 /*向该节点的数据域赋值e*/
if(!*list){
    *list=p;
    p->next=NULL;
    }                                          /*当链表为空时*/
else{
    p->next=q->next;
    /*将q指向的节点的next域的值赋值给p指向节点的next域*/
    q->next=p;
```

```
                /*将p的值赋值给q的next域*/
    }
}
```

上述代码的具体实现流程如下。

① 生成一个大小为 sizeof(LNode)的新节点，用 LinkList 类型的变量 p 指向该节点，将该节点的数据域赋值为 e。

② 判断链表是否为空，如果链表为空，则将 p 赋值给 list，p 的 next 域的值置为空；如果链表不为空，则将 q 指向的节点的 next 域的值赋给 p 指向节点的 next 域，这样 p 指向的节点就与 q 指向节点的下一个节点连接到了一起。

③ 将 p 的值赋值给 q 所指节点的 next 域，这样就将 p 指向的节点插入到了指针 q 指向节点的后面。至此，就在指针 q 指向的节点后面插入了一个新的节点。

通过上面算法描述可以看出，使用此算法也可以创建一个链表。因为开始时链表为空，即 list==NULL，通过该算法可以自动为链表创建一个节点。在接下来创建其他节点的过程中，只要始终将指针 q 指向链表的最后一个节点，即可创建出一个链表。

在函数 insertList()中有一个参数 LinkList *list,此参数是一个指向 LinkList 类型的指针变量，相当于指向 LNode 类型的指针的指针。这是因为在函数中要对 list，也就是表头指针进行修改，而调用该函数时，实参是&list，而不是 list。因此必须采取指针参数传递的办法，否则无法在被调函数中修改主函数中定义的变量的内容。

3. 在链表中删除节点

如果需要在非空链表中删除 q 所指的节点，要想保证万无一失，需要从如下 3 种情形来考虑。

（1）当 q 指向的是链表的第一个节点时

当 q 所指向的是链表的第一个节点时，只需将 q 所指节点的指针域 next 的值赋值给头指针 list，让 list 指向第二个节点，然后再释放掉 q 所指节点后即可实现。

（2）当 q 指向节点的前驱节点的指针是已知的时候

当 q 所指向的节点的前驱节点的指针已知时，在此假设为 r，只需将 q 所指节点的指针域 next 的值赋值给 r 的指针域 next，然后释放掉 q 所指节点即可实现。

对于以上两种情形，使用 C 语言在链表中删除节点的算法描述如下所示。

```
void delLink(LinkList *list,LinkList r,LinkList q){
    if(q==*list)                           /*删除链表节点的第一种情形*/
        *list=q->next;
    else
        r->next=q->next;                   /*删除链表节点的第二种情形*/
    free(q);
}
```

（3）当 q 所指的节点的前驱节点的指针是未知的时候

在这种情况下，需要先通过链表头指针 list 遍历链表，找到 q 的前驱节点的指针，并将该指针赋值给指针变量 r，再按照第二种情形去做即可实现。此时使用 C 语言在链表中删除节点的算法描述如下所示。

```
void delLink(LinkList *list ,LinkList q){
    LinkList r;
    if(q==list){
        *list=q->next;
        free(q);
    }
    else{
        for(r=*list;r->next!=q;rr=r->next); /*遍历链表，找到q的前驱节点的指针*/
        if(r->next!=NULL){
        r->next=q->next;
        free(q);
            }
        }
}
```

4.　销毁链表

　　链表本身会占用一定的内存空间，所以在编程过程中，当使用完链表后建议及时销毁这个链表。如果在一个系统中使用了很多链表，并且使用完毕后也不及时销毁，则这些垃圾空间会越积越多，最终可能会导致内存泄漏，严重的话甚至会造成程序崩溃。下面是使用 C 语言销毁一个链表 list 的代码描述。

```
void destroyLinkList(LinkList*list){
    LinkList p,q;
    p=*list;
while(p){
    q=p->next;
free(p);
    p=q;
    }
    *list=NULL;
}
```

　　在上述代码中，通过函数 destroyLinkList()可以销毁链表 list，此函数的实现流程如下。

　　① 将链表*list 的内容赋值给 p，因为 p 指向链表的第一个节点，从而成为了链表的表头。

　　② 只要 p 不为空（NULL），就将 p 指向的下一个节点的指针（地址）赋值给 q，并使用函数 free()释放掉 p 所指向的节点，p 再指向下一个节点。重复上述循环，直到链表为空为止。

　　③ 将链表*list 的内容设置为 NULL，与之对应的是主函数中的链表 list 也随之变为空，这样的好处是可以防止 list 成为野指针，并且链表在内存中也被完全释放掉。

3.1.6　实践演练——定义链表操作函数

　　为了说明定义链表操作函数的基本用法，接下来将通过一个具体实例的实现过程，详细演示前面定义的链表操作函数的用法。

实例 3-3　演示前面定义的链表操作函数的用法

源码路径　光盘\daima\3\lianbiao.c

　　在实例文件 lianbiao.c 中编写了一个测试主函数 main()，然后使用前面介绍的链表操作函数实现对链表的操作处理。实例文件 lianbiao.c 具体实现代码如下所示。

```
#include <stdio.h>
typedef struct
{
    char key[15];     //关键字
    char name[20];
    int age;
}DATA;   //数据节点类型
#include "2-4 ChainList.h"
#include "2-5 ChainList.c"
void ChainListAll(ChainListType *head) //遍历链表
{
    ChainListType *h;
    DATA data;
    h=head;
    printf("链表所有数据如下：\n");
    while(h) //循环处理链表每个节点
    {
        data=h->data;//获取节点数据
printf("(%s,%s,%d)\n",data.key,data.name,data.age);
        h=h->next;//处理下一节点
    }
return;
}
int main()
{
    ChainListType *node, *head=NULL;
    DATA data;
    char key[15],findkey[15];

    printf("输入链表中的数据，包括关键字、姓名、年龄，关键字输入0，则退出：\n");
do{
```

```
        fflush(stdin);   //清空输入缓冲区
        scanf("%s",data.key);
        if(strcmp(data.key,"0")==0) break; //若输入0，则退出
        scanf("%s%d",data.name,&data.age);
        head=ChainListAddEnd(head,data);//在链表尾部添加节点数据
}while(1);

    printf("该链表共有%d个节点。\n",ChainListLength(head)); //返回节点数量
    ChainListAll(head); //显示所有节点

    printf("\n插入节点，输入插入位置的关键字：");
    scanf("%s",&findkey);//输入插入位置关键字
    printf("输入插入节点的数据(关键字姓名年龄):");
    scanf("%s%s%d",data.key,data.name,&data.age);//输入插入节点数据
    head=ChainListInsert(head,findkey,data);//调用插入函数

    ChainListAll(head); //显示所有节点

    printf("\n在链表中查找，输入查找关键字:");
    fflush(stdin);//清空输入缓冲区
    scanf("%s",key);//输入查找关键字
    node=ChainListFind(head,key);//调用查找函数，返回节点指针
    if(node)//若返回节点指针有效
    {
        data=node->data;//获取节点的数据
        printf("关键字%s对应的节点数据为(%s,%s,%d)\n" ,key,data.key,data.name,data.age);
    }else//若节点指针无效
        printf("在链表中未找到关键字为%s的节点！\n",key);

    printf("\n在链表中删除节点，输入要删除的关键字:");
    fflush(stdin);//清空输入缓冲区
    scanf("%s",key);//输入删除节点关键字
    ChainListDelete(head,key);//调用删除节点函数
    ChainListAll(head); //显示所有节点
getch();
return 0;
}
```

执行后可以分别输入数据实现对链表的操作，执行效果如图 3-6 所示。

图 3-6　定义链表操作函数执行效果

3.1.7　实践演练——操作链表

一个实例不能说明链表操作的基本方法，接下来将进一步讲解操作链表的方法。

实例 3-4　进一步讲解操作链表的方法
源码路径　光盘\daima\3\chazhao.c

算法分析：前面曾经讲解过在链表中查找数据的方法，基本思路是，对单链表的节点依次扫描，检测其数据域是否是所要查找的值，若是返回该节点的指针，否则返回 NULL。因为在单链表的链域中包含了后继节点的存储地址，所以在实现的时候，只要知道该单链表的头指针，即可依次对每个节点的数据域进行检测。

具体实现：根据上述思路编写文件 chazhao.c，其功能是实现在链表中的数据查找工作，具体实现代码如下所示。

```
#include <stdio.h>
#include <malloc.h>
#include <string.h> /*包含一些字符串处理函数的头文件*/
#define N 10
typedef struct node
{
    char name[20];
    struct node *link;
}stud;
```

```
stud * creat(int n) /*建立链表的函数*/
{
    stud *p,*h,*s;
    int i;
if((h=(stud *)malloc(sizeof(stud)))==NULL)
{
    printf("不能分配内存空间!");
    exit(0);
}
h->name[0]='\0';
h->link=NULL;
p=h;
for(i=0;i<n;i++)
{
    if((s= (stud *) malloc(sizeof(stud)))==NULL)
{
    printf("不能分配内存空间!");
    exit(0);
}
p->link=s;
printf("请输入第%d个人的姓名",i+1);
scanf("%s",s->name);
s->link=NULL;
p=s;
}
return(h);
}
stud * search(stud *h,char *x) /*查找链表的函数，其中h指针是链表的表头指针，x指针是要查找的人的姓名*/
{
    stud *p; /*当前指针，指向要与所查找的姓名比较的节点*/
    char *y; /*保存节点数据域内姓名的指针*/
    p=h->link;
    while(p!=NULL)
{
    y=p->name;
    if(strcmp(y,x)==0) /*把数据域里的姓名与所要查找的姓名比较，若相同则返回0，即条件成立*/
    return(p); /*返回所要查找节点的地址*/
    else p=p->link;
}
if(p==NULL)
    printf("没有查找到该数据!");
}
main()
{
int number;
char fullname[20];
stud *head,*searchpoint; /*head是表头指针，searchpoint是保存符合条件的节点地址的指针*/
number=N;
head=creat(number);
printf("请输入你要查找的人的姓名:");
scanf("%s",fullname);
searchpoint=search(head,fullname); /*调用查找函数，并把结果赋给searchpoint指针*/
}
```

执行后可以快速检索到想要查找的数据，如图 3-7 所示。

图 3-7　应用链表查找数据执行效果

3.2　先进先出的队列详解

知识点讲解：光盘:视频讲解\第 3 章\先进先出的队列详解.avi

先进先出队列严格按照"先来先得"原则，这一点和排队差不多。例如，在银行办理业务时都要先取一个号再排队，早来的会先获得到柜台办理业务的待遇；购买火车票时需要排队，早来的先获得买票资格。计算机算法中的队列是一种特殊的线性表，它只允许在表的前端进行删除操作，在表的后端进行插入操作。队列是一种比较有意思的数据结构，最先插入的元素是最先被删除的；反之最后插入的元素是最后被删除的，因此队列又称为"先进先出"（first in-first out，FIFO）的线性表。进行插入操作的端称为队尾，进行删除操作的端称为队头。队列中没有元素时，被称为空队列。

3.2.1　什么是队列

队列和栈一样，只允许在断点处插入和删除元素，循环队的入队算法如下。

① tail=tail+1。

② 如果 tail=n+1，则 tail=1。

③ 如果 head=tai，即尾指针与头指针重合，则表示元素已装满队列，会施行"上溢"出错处理；否则 Q(tail)=X，结束整个过程，其中 X 表示新的入出元素。

队列的抽象数据类型定义是 ADT Queue，具体格式如下所示。

```
ADT Queue{
D={a_i|a_i∈ElemSet, i=1,2,···,n,  n≥0}//数据对象
R={R1},R1={<a_{i-1},a_i>|a_{i-1},a_i∈D, i=2,3,···,n }//数据关系
···基本操作
}ADT Queue
```

队列的基本操作如下。

（1）InitQueue(&Q)

操作结果：构造一个空队列 Q。

（2）DestroyQueue(&Q)

初始条件：队列 Q 已存在。

操作结果：销毁队列 Q。

（3）ClearQueue(&Q)

初始条件：队列 Q 已存在。

操作结果：将队列 Q 重置为空队列。

（4）QueueEmpty(Q)

初始条件：队列 Q 已存在。

操作结果：若 Q 为空队列，则返回 TRUE，否则返回 FALSE。

（5）QueueLength(Q)

初始条件：队列 Q 已存在。

操作结果：返回队列 Q 中数据元素的个数。

（6）GetHead(Q,&e)

初始条件：队列 Q 已存在且非空。

操作结果：用 e 返回 Q 中队头元素。

（7）EnQueue(&Q, e)

初始条件：队列 Q 已存在。

操作结果：插入元素 e 为 Q 的新的队尾元素。

（8）DeQueue(&Q, &e)

初始条件：队列 Q 已存在且非空。

操作结果：删除 Q 的队头元素，并用 e 返回其值。

（9）QueueTraverse(Q, visit())

初始条件：队列 Q 已存在且非空。

操作结果：从队头到队尾依次对 Q 的每个数据元素调用函数 visit()，一旦 visit()失败，则操作失败。

3.2.2　链队列和循环队列

使用 C 语言定义链队列的格式如下所示。

```
typedef struct QNode{
ElemType   data;
struct QNode    *next;
}QNode, *QueuePtr;
typedef struct {
QueuePtr    front;              /* 队头指针，指向头元素    */
QueuePtr    rear;       /* 队尾指针，指向队尾元素 */
}LinkQueue;
```

可以采用顺序表来存储定义循环队列，使用 front 指向队列的头元素，用 rear 指向队尾元素的下一位置，具体代码如下所示。

```
#define MAXQSIZE   100         /* 最大队列长度  */
typedef struct{
ElemType  *base;          /* 存储空间        */
int              front;        /* 头指针，指向队列的头元素 */
int              rear;        /* 尾指针，指向队尾元素的下一个位置      */
}SqQueue; /* 非增量式的空间分配 */
```

3.2.3　队列的基本操作

（1）初始化队列 Q 的目的是创建一个队列，例如下面是用 C 语言初始化队列 Q 的实现代码。

```
void InitQueue(QUEUE *Q)
{
Q->front=-1;
Q->rear=-1;
}
```

（2）入队的目的是将一个新元素添加到队尾，相当于到队列最后排队等候。例如下面是 C 语言入队操作的实现代码。

```
void EnQueue(QUEUE *Q,Elemtype elem)
{
if ((Q->rear+1)%MAX_QUEUE==Q->front) exit(OVERFLOW);
else { Q->rear=(Q->reasr+1)%MAX_QUEUE;
       Q->elem[Q->rear]=elem; }
}
```

（3）出队的目的是取出队头的元素，并同时删除该元素，使后一个元素成为队头。例如下面是 C 语言出队操作的实现代码。

```
void DeQueue(QUEUE*Q,Elemtype *elem)
{
if (QueueEmpty(*Q)) exit("Queue is empty.");
else {
      Q->front=(Q->front+1)%MAX_QUEUE;
      *elem=Q->elem[Q->front];
}
}
```

（4）获取队列第 1 个元素，即将队头的元素取出，不删除该元素，队头仍然是该元素。例如下面的代码。

```
void GetFront(QUEUE Q,Elemtype *elem)
{
if (QueueEmpty(Q)) exit("Queue is empty.");
else *elem=Q.elem[(Q.front+1)%MAX_QUEUE];
}
```

（5）判断队列 Q 是否为空，例如下面是用 C 语言判断队列是否为空的实现代码。

```
int QueueEmpty(Queue Q)
{
if (Q.front==Q.rear) return TRUE;
else return FALSE;
}
```

3.2.4　队列的链式存储

当使用链式存储结构表示队列时，需要设置队头指针和队尾指针，这样做的好处是可以设置队头的指针和队尾的指针。在入队时需要执行如下 3 条语句。

```
s->next=NULL;
rear->next=s;
rear=s;
```

在 C 语言中，实现队列链式存储结构类型的代码如下所示。

```
type struct linklist {              //链式队列的节点结构
Elemtype Entry;                     //队列的数据元素类型
struct linklist *next;              //指向后继节点的指针
}LINKLIST;
typedef struct queue{               //链式队列
LINKLIST *front;                    //队头指针
LINKLIST *rear;                     //队尾指针
}QUEUE;
```

在 C 语言中，链式队列的基本操作算法如下。

（1）初始化队列 Q，其算代码法如下所示。

```
void InitQueue(QUEUE *Q)
{
    Q->front=(LINKLIST*)malloc(sizeof(LINKLIST));
if (Q->front==NULL) exit(ERROR);
    Q->rear= Q->front;
}
```

（2）入队操作，其算法代码如下所示。

```
void EnQueue(QUEUE *Q,Elemtype elem)
{
s=(LINKLIST*)malloc(sizeof(LINKLIST));
if (!s) exit(ERROR);
    s->elem=elem;
    s->next=NULL;
    Q->rear->next=s;
    Q->rear=s;
}
```

（3）出队操作，其算法代码如下所示。

```
void DeQueue(QUEUE *Q,Elemtype *elem)
{
if (QueueEmpty(*Q)) exit(ERROR);
else {
    *elem=Q->front->next->elem;
    s=Q->front->next;
    Q->front->next=s->next;
    free(s);
}
}
```

（4）获取队头元素内容，其算法代码如下所示。

```
void GetFront(QUEUE Q,Elemtype *elem)
{
if (QueueEmpty(Q)) exit(ERROR);
else *elem=Q->front->next->elem;
}
```

（5）判断队列 Q 是否为空，其算法代码如下所示。

```
int QueueEmpty(QUEUE Q)
{
if (Q->front==Q->rear) return TRUE;
else return FALSE;
}
```

3.2.5　实践演练——完整的顺序队列的操作

为了说明完整的顺序队列的操作，接下来将通过一个具体实例的实现过程，详细讲解其用法。

实例 3-5	演示一个完整的顺序队列的操作过程
	源码路径　光盘\daima\3\shuncao.h

本实例演示了一个完整的顺序队列的操作过程，具体实现代码如下所示。

```
#define QUEUEMAX 15
typedef struct
{
        DATA data[QUEUEMAX]; //队列数组
        int head; //队头
        int tail; //队尾
}SeqQueue;
SeqQueue *SeqQueueInit()
{
        SeqQueue *q;
        if(q=(SeqQueue *)malloc(sizeof(SeqQueue))) //申请保存队列的内存
        {
            q->head = 0;//设置队头
            q->tail = 0;//设置队尾
            return q;
            }else
        return NULL; //返回空
}
void SeqQueueFree(SeqQueue *q) //释放队列
{
        if (q!=NULL)
        free(q);
}
int SeqQueueIsEmpty(SeqQueue *q)    //队列是否为空
{
        return (q->head==q->tail);
}
int SeqQueueIsFull(SeqQueue *q)//队列是否已满
{
        return (q->tail==QUEUEMAX);
}
int SeqQueueLen(SeqQueue *q) //获取队列长度
{
        return(q->tail-q->head);
}
int SeqQueueIn(SeqQueue *q,DATA data)//顺序队列的入队函数
{
if(q->tail==QUEUEMAX)
        {
            printf("队列满了！\n");
            return(0);
}else{
            q->data[q->tail++]=data;
            return(1);
        }
}
DATA *SeqQueueOut(SeqQueue *q)//顺序队列的出队
{
    if(q->head==q->tail)
        {
            printf("\n队列空了！\n");
            return NULL;
            }else{
            return&(q->data[q->head++]);
        }
}
DATA *SeqQueuePeek(SeqQueue *q) //获取队头元素
{
        if(SeqQueueIsEmpty(q))
        {
            printf("\n队列空了!\n");
            return NULL;
            }else{
            return&(q->data[q->head]);
        }
}
```

3.2.6 实践演练——完整的循环队列的操作

一个实例不能说操作队列的基本方法，接下来通过具体实例演示一个完整的循环队列的操作过程。

实例 3-6　演示一个完整的循环队列的操作过程
源码路径　　光盘\daima\3\xuncao.h

编写实例文件 xuncao.h 来演示一个完整的循环队列的操作过程，具体实现代码如下所示。

```
#define QUEUEMAX 15
typedef struct
{
    DATA data[QUEUEMAX]; //队列数组
    int head; //队头
    int tail; //队尾
}CycQueue;
CycQueue *CycQueueInit()
{
    CycQueue *q;
    if(q=(CycQueue *)malloc(sizeof(CycQueue))) //申请保存队列的内存
    {
        q->head = 0;//设置队头
        q->tail = 0;//设置队尾
return q;
}else
        return NULL; //返回空
}
void CycQueueFree(CycQueue *q) //释放队列
{
if (q!=NULL)
free(q);
}
int CycQueueIsEmpty(CycQueue *q)    //队列是否为空
{
return (q->head==q->tail);
}
int CycQueueIsFull(CycQueue *q)//队列是否已满
{
return ((q->tail+1)%QUEUEMAX==q->head);
}
int CycQueueIn(CycQueue *q,DATA data)//入队函数
{
if((q->tail+1)%QUEUEMAX == q->head )
    {
        printf("队列满了！\n");
return 0;
}else{
        q->tail=(q->tail+1)%QUEUEMAX;//求列尾序号
        q->data[q->tail]=data;
        return 1;
    }
}
DATA *CycQueueOut(CycQueue *q)//循环队列的出队函数
{
    if(q->head==q->tail) //队列为空
    {
        printf("队列空了！\n");
        return NULL;
}else{
        q->head=(q->head+1)%QUEUEMAX;
        return&(q->data[q->head]);
    }
}
int CycQueueLen(CycQueue *q) //获取队列长度
{
    int n;
    n=q->tail-q->head;
if(n<0)
        n=QUEUEMAX+n;
        return n;
}
DATA *CycQueuePeek(CycQueue *q) //获取队列中第1个位置的数据
{
if(q->head==q->tail)
    {
        printf("队列已经空了!\n");
```

```
            return NULL;
    }else{
            return&(q->data[(q->head+1)%QUEUEMAX]);
    }
}
```

3.2.7　实践演练——实现一个排号程序

在日常生活中，排号程序的应用范围很广泛，例如银行存取款、电话缴费和买菜都需要排队等。为了提高服务，很多机构专门设置了排号系统，这样便于规范化地管理排队办理业务的客户。要求编写一个 C 语言程序，在里面创建一个队列，每个顾客通过该系统得到一个序号，程序将该序号添加到队列中。柜台的工作人员在处理完一个顾客的业务后，可以选择办理下一位顾客的业务，程序将从队列的头部获取下一位顾客的序号。

实例 3-7 **实现一个排号程序**
源码路径　光盘:\daima\3\dui.c

算法分析：根据队列操作原理，对该程序的算法分析如下。

① 定义 DATA 数据类型，用于表示进入队列的数据。

② 定义全局变量 num，用于保存顾客的序号。

③ 编写新增顾客函数 add()，为新到顾客生成一个编号，并添加到队列中。

④ 编写柜台工作人员呼叫下一个顾客的处理函数 next()。

⑤ 编写主函数 main()，能够根据不同的选择分别调用函数 add() 或 next() 来实现对应的操作。

具体实现：根据上述算法分析编写实例文件 dui.c，具体实现代码如下所示。

```c
#include <stdio.h>
#include <stdlib.h>
#include <time.h>
typedef struct
{
    int num;          //顾客编号
    long time;        //进入队列时间
}DATA;
#include "xuncao.h"
int num;//顾客序号
void add(CycQueue *q)        //新增顾客排列
{
    DATA data;
if(!CycQueueIsFull(q))//如果队列未满
    {
        data.num=++num;
        data.time=time(NULL);
        CycQueueIn(q,data);
    }
else
        printf("\n排队的人实在是太多了，请您稍候再排队!\n");
}
void next(CycQueue *q)        //通知下一顾客准备
{
    DATA *data;
if(!CycQueueIsEmpty(q))        //若队列不为空
    {
        data=CycQueueOut(q);    //取队列头部的数据
        printf("\n欢迎编号为%d的顾客到柜台办理业务!\n",data->num);
    }
if(!CycQueueIsEmpty(q))        //若队列不为空
    {
        data=CycQueuePeek(q);   //取队列中指定位置的数据
        printf("请编号为%d的顾客做好准备，马上将为您办理业务!\n",data->num);
    }
}
int main()
{
    CycQueue *queue1;
    int i,n;
```

```
        char select;
        num=0;                                //顾客序号
        queue1=CycQueueInit();                //初始化队列
   if(queue1==NULL)
        {
            printf("创建队列时出错！\n");
            getch();
            return 0;
        }
   do{
            printf("\n请选择具体操作:\n");
            printf("1.新到顾客\n");
            printf("2.下一个顾客\n");
            printf("0.退出\n") ;
            fflush(stdin);
            select=getch();
   switch(select)
            {
   case '1':
   add(queue1);
                        printf("\n现在共有%d位顾客在等候!\n",CycQueueLen(queue1));
   break;
   case '2':
   next(queue1);
                        printf("\n现在共有%d位顾客在等候!\n",CycQueueLen(queue1));
   break;
   case '0':
   break;
            }
   }while(select!='0');
        CycQueueFree(queue1);                 //释放队列
        getch();
        return 0;
}
```

执行后的效果如图 3-8 所示。

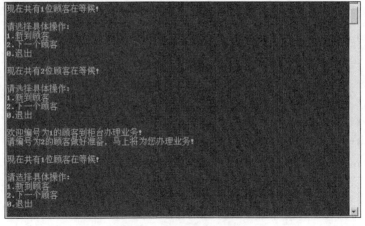

图 3-8　排号程序执行效果

3.3　后进先出栈

知识点讲解：光盘:视频讲解\第 3 章\后进先出栈.avi

　　前面曾经说过"先进先出"是一种规则，其实在很多时候"后进先出"也是一种规则。拿银行排队办理业务为例，假设银行工作人员通知说：今天的营业时间就要到了，还能办理 xx 号到 yy 号的业务，请 yy 号以后的客户明天再来办理。也就是说因为时间关系，排队队伍中的后来几位需要自觉退出，等第二天再来办理。本节将要讲的"栈"就遵循这一规则。栈即 stack，是一种数据结构，是只能在某一端进行插入或删除操作的特殊线性表。栈按照后进先出的原则存储数据，先进的数据被压入栈底，最后进入的数据在栈顶。当需要读数据时，从栈顶开始弹出数据，最后一个数据被第一个读出来。栈通常也被称为后进先出表。

3.3.1 什么是栈

栈允许在同一端进行插入和删除操作，允许进行插入和删除操作的一端称为栈顶（top），另一端称为栈底（bottom）。栈底是固定的，而栈顶是浮动的；如果栈中元素个数为零则被称为空栈。插入操作一般被称为入栈（Push），删除操作一般被称为出栈（Pop）。

在栈中有两种基本操作，分别是入栈和出栈。

（1）入栈（Push）

将数据保存到栈顶。在进行入栈操作前，先修改栈顶指针，使其向上移一个元素位置，然后将数据保存到栈顶指针所指的位置。入栈（Push）操作的算法如下：

① 如果 TOP≥n，则给出溢出信息，进行出错处理。在进栈前首先检查栈是否已满，如果满则溢出；不满则进入下一步骤②。

② 设置 TOP=TOP+1，使栈指针加 1，指向进栈地址。

③ S(TOP)=X，结束操作，X 为新进栈的元素。

（2）出栈（Pop）

将栈顶的数据弹出，然后修改栈顶指针，使其指向栈中的下一个元素。出栈（Pop）操作的算法如下：

① 如果 TOP≤0，则输出下溢信息，并进行出错处理。在退栈之前先检查是否已为空栈，如果是空则下溢信息，如果不空则进入下一步骤②。

② X=S(TOP)，退栈后的元素赋给 X。

③ TOP=TOP-1，结束操作，栈指针减 1，指向栈顶。

3.3.2 栈的基本分类

1．顺序栈

顺序栈是栈的顺序存储结构的简称，是一个运算受限的顺序表，顺序栈是运算受限的顺序表。

（1）顺序栈的格式使用 C 语言定义顺序栈类型的格式如下所示。

```
#define StackSize 100        //预分配的栈空间最多为100个元素
typedef char DataType;       //栈元素的数据类型为字符
typedef struct{
        DataType data[StackSize];
int top;
}SeqStack;
```

在此需要注意如下 3 点。

① 顺序栈中元素用向量存放。

② 栈底位置是固定不变的，可以设置在向量两端的任意一个端点。

③ 栈顶位置是随着进栈和退栈操作而变化的，用一个整型量 top（通常称 top 为栈顶指针）来指示当前栈顶位置。

（2）顺序栈的基本操作

① 进栈操作

进栈时，需要将 S->top 加 1。

注意：S->top==StackSize-1 表示栈满；进行"上溢"现象，即当栈满时，再进行进栈运算产生空间溢出的现象。上溢是一种出错状态，应设法避免。

② 退栈操作

在退栈时，需要将 S->top 减 1。其中 S->top<0 表示此栈是一个空栈。当栈为空时，如果进行退栈运算将会产生溢出现象。下溢是一种正常的现象，常用作程序控制转移的条件。

（3）顺序栈运算

❑ 使用 C 语言设置栈为空的算法代码如下所示。

```
void InitStack（SeqStack *S)
{//将顺序栈置空
    S->top=-1;
}
```

❑ 使用 C 语言判断栈是否为空的算法代码如下所示。

```
int StackEmpty（SeqStack *S)
{
    return S->top==-1;
}
```

❑ 使用 C 语言判断栈是否满的算法代码如下所示。

```
int StackFull（SeqStack *SS)
{
    return S->top==StackSize-1;
}
```

❑ 使用 C 语言实现进栈操作的算法代码如下所示。

```
void Push（S，x)
{
if (StackFull(S))
        Error("Stack overflow"); //上溢，退出运行
    S->data[++S->top]=x;//栈顶指针加1后将x入栈
}
```

❑ 使用 C 语言实现退栈操作的算法代码如下所示。

```
DataType Pop（S)
{
if(StackEmpty(S))
        Error("Stack underflow"); //下溢，退出运行
        return S->data[S->top--];//栈顶元素返回后将栈顶指针减1
}
```

❑ 使用 C 语言获取栈顶元素的算法代码如下所示。

```
DataType StackTop（S)
{
if(StackEmpty(S))
    Error("Stack is empty");
return S->data[S->top];
```

2．链栈

链栈是指栈的链式存储结构，是没有附加头节点的、运算受限的单链表，栈顶指针是链表的头指针。使用 C 语言定义链栈类型的代码如下所示。

```
typedef struct stacknode{
DataType data
struct stacknode *next
}StackNode;
typedef struct{
StackNode *top;   //栈顶指针
}LinkStack;
```

在进行上述操作时需要需要注意如下两点。

① 定义 LinkStack 结构类型的目的是为了更加便于在函数体中修改指针 top。

② 如果要记录栈中元素个数，可以将元素的各个属性放在 LinkStack 类型中定义。

常用的链栈操作运算有五种，具体说明如下。

❑ 使用 C 语言设置栈为空的算法代码如下所示。

```
Void InitStack(LinkStack *S)
{
        S->top=NULL;
}
```

❑ 使用 C 语言判断栈是否为空的算法代码如下所示。

```
int StackEmpty(LinkStack *S)
{
        return S->top==NULL;
}
```

❑ 使用 C 语言实现进栈处理的算法代码如下所示。

```
void Push(LinkStack *S,DataType x)
    {//将元素x插入链栈头部
            StackNode *p=(StackNode *)malloc(sizeof(StackNode));
            p->data=x;
            p->next=S->top;//将新节点*p插入链栈头部
            S->top=p;
    }
```

❑ 使用 C 语言实现退栈处理的算法代码如下所示。

```
DataType Pop(LinkStack *S)
    {
        DataType x;
        StackNode *p=S->top;//保存栈顶指针
        if(StackEmpty(S))
        Error("Stack underflow.");   //下溢
        x=p->data;   //保存栈顶节点数据
        S->top=p->next;   //将栈顶节点从链上摘下
        free(p);
        return x;
    }
```

❑ 使用 C 语言获取栈顶元素的算法代码如下所示。

```
DataType StackTop(LinkStack *S)
    {
        if(StackEmpty(S))
        Error("Stack is empty.")
        return S->top->data;
    }
```

3.3.3 实践演练——栈操作函数

下面将通过一个具体实例的实现过程，详细讲解编写对栈进行操作的各种函数的方法。

实例 3-8 编写对栈的各种操作函数
源码路径　光盘\daima\3\lianbiao.c

在实例文件 ceStack.h 中定义了各种操作栈的函数，具体实现流程如下。

（1）定义头文件

定义头文件的具体代码如下所示。

```
typedef struct stack
{
    DATA data[SIZE+1]; //数据元素
    int top; //栈顶
}SeqStack;
```

（2）栈初始化

对栈进行初始化处理，先按照符号常量 SIZE 指定的大小申请一片内存空间，用这片内存空间来保存栈中的数据；然后设置栈顶指针的值为 0，表示是一个空栈。具体代码如下所示。

```
SeqStack *SeqStackInit()
{
    SeqStack *p;
    if(p=(SeqStack *)malloc(sizeof(SeqStack))) //申请栈内存
    {
        p->top=0; //设置栈顶为0
        return p;//返回指向栈的指针
    }
    return NULL;
}
```

（3）释放内存

当通过函数 malloc()分配栈使用的内存空间后，在不使用栈的时候应该调用函数 free()及时释放所分配的内存，对应代码如下所示。

```
void SeqStackFree(SeqStack *s)   //释放栈所占用空间
{
    if(s)
    free(s);
}
```

（4）判断栈状态

在对栈进行操作之前需要判断栈的状态，然后才能决定是否操作，下列函数用于判断栈的状态。

```
int SeqStackIsEmpty(SeqStack *s)  //判断栈是否为空
{
    return(s->top==0);
}
void SeqStackClear(SeqStack *s)   //清空栈
{
    s->top=0;
}
int SeqStackIsFull(SeqStack *s)    //判断栈是否已满
{
    return(s->top==SIZE);
}
```

（5）入栈和出栈操作

入栈和出栈都是最基本的栈操作，对应函数代码如下所示。

```
int SeqStackPush(SeqStack *s,DATA data) //入栈操作
{
if((s->top+1)>SIZE)
    {
        printf("栈溢出!\n");
        return 0;
    }
    s->data[++s->top]=data;//将元素入栈
    return 1;
}
DATA SeqStackPop(SeqStack *s) //出栈操作
{
if(s->top==0)
    {
        printf("栈为空! ");
    exit(0);
    }
return (s->data[s->top--]);
}
```

（6）获取栈顶元素

当使用出栈函数操作后，原来的栈顶元素就不存在了。有时需要获取栈顶元素时要求继续保留该元素在栈顶，这时就需要使用获取栈顶元素的函数。对应的代码如下所示。

```
DATA SeqStackPeek(SeqStack *s) //读栈顶数据
{
if(s->top==0)
    {
        printf("栈为空! ");
exit(0);
    }
return (s->data[s->top]);
}
```

3.3.4　实践演练——测试栈操作

在接下来的内容中，将通过一个具体实例的实现过程，详细讲解测试栈操作函数的方法。

实例 3-9　测试栈操作函数

源码路径　光盘:\daima\3\ceStackTest.c

编写测试文件 ceStackTest.c,功能是调用文件 ceStack.h 中定义的栈操作函数实现出栈操作。文件 ceStackTest.c 的具体代码如下所示。

```
#include <stdio.h>
#include <stdlib.h>
#define SIZE 50
typedef struct
{
```

```
        char name[15];
        int age;
        }DATA;
        #include "ceStack.h"
        int main()
        {
            SeqStack *stack;
            DATA data,data1;
            stack=SeqStackInit();   //初始化栈
            printf("入栈操作: \n");
            printf("输入姓名年龄进行入栈操作:");
            scanf("%s%d",data.name,&data.age);
            SeqStackPush(stack,data);
            printf("输入姓名年龄进行入栈操作:");
            scanf("%s%d",data.name,&data.age);
            SeqStackPush(stack,data);
            printf("\n出栈操作: \n按任意键进行出栈操作:");
            getch();

            data1=SeqStackPop(stack);
            printf("出栈的数据是(%s,%d)\n" ,data1.name,data1.age);
            printf("再按任意键进行出栈操作:");
            getch();
            data1=SeqStackPop(stack);
            printf("出栈的数据是(%s,%d)\n" ,data1.name,data1.age);
            SeqStackFree(stack); //释放栈所占用的空间
            getch();
            return 0;
        }
```

执行后的效果如图 3-9 所示。

图 3-9　测试栈操作执行效果

3.4　技术解惑

3.4.1　线性表插入操作的时间复杂度是多少

在顺序表上实现插入操作的过程看似比较复杂，其实实现起来比较简单，只是一个插入并重新排序的过程。在整个过程中，时间主要消耗在数据的移动上。在第 i 个位置插入一个元素，从 a_i 到 a_n 都要向后移动一个位置，一共需要移动 $n-i+1$ 个元素。i 的取值范围为 $1 \leqslant i \leqslant n+1$。当 i 等于 1 时，需要移动的元素个数最多，为 n 个；当 i 为 $n+1$ 时，不需要移动元素。如果在第 i 个位置做插入的概率为 p_i，则平均移动数据元素的次数为 $n/2$。这说明在顺序表上进行插入操作，平均需要移动表中一半的数据元素，所以，插入操作的时间复杂度为 $O(n)$。

3.4.2　线性表删除操作的时间复杂度是多少

顺序表的删除操作与插入操作一样，时间主要消耗在数据的移动上。当在第 i 个位置删除一个元素，从 a_{i+1} 到 a_n 都要向前移动一个位置，共需要移动 $n-i$ 个元素，而 i 的取值范围为 $1 \leqslant i \leqslant n$。当 i 等于 1 时，需要移动 $n-1$ 个元素；当 i 为 n 时，不需要移动元素。假如在第 i 个位置做删除的概率为 p_i，则平均移动数据元素的次数为 $(n-1)/2$。这说明在顺序表上进行删除操作平均需要移动表中一半的数据元素，所以，删除操作的时间复杂度

为 $O(n)$。

3.4.3　线性表按值查找操作的时间复杂度是多少

在顺序表中进行的按值查找实现了一个比较运算，比较的次数与给定值在表中的位置和表长有关。当给定值与第一个数据元素相等时，比较次数为 1；当给定值与最后一个元素相等时，比较次数为 n。所以，平均比较次数为 $(n+1)/2$，时间复杂度为 $O(n)$。因为顺序表是用连续的空间存储数据元素，所以有很多按值查找的方法。如果顺序表是有序的，建议用折半查找法，这样可以放大地提高效率。

3.4.4　线性表链接存储（单链表）操作的 11 种算法是什么

在下面的代码中，用 C 语言演示了单链表的 11 个功能。

```c
#include "stdafx.h"
#include "stdio.h"
#include <stdlib.h>
#include "string.h"

typedef int elemType ;
/*****************************************************************/
/*              以下是关于线性表链接存储（单链表）操作的11种算法              */

/* 1.初始化线性表，即置单链表的表头指针为空 */
/* 2.创建线性表，此函数输入负数终止读取数据*/
/* 3.打印链表，链表的遍历*/
/* 4.清除线性表L中的所有元素，即释放单链表L中所有的节点，使之成为一个空表 */
/* 5.返回单链表的长度 */
/* 6.检查单链表是否为空，若为空则返回1，否则返回0 */
/* 7.返回单链表中第pos个节点中的元素，若pos超出范围，则停止程序运行 */
/* 8.从单链表中查找具有给定值x的第一个元素，若查找成功则返回该节点data域的存储地址，否则返回NULL */
/* 9.把单链表中第pos个节点的值修改为x的值，若修改成功返回1，否则返回0 */
/* 10.向单链表的表头插入一个元素 */
/* 11.向单链表的末尾添加一个元素 */
/*****************************************************************/
typedef struct Node{     /* 定义单链表节点类型 */
elemType element;
    Node *next;
}Node;
/* 1.初始化线性表，即置单链表的表头指针为空 */
void initList(Node **pNode)
{
    *pNode = NULL;
    printf("initList函数执行，初始化成功\n");
}
/* 2.创建线性表，此函数输入负数终止读取数据*/
Node *creatList(Node *pHead)
{
    Node *p1;
    Node *p2;
    p1=p2=(Node *)malloc(sizeof(Node)); //申请新节点
if(p1 == NULL || p2 ==NULL)
    {
        printf("内存分配失败\n");
exit(0);
    }
    memset(p1,0,sizeof(Node));
    scanf("%d",&p1->element);      //输入新节点
    p1->next = NULL;     //新节点的指针置为空
    while(p1->element > 0)   //输入的值大于0则继续，直到输入的值为负
    {
        if(pHead == NULL)      //空表，接入表头
        {
            pHead = p1;
        }
    else
        {
            p2->next = p1;   //非空表，接入表尾
        }
        p2 = p1;
```

```
                p1=(Node *)malloc(sizeof(Node));     //再重申请一个节点
    if(p1 == NULL || p2 ==NULL)
                {
                printf("内存分配失败\n");
                exit(0);
                }
                memset(p1,0,sizeof(Node));
                scanf("%d",&p1->element);
                p1->next = NULL;
            }
        printf("creatList函数执行，链表创建成功\n");
        return pHead;   //返回链表的头指针
    }
/* 3.打印链表，链表的遍历*/
void printList(Node *pHead)
{
        if(NULL == pHead)     //链表为空
        {
                printf("PrintList函数执行，链表为空\n");
        }
    else
        {
    while(NULL != pHead)
                {
                printf("%d ",pHead->element);
                pHead = pHead->next;
                }
    printf("\n");
            }
    }
/* 4.清除线性表L中的所有元素，即释放单链表L中所有的节点，使之成为一个空表 */
void clearList(Node *pHead)
{
        Node *pNext;     //定义一个与pHead相邻节点
    if(pHead == NULL)
        {
                printf("clearList函数执行，链表为空\n");
                return;
        }
    while(pHead->next != NULL)
        {
                pNext = pHead->next;//保存下一节点的指针
                free(pHead);
                pHead = pNext;   //表头下移
        }
        printf("clearList函数执行，链表已经清除\n");
}
/* 5.返回单链表的长度 */
int sizeList(Node *pHead)
{
        int size = 0;
        while(pHead != NULL)
        {
                size++;   //遍历链表size大小比链表的实际长度小1
                pHead = pHead->next;
        }
        printf("sizeList函数执行，链表长度 %d \n",size);
        return size;     //链表的实际长度
}
/* 6.检查单链表是否为空，若为空则返回 1，否则返回 0 */
int isEmptyList(Node *pHead)
{
    if(pHead == NULL)
        {
                printf("isEmptyList函数执行，链表为空\n");
                return 1;
        }
        printf("isEmptyList函数执行，链表非空\n");
        return 0;
}
/* 7.返回单链表中第pos个节点中的元素，若pos超出范围，则停止程序运行 */
elemType getElement(Node *pHead, int pos)
{
```

```
            int i=0;
            if(pos < 1)
                {
                        printf("getElement函数执行，pos值非法\n");
                        return 0;
                }
            if(pHead == NULL)
                {
                        printf("getElement函数执行，链表为空\n");
                        return 0;
                        //exit(1);
                }
            while(pHead !=NULL)
                {
                        ++i;
            if(i == pos)
                        {
                        break;
                        }
                        pHead = pHead->next; //移到下一节点
                }
                if(i < pos)    //链表长度不足则退出
                {
                        printf("getElement函数执行，pos值超出链表长度\n");
                        return 0;
                }
            return pHead->element;
}
/* 8.从单链表中查找具有给定值x的第一个元素，若查找成功则返回该节点data域的存储地址，否则返回NULL */
elemType *getElemAddr(Node *pHead, elemType x)
{
            if(NULL == pHead)
                {
                        printf("getElemAddr函数执行，链表为空\n");
                        return NULL;
                }
            if(x < 0)
                {
                        printf("getElemAddr函数执行，给定值x不合法\n");
                        return NULL;
                }
            while((pHead->element != x) && (NULL != pHead->next)) //判断是否到链表末尾，以及是否存
                                                                  //在所要找的元素
                {
            pHead = pHead->next;
            if((pHead->element != x) && (pHead != NULL))
                {
                        printf("getElemAddr函数执行，在链表中未找到x值\n");
                        return NULL;
                }
            if(pHead->element == x)
                {
                        printf("getElemAddr函数执行，元素 %d的地址为0x%x\n",x,&(pHead->element));
                }
                return &(pHead->element);//返回元素的地址
}
/* 9.把单链表中第pos个节点的值修改为x的值，若修改成功返回1，否则返回0 */
int modifyElem(Node *pNode,int pos,elemType x)
{
            Node *pHead;
            pHead = pNode;
            int i = 0;
            if(NULL == pHead)
                {
                        printf("modifyElem函数执行，链表为空\n");
                }
            if(pos < 1)
                {
                        printf("modifyElem函数执行，pos值非法\n");
                        return 0;
                }
            while(pHead !=NULL)
```

```
    {
        ++i;
if(i == pos)
        {
            break;
        }
        pHead = pHead->next; //移到下一节点
    }
    if(i < pos)   //链表长度不足则退出
    {
        printf("modifyElem函数执行，pos值超出链表长度\n");
        return 0;
    }
    pNode = pHead;
    pNode->element = x;
    printf("modifyElem函数执行\n");
    return 1;
}
/* 10.向单链表的表头插入一个元素 */
int insertHeadList(Node **pNode,elemType insertElem)
{
    Node *pInsert;
    pInsert = (Node *)malloc(sizeof(Node));
    memset(pInsert,0,sizeof(Node));
    pInsert->element = insertElem;
    pInsert->next = *pNode;
    *pNode = pInsert;
    printf("insertHeadList函数执行，向表头插入元素成功\n");
    return 1;
}
/* 11.向单链表的末尾添加一个元素 */
int insertLastList(Node **pNode,elemType insertElem)
{
    Node *pInsert;
    Node *pHead;
    Node *pTmp; //定义一个临时链表用来存放第一个节点
    pHead = *pNode;
    pTmp = pHead;
    pInsert = (Node *)malloc(sizeof(Node)); //申请一个新节点
    memset(pInsert,0,sizeof(Node));
    pInsert->element = insertElem;
    while(pHead->next != NULL)
    {
pHead = pHead->next;
    }
    pHead->next = pInsert;   //将链表末尾节点的下一节点指向新添加的节点
    *pNode = pTmp;
    printf("insertLastList函数执行，向表尾插入元素成功\n");
    return 1;
}
/*****************************************************************/
int main()
{
    Node *pList=NULL;
    int length = 0;
    elemType posElem;
    initList(&pList);       //链表初始化
    printList(pList);       //遍历链表，打印链表
    pList=creatList(pList); //创建链表
    printList(pList);
    sizeList(pList);        //链表的长度
    printList(pList);
    isEmptyList(pList);     //判断链表是否为空链表
    posElem = getElement(pList,3);   //获取第三个元素，如果元素不足3个，则返回0
    printf("getElement函数执行，位置3中的元素为 %d\n",posElem);
    printList(pList);
    getElemAddr(pList,5);   //获得元素5的地址
    modifyElem(pList,4,1);  //将链表中位置4上的元素修改为1
    printList(pList);
    insertHeadList(&pList,5);    //表头插入元素12
    printList(pList);
    insertLastList(&pList,10);   //表尾插入元素10
    printList(pList);
```

```
        clearList(pList);          //清空链表
    system("pause");
    }
```

3.4.5　堆和栈的区别是什么

在计算机领域，堆栈是一个不容忽视的概念，所编写的 C 语言程序基本上都要用到。但对于很多初学者来说，堆栈是一个很模糊的概念。堆栈是一种数据结构，是一个在程序运行时用于存放数据的地方。这可能是很多初学者的认识，因为笔者曾经就是这么想的，将堆栈和汇编语言中的堆栈一词混为一谈。

首先要知道堆栈的数据结构上，尽管常用到"堆栈"一词，但实际上堆栈是两种数据结构：堆和栈。堆和栈都是一种数据项按序排列的数据结构。

（1）栈就像装数据的桶或箱子

栈是一种具有后进先出性质的数据结构，也就是说后存放的先取，先存放的后取。这就如同要取出放在箱子里面底下的东西（放入得比较早的物体），首先要移开压在它上面的物体（放入得比较晚的物体）。

（2）堆像一棵倒过来的树

堆是一种经过排序的树形数据结构，每个节点都有一个值。通常所说的堆的数据结构，是指二叉堆。堆的特点是根节点的值最小（或最大），且根节点的两个子树也是一个堆。由于堆的这个特性，常用来实现优先队列，堆可随意存取，这就如同在图书馆的书架上取书，虽然书的摆放是有顺序的，但是想取任意一本时不必像栈一样，先取出前面所有的书，书架这种机制不同于箱子，可以直接取出想要的书。

（3）C 语言程序内存分配中的堆和栈

内存中的栈区处于相对较高的地址，如果将地址的增长方向定为上的话，则栈地址是向下增长的。在栈中可以分配局部变量的空间，堆区是向上增长的用于分配程序员申请的内存空间。另外，静态区是用于分配静态变量空间和全局变量空间的；而只读区是负责分配常量和程序代码空间的。

由此可见，堆和栈的第一个区别就是申请方式不同：栈（stack）是由系统自动分配空间的，例如定义一个"char a"；系统会自动在栈上为其开辟空间。而堆（heap）则是程序员根据需要自己申请的空间，例如"malloc（10）"；开辟 10 个字节的空间。由于栈上的空间是自动分配自动回收的，所以栈上的数据的生存周期只是在函数的运行过程中，运行后就释放掉，不可以再访问。而堆上的数据只要程序员不释放空间，就一直可以访问到，不过缺点是一旦忘记释放会造成内存泄露。

第4章

树

　　"树"原来是对一类植物的统称，主要由根、干、枝、叶组成。随着计算机的发展，在数据结构中树被引申为由一个集合以及在该集合上定义的一种关系构成的，包括根节点和若干棵子树。在本章中，将与广大读者一起探讨"树"数据结构的基本知识和具体用法。

4.1　树基础

知识点讲解：光盘:视频讲解\第 4 章\树基础.avi

在计算机领域中，树是一种很常见的数据结构之一，这是一种非线性的数据结构。树能够把数据按照等级模式存储起来，例如树干中的数据比较重要，而小分支中的数据的功能一般比较次要。"树"这种数据结构的内容比较"博大"，即使是这方面的专家也不敢声称完全掌握了"树"。所以本书将只研究最常用的二叉树结构，并且讲解二叉树的一种实现——二叉查找树的基本知识。

4.1.1　什么是树

在学习二叉树的结构和行为之前，需要先给树下一个定义。数据结构中"树"的概念比较笼统，其中如下对树的递归定义最易于读者理解。

单个节点是一棵树，树根就是该节点本身。设 T_1，T_2，…，T_k 是树，它们的根节点分别为 n_1，n_2，…，n_k。如果用一个新节点 n 作为 n_1，n_2，…，n_k 的父亲，得到一棵新树，节点 n 就是新树的根。称 n_1，n_2，…，n_k 为一组兄弟节点，它们都是节点 n 的子节点，称 n_1，n_2，..，n_k 为节点 n 的子树。

一个典型的树的基本结构如图 4-1 所示。

由此可见，树是由边连接起来的一系列节点，树的一个实例就是公司的组织机构图，例如图 4-2 所示的一家软件公司的组织结构。

图 4-2 展示了公司的结构，在图中每个方框是一个节点，连接方框的线是边。很显然，节点表示的实体（人）构成了一个组织，而边表示了实体之间的关系。例如，技术总监直接向董事长汇报工作，所以在这两个节点之间有一条边。销售总监和技术总监之间没有直接用边来连接，所以这两个实体之间没有直接的关系。

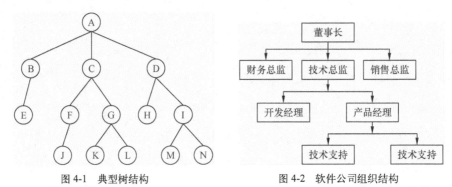

图 4-1　典型树结构　　　　　图 4-2　软件公司组织结构

由此可见，树是 $n(n{\geqslant}0)$ 个节点的有限集，作为一个"树"需要满足如下两个条件。

① 有且仅有一个特定的称为根的节点。

② 其余的节点可分为 m 个互不相交的有限集合 T_1，T_2，…，T_m，其中，每个集合又都是一棵树（子树）。

4.1.2　树的相关概念

学习编程的一大秘诀是：永远不要打无把握之仗。例如在学习 C 语言算法时，必须先学好 C 语言的基本用法，包括基本语法、指针、结构体等知识。这一秘诀同样适应于学习"树"这一数据结构，在学习之前需要先了解与"树"相关的几个概念。

- ❑ 节点的度：是指一个节点的子树个数。
- ❑ 树的度：一棵树中节点度的最大值。
- ❑ 叶子（终端节点）：度为 0 的节点。
- ❑ 分支节点（非终端节点）：度不为 0 的节点。
- ❑ 内部节点：除根节点之外的分支节点。
- ❑ 孩子：将树中某个节点的子树的根称为这个节点的孩子。
- ❑ 双亲：某个节点的上层节点称为该节点的双亲。
- ❑ 兄弟：同一个双亲的孩子。
- ❑ 路径：如果在树中存在一个节点序列 k_1，k_2，...，k_j，使得 k_i 是 k_{i+1} 的双亲（$1 \leqslant i < j$），称该节点序列是从 k_1 到 k_j 的一条路径。
- ❑ 祖先：如果树中节点 k 到 k_s 之间存在一条路径，则称 k 是 k_s 的祖先。
- ❑ 子孙：k_s 是 k 的子孙。
- ❑ 层次：节点的层次是从根开始算起，第 1 层为根。
- ❑ 高度：树中节点的最大层次称为树的高度或深度。
- ❑ 有序树：将树中每个节点的各子树看成是从左到右有秩序的。
- ❑ 无序树：有序树之外的称为无序树。
- ❑ 森林：是 $n(n \geqslant 0)$ 棵互不相交的树的集合。

✿ 注意：可以使用树中节点之间的父子关系来描述树形结构的逻辑特征。

图 4-3 展示了一个完整的树形结构图。

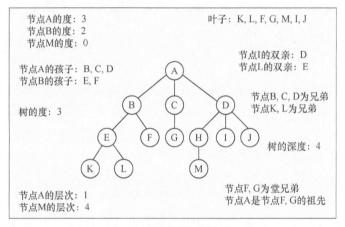

图 4-3 树形结构图

4.2 二叉树详解

📀 知识点讲解：光盘:视频讲解\第 4 章\二叉树详解.avi

二叉树是指每个节点最多有两个子树的有序树，通常将其两个子树的根分别称作"左子树"（left subtree）和"右子树"（right subtree）。在本节的内容中，将详细讲解二叉树的基本知识和具体用法。

4.2.1 二叉树的定义

二叉树是节点的有限集，可以是空集，也可以是由一个根节点及两棵不相交的子树组成，通常将这两棵不相交的子树分别称作这个根的左子树和右子树。二叉树的主要特点如下。

① 每个节点至多只有两棵子树，即不存在度大于 2 的节点。

② 二叉树的子树有左右之分，次序不能颠倒。

③ 二叉树的第 i 层最多有 2^{i-1} 个节点。

④ 深度为 k 的二叉树至多有 2^k-1 个节点。

⑤ 对任何一棵二叉树 T，如果其终端节点数（即叶子节点数）为 n_0，度为 2 的节点数为 n_2，则 $n_0=n_2+1$。

二叉树有如下 5 种基本形态，如图 4-4 所示。

① 空二叉树。

② 只有一个根节点的二叉树。

③ 右子树为空的二叉树。

④ 左子树为空的二叉树。

⑤ 完全二叉树。

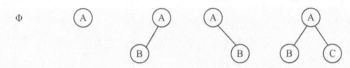

(a) 空二叉树　(b) 只有根节点　(c) 右子树为空　(d) 左子树为空　(e) 左、右子树均非空
　　　　　　　　　　　　　　　　　　　　　　　　　　　的二叉树

图 4-4　二叉树的五种形态

另外，还存在了两种特殊的二叉树形态，如图 4-5 所示。

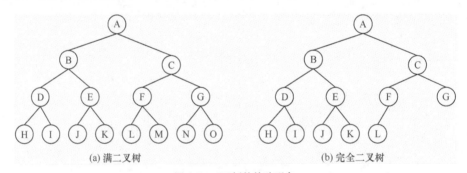

(a) 满二叉树　　　　　　　　　　　　　　　(b) 完全二叉树

图 4-5　二叉树的特殊形态

（1）满二叉树：除了叶节点外，每一个节点都有左右子叶，并且叶节点都处在最底层的二叉树；

（2）完全二叉树：只有最下面的两层节点度小于 2，并且最下面一层的节点都集中在该层最左边的若干位置的二叉树。

4.2.2　二叉树的性质

二叉树具有如下性质：

（1）在二叉树中，第 i 层的节点总数不超过 2^{i-1}。

（2）深度为 h 的二叉树最少有 h 个节点，最多有 2^h-1 个节点（$h \geqslant 1$）。

（3）对于任意一棵二叉树来说，如果叶节点数为 n_0，且度数为 2 的节点总数为 n_2，则 $n_0=n_2+1$。

（4）有 n 个节点的完全二叉树的深度为 int（$\log_2 n$）+1。

（5）存在一个有 n 个节点的完全二叉树，如果各节点用顺序方式存储，则在节点之间有如下关系。

① 如果 $i=1$，则节点 i 为根，无父节点；如果 $i>1$，则其父节点编号为 trunc($n/2$)。

② 如果 $2i \leqslant n$，则其左儿子（即左子树的根节点）的编号为 $2i$；如果 $2 \times i > n$，则无左儿子。

③ 如果 $2i+1 \leqslant n$，则其右儿子的节点编号为 $2i+1$；如果 $2i+1 > n$，则无右儿子。

（6）假设有 n 个节点，能构成 $h(n)$ 种不同的二叉树，则 $h(n)$ 为卡特兰数的第 n 项，$h(n)=C(n,2n)/(n+1)$。

4.2.3 二叉树存储

既然二叉树是一种数据结构，就得始终明白其任务——存储数据。在使用二叉树的存储数据时，一定要体现二叉树中各个节点之间的逻辑关系，即双亲和孩子之间的关系，只有这样才能向外人展示其独有功能。在应用中，会要求从任何一个节点能直接访问到其孩子，或直接访问到其双亲，或同时访问其双亲和孩子。

1. 顺序存储结构

二叉树的顺序存储结构是指用一维数组存储二叉树中的节点，并且节点的存储位置（下标）应该能体现节点之间的逻辑关系，即父子关系。因为二叉树本身不具有顺序关系，所以二叉树的顺序存储结构需要利用数组下标来反映节点之间的父子关系。由 4.2.2 中介绍的二叉树的性质（5）可知，使用完全二叉树中节点的层序编号可以反映出节点之间的逻辑关系，并且这种反映是唯一的。对于一般的二叉树来说，可以添加一些并不存在的空节点，使之成为一棵完全二叉树的形式，然后再用一维数组顺序存储。

二叉树顺序存储的具体步骤如下。

① 将二叉树按完全二叉树编号。根节点的编号为 1，如果某节点 i 有左孩子，则其左孩子的编号为 $2i$；如果某节点 i 有右孩子，则其右孩子的编号为 $2i+1$。

② 以编号作为下标，将二叉树中的节点存储到一维数组中。

例如图 4-6 展示了将一棵二叉树改造为完全二叉树和其顺序存储的示意图。

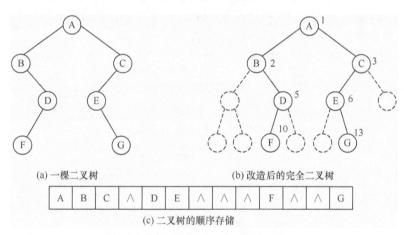

(a) 一棵二叉树　　　　　(b) 改造后的完全二叉树

A	B	C	∧	D	E	∧	∧	∧	F	∧	∧	G

(c) 二叉树的顺序存储

图 4-6　二叉树及其顺序存储示意图

因为二叉树的顺序存储结构一般仅适合于存储完全二叉树，所以如果使用上述存储方法会有一个缺点——造成存储空间的浪费或形成右斜树。例如在图 4-7 中，一棵深度为 k 的右斜树，只有 k 个节点，却需分配 $2k-1$ 个存储单元。

使用 C 语言定义二叉树顺序存储结构数据的格式如下所示。

```
#define MAXSIZE 100          //最大节点数
typedef int DATA;            //元素类型
typedef DATA SeqBinTree[MAXSIZE];
SeqBinTree SBT;              //定义保存二叉树数组
```

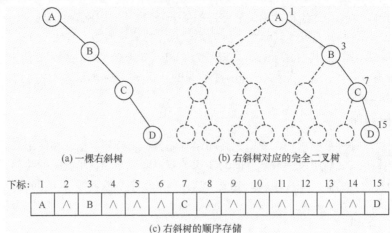

(a) 一棵右斜树　　　　　　(b) 右斜树对应的完全二叉树

下标:	1	2	3	4	5	6	7	8	9	10	11	12	13	14	15
	A	∧	B	∧	∧	∧	C	∧	∧	∧	∧	∧	∧	∧	D

(c) 右斜树的顺序存储

图 4-7　右斜树及其顺序存储示意图

2. 链式存储结构

链式存储结构有两种，分别是二叉链存储结构和三叉链存储结构。二叉树的链式存储结构又称二叉链表，是指用一个链表来存储一棵二叉树。在二叉树中，每一个节点用链表中的一个链节点来存储。二叉树中标准存储方式的节点结构如图 4-8 所示。

LSon	Data	RSon

(a) 二叉链式结构

LSon	Data	RSon	Parent

(b) 三叉链式结构

图 4-8　链式存储结构

❑　data：表示值域，目的是存储对应的数据元素。
❑　LSon 和 Rson：分别表示左指针域和右指针域，分别用于存储左子节点和右子节点（即左、右子树的根节点）的存储位置（即指针）。

对应的 C 语言的节点类型定义如下。

```
typedef struct node{
ElemType data;
struct node *LSon;
struct node *RSon;
}BTree;
```

例如图 4-9 所示的二叉树对应的二叉链表为图 4-10 所示。

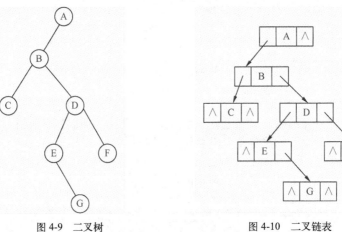

图 4-9　二叉树　　　　　　图 4-10　二叉链表

使用 C 语言定义二叉链式结构的代码如下所示。

```
typedef struct ChainTree
{
    DATA data;
    struct ChainTree *left;
    struct ChainTree *right;
}ChainTreeType;
ChainTreeType *root=NULL;
```

使用 C 语言定义三叉链式结构的代码如下所示。

```
typedef struct ChainTree
{
    DATA data;
    struct ChainTree *left;
    struct ChainTree *right;
    struct ChainTree *parent;
}ChainTreeType;
ChainTreeType *root=NULL;
```

在图 4-11 中展示了树和对应的三叉列表。

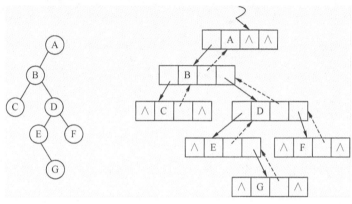

图 4-11　树及其对应的三叉列表

4.2.4 操作二叉树

（1）定义链式结构

使用 C 语言定义链式结构的代码如下所示。

```
#include <stdio.h>
#include <stdlib.h>
#define QUEUE_MAXSIZE 50
typedef char DATA;                       //定义元素类型
typedef struct ChainTree                 //定义二叉树节点类型
{
    DATA data;                           //元素数据
    struct ChainTree *left;              //左子树节点指针
    struct ChainTree *right;             //右子树节点指针
}ChainBinTree;
```

（2）初始化二叉树

使用 C 语言初始化二叉树的代码如下所示。

```
ChainBinTree *BinTreeInit(ChainBinTree *node) //初始化二叉树根节点
{
if(node!=NULL) //若二叉树根节点不为空
return node;
else
return NULL;
}
```

（3）添加新节点到二叉树

使用 C 语言中的函数 BinTreeAddNode()，将节点添加到二叉树，对应代码如下所示。

```
//添加数据到二叉树，bt为父节点，node为子节点,n=1表示添加左子树，n=2表示添加右子树
int BinTreeAddNode(ChainBinTree *bt,ChainBinTree *node,int n)
```

```
{
if(bt==NULL)
    {
        printf("父节点不存在，请先设置父节点!\n");
        return 0;
    }
switch(n)
    {
        case 1: //添加到左节点
            if(bt->left) //左子树不为空
            {
                printf("左子树节点不为空!\n");
                return 0;
}else
bt->left=node;
break;
        case 2://添加到右节点
            if( bt->right) //右子树不为空
            {
                printf("右子树节点不为空!\n");
return 0;
}else
bt->right=node;
break;
default:
                printf("参数错误!\n");
                return 0;
    }
return 1;
}
```

上述函数 BinTreeAddNode()有如下 3 个参数。

❑　node：表示子节点。

❑　bt：表示父节点指针。

❑　n：能够设置将 node 添加到 bt 的左子树还是右子树。

（4）获取左、右子树

使用 C 语言分别获取二叉树的左、右子树的实现代码如下所示。

```
ChainBinTree *BinTreeLeft(ChainBinTree *bt) //返回左子节点
{
if(bt)
    return bt->left;
else
    return NULL;
}
ChainBinTree *BinTreeRight(ChainBinTree *bt) //返回右子节点
{
if(bt)
    return bt->right;
else
    return NULL;
}
```

（5）获取状态

使用 C 语言获取二叉树的状态，判断二叉树是否为空并计算深度，对应代码如下所示。

```
int BinTreeIsEmpty(ChainBinTree *bt) //检查二叉树是否为空，为空则返回1,否则返回0
{
if(bt)
    return 0;
else
    return 1;
}
int BinTreeDepth(ChainBinTree *bt) //求二叉树深度
{
    int dep1,dep2;
    if(bt==NULL)
        return 0; //对于空树，深度为0
else
    {
        dep1 = BinTreeDepth(bt->left); //左子树深度 (递归调用)
```

```
        dep2 = BinTreeDepth(bt->right); //右子树深度 (递归调用)
if(dep1>dep2)
        return dep1 + 1;
else
        return dep2 + 1;
        }
```

（6）进行查找操作

在二叉树中可以查找数据，在查找时需要遍历二叉树的所有节点，然后逐个比较数据是否是所要找的对象，当找到目标数据时将返回该数据所在节点的指针。使用 C 语言在二叉树中查找数据的实现代码如下所示。

```
ChainBinTree *BinTreeFind(ChainBinTree *bt,DATA data) //在二叉树中查找值为data的节点
{
        ChainBinTree *p;
if(bt==NULL)
        return NULL;
else
        {
if(bt->data==data)
        return bt;
                else{ // 分别向左右子树递归查找
if(p=BinTreeFind(bt->left,data))
        return p;
else if(p=BinTreeFind(bt->right, data))
        return p;
else
        return NULL;
                }
        }
}
```

（7）清空二叉树

在添加节点时，可以使用函数 malloc()申请并分配每个节点的内存。在清空二叉树时，必须使用 free()函数及时释放节点所占的内存，这样做的目的是节约计算机内存。清空二叉树的操作过程就是释放各节点所占内存的过程。使用 C 语言清空二叉树的代码如下所示。

```
void BinTreeClear(ChainBinTree *bt) // 清空二叉树，使之变为一棵空树
{
if(bt)
        {
                BinTreeClear(bt->left); //清空左子树
                BinTreeClear(bt->right);//清空右子树
                free(bt);//释放当前节点所占内存
bt=NULL;
        }
        return;
}
```

注意：上述代码保存在"光盘:\daima\4\erTree.c"，读者可以参考其具体实现代码。

4.2.5 遍历二叉树

遍历有沿途旅行之意，例如我们自助旅行时通常按照事先规划的线路，一个景点一个景点地浏览，为了节约时间，不会去重复的景点。计算机中的遍历是指沿着某条搜索路线，依次对树中所有节点都做一次访问，并且是仅做一次。遍历是二叉树中最重要的运算之一，是在二叉树上进行其他运算的基础。

1. 遍历方案

因为一棵非空的二叉树由根节点及左、右子树这 3 个基本部分组成，所以在任何一个给定节点上，可以按某种次序执行如下 3 个操作。

① 访问节点本身（node，N）。

② 遍历该节点的左子树（left subtree，L）。

③ 遍历该节点的右子树（right subtree，R）。

以上 3 种操作有 6 种执行次序，分别是 NLR、LNR、LRN、NRL、RNL、RLN。因为前 3 种次序与后 3 种次序对称，所以只讨论先左后右的前 3 种次序。

2．3 种遍历的命名

根据访问节点的操作，会发生如下 3 种位置命名。

① NLR：即前序遍历，也称先序遍历，访问节点的操作发生在遍历其左右子树之前。

② LNR：即中序遍历，访问节点的操作发生在遍历其左右子树之间。

③ LRN：即后序遍历，访问节点的操作发生在遍历其左右子树之后。

因为被访问的节点必是某个子树的根，所以 N、L 和 R 又可以理解为根、根的左子树和根的右子树，所以 NLR、LNR 和 LRN 分别被称为先根遍历、中根遍历和后根遍历。

3．遍历算法

① 定义

如果二叉树为非空，可以按照下面的顺序进行操作。

❑　先遍历左子树。

❑　然后访问根节点。

❑　最后遍历右子树。

② 定义

如果二叉树为非空，可以按照下面的顺序进行操作。

❑　先访问根节点。

❑　然后遍历左子树。

❑　最后遍历右子树。

③ 定义

如果二叉树为非空，可以按照下面的顺序进行操作。

❑　先遍历左子树。

❑　然后遍历右子树。

❑　最后访问根节点。

先序遍历的结构如图 4-12 所示。

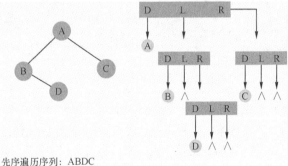

先序遍历序列：ABDC

图 4-12　先序遍历

使用 C 语言实现先序遍历二叉树递归的代码如下所示。

```
void BinTree_DLR(ChainBinTree *bt,void (*oper)(ChainBinTree *p))   //先序遍历
{
    if(bt)//树不为空，则执行如下操作
    {
        oper(bt); //处理节点的数据
        BinTree_DLR(bt->left,oper);
        BinTree_DLR(bt->right,oper);
    }
}
```

```
return;
```

中序遍历的结构如图 4-13 所示。

使用 C 语言实现中序遍历二叉树递归的代码如下所示。

```
void BinTree_LDR(ChainBinTree *bt,void(*oper)(ChainBinTree *p))  //中序遍历
{
    if(bt)//树不为空，则执行如下操作
    {
        BinTree_LDR(bt->left,oper); //中序遍历左子树
        oper(bt);//处理节点数据
        BinTree_LDR(bt->right,oper); //中序遍历右子树/
    }
return;
```

后序遍历的结构如图 4-14 所示。

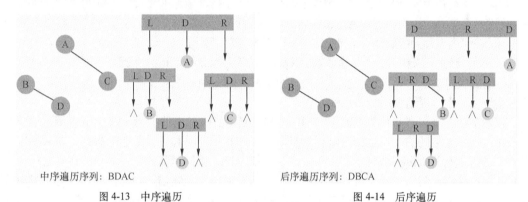

中序遍历序列：BDAC

图 4-13　中序遍历

后序遍历序列：DBCA

图 4-14　后序遍历

使用 C 语言实现后序遍历二叉树递归的代码如下所示。

```
void BinTree_LRD(ChainBinTree *bt,void (*oper)(ChainBinTree *p)) //后序遍历
{
if(bt)
    {
        BinTree_LRD(bt->left,oper); //后序遍历左子树
        BinTree_LRD(bt->right,oper); //后序遍历右子树/
        oper(bt); //处理节点数据
    }
return;
}
```

在二叉树的按层遍历过程中，程序员只能使用循环队列进行处理，而不能方便地使用递归算法来编写代码。笔者总结的主流编码流程如下。

① 先将第一层即根节点进入到队列中。

② 然后将第一根节点的左右子树即第二层进入到队列。

③ 依此类推，经过循环处理后，即可实现逐层遍历。

根据上述步骤，具体实现代码如下。

```
void BinTree_Level(ChainBinTree *bt,void (*oper)(ChainBinTree *p)) //按层遍历
{
    ChainBinTree *p;
    ChainBinTree *q[QUEUE_MAXSIZE]; //定义一个顺序栈
    int head=0,tail=0;//队首、队尾序号
    if(bt)//若队首指针不为空
    {
        tail=(tail+1)%QUEUE_MAXSIZE;//计算循环队列队尾序号
        q[tail] = bt;//将二叉树根指针进队
    }
while(head!=tail) //队列不为空，进行循环
    {
        head=(head+1)%QUEUE_MAXSIZE; //计算循环队列的队首序号
        p=q[head]; //获取队首元素
        oper(p);//处理队首元素
```

```
        if(p->left!=NULL) //若节点存在左子树，则左子树指针进队
                {
                        tail=(tail+1)%QUEUE_MAXSIZE;//计算循环队列的队尾序号
                        q[tail]=p->left;//将左子树指针进队
                }

        if(p->right!=NULL)//若节点存在右孩子，则右孩子节点指针进队
                {
                        tail=(tail+1)%QUEUE_MAXSIZE;//计算循环队列的队尾序号
                        q[tail]=p->right;//将右子树指针进队
                }
        }
return;
}
```

4.2.6　线索二叉树

线索二叉树是指 n 个节点的二叉链表中含有 $n+1$ 个空指针域。利用二叉链表中的空指针域，存放指向节点在某种遍历次序下的前趋和后继节点的指针（这种附加的指针称为“线索”）。这种加上了线索的二叉链表称为线索链表，相应的二叉树称为线索二叉树（threaded binary tree）。根据线索性质的不同，线索二叉树可分为前序线索二叉树、中序线索二叉树和后序线索二叉树 3 种。

线索链表解决了二叉链表找左、右孩子困难的问题，也就是解决了无法直接找到该节点在某种遍历序列中的前趋和后继节点的问题。

假如存在一个拥有 n 个节点的二叉树，当采用链式存储结构时会有 $n+1$ 个空链域。这些空链域并不是一无是处的，在里面可以存放指向节点的直接前驱和直接后继的指针。如果规定节点有左子树，则其 lchild 域指示其左孩子，否则使 lchild 域指示其前驱；如果节点有右子树，则其 rchild 域指示其右子女，否则使 rchild 域指示其后继。上述描述很容易混淆，为了避免混淆，有必要改变节点结构，例如可以在二叉存储结构的节点结构上增加两个标志域。

建立线索二叉树的过程是遍历一棵二叉树的过程。在遍历的过程中，需要检查当前节点的左、右指针域是否为空。如果为空，将它们改为指向前驱节点或后继节点的线索。

线索二叉树的结构如图 4-15 所示。

lchild	ltag	data	rtag	rchild

图 4-15　线索二叉树结构图

- ltag=0：指示节点的左孩子。
- ltag=1：指示节点的前驱。
- rtag=0：指示节点的右孩子。
- rtag=1：指示节点的后继。

因为线索树能够比较快捷地在线索树上进行遍历。在遍历时先找到序列中的第一个节点，然后依次查找后继节点，一直查找到其后继为空时而止。在实际应用中，比较重要的是在线索树中寻找节点的后继。那么究竟应该如何在线索树中找节点的后继呢？接下来以中序线索树为例进行讲解。

因为树中所有叶子节点的右链是线索，所以右链域就直接指示了节点的后继。树中所有非终端节点的右链均为指针，无法由此得到后继。根据中序遍历的规律可知，节点的后继是右子树中最左下的节点。这样就可以总结出在中序线索树中找节点前驱的规律是：如果其左标志为“1”，则左链为线索，指示其前驱，否则前驱就是遍历左子树时最后访问的一个节点（左子树中最右下的节点）。

经过上述分析可知，在中序线索二叉树上遍历二叉树时不需要设栈，时间复杂度为 $O(n)$，并且在遍历过程中也无需由叶子向树根回溯，故遍历中序线索二叉树的效率较高。所以如果在程序中使用的二叉树经常需要遍历，该程序的存储结构就应该使用线索链表。

在后序线索树中找节点后继的过程比较复杂，有如下 3 种情况。

① 如果节点 x 是二叉树的根，则其后继为空。

② 如果节点 x 是其双亲的右孩子或是其双亲的左孩子，并且其双亲没有右子树，则其后继为其双亲。

③ 如果节点 x 是其双亲的左孩子，且其双亲有右子树，则其后继为双亲的右子树上按后序遍历列出的第一个节点。

那么，究竟如何进行二叉树的线索化呢？因为线索化能够将二叉链表中的空指针改为指向前驱或后继的线索，而只有在遍历时才能得到前驱或后继的信息，所以必须在遍历的过程中同步完成线索化过程，即在遍历的过程中逐一修改空指针使其指向直接前驱。此时可以借助一个指针 pre，使 pre 指向刚刚访问过的节点，便于前驱线索指针的生成。前面的研究基本上是针对二叉树的，现在把目标转向树，来看看树和二叉树具体有哪些异同点。

在实际应用中，通常使用多种形式的存储结构来表示树，常见形式有双亲表示法、孩子表示法、孩子一兄弟表示法。接下来讲解这 3 种常用链表结构的基本知识。

1. 双亲表示法

假设用一组连续空间来存储树的节点，同时在每个节点中设置一个指示器，设置指示器的目的是指示其双亲节点在链表中的位置。双亲表示法是一种存储结构，它利用了每个节点（除根以外）只有唯一的双亲的性质。在双亲表示法中，在求节点的孩子时必须遍历整个向量。这个过程比较费时，从而影响了效率，这是双亲表示法的最大弱点。双亲表示法如图 4-16 所示。

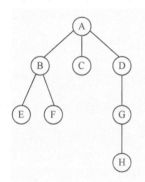

1	A	0
2	B	1
3	C	1
4	D	1
5	E	2
6	F	2
7	G	4
8	H	7

图 4-16 双亲表示法

2. 孩子表示法

因为树中每个节点可能有多棵子树，所以可以使用多重链表（每个节点有多个指针域，其中每个指针指向一棵子树的根节点）。与双亲表示法相反，孩子表示法能够方便地实现与孩子有关的操作，但是不适用于 PARENT（T，x）操作。在现实中建议把双亲表示法和孩子表示法结合使用，即将双亲向量和孩子表头指针向量合在一起，这可以称作"双亲—孩子"表示法。孩子表示法如图 4-17 所示。

3. 孩子—兄弟表示法

孩子—兄弟表示法又被称为二叉树表示法或二叉链表表示法，是指以二叉链表作为树的存储结构。链表中节点的两个链域分别指向该节点的第一个孩子节点和下一个兄弟节点，分别命名为 fch 域和 nsib 域。

使用孩子兄弟表示法的好处是便于实现各种树的操作，例如易于找节点孩子等操作。假如要访问节点 x 的第 i 个孩子，则只要先从 fch 域找到第 1 个孩子节点上，然后沿着孩子节点的 nsib 域连续走 $i-1$ 步，便可以找到 x 的第 i 个孩子。如果为每个节点增设一个 PARENT 域，则同样能方便地实现 PARENT（T，x）操作。孩子—兄弟表示法如图 4-18 所示。

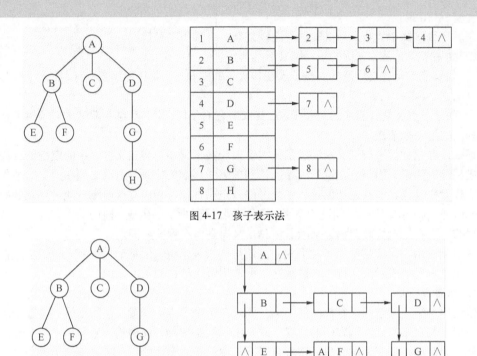

图 4-17　孩子表示法

图 4-18　孩子-兄弟表示法

二叉链表节点的结构如下所示。

```
typedef struct ThreadTree
{
    DATA data;
    NodeFlag lflag;
    NodeFlag rflag;
    struct ThreadTree *left;
    struct ThreadTree *right;
}ThreadBinTree;
```

例如图 4-19（a）中的这棵二叉树，按照中序遍历得到的节点顺序为：B—F—D—A—C—G—E—H。

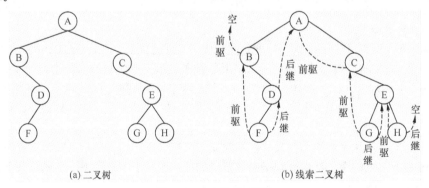

(a) 二叉树　　　　　　　　(b) 线索二叉树

图 4-19　中序线索二叉树

再看图 4-19（b）所示的这棵中序线索二叉树，因为节点 B 没有左子树，所以可以在左子树域中保存前驱节点指针。又因为在按照中序遍历节点时，B 是第一个节点，所以这个节点没有前驱。而因为节点 B 的右子树不为空，所以不保存它后继节点的指针。节点 F 是叶节点，其左子树指针域保存前驱节点指针，指向节点 B，而右子树指针域保存后继节点指针，指向节点 D。图 4-20 显示了线索二叉树的存储结构。

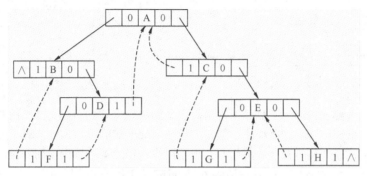

图 4-20　线索二叉树存储结构

4.2.7　实践演练——测试二叉树操作函数

在前面已经讲解了与二叉树相关的操作函数和遍历函数，接下来将编写一个主函数来测试这些操作函数和遍历函数的使用效果。

实例 4-1 **测试二叉树操作函数**
源码路径　光盘\daima\4\Test.c

本实例的实现文件为 Test.c，具体实现流程如下。

（1）调用前面创建的操作函数和遍历函数，然后创建一个二叉树根节点函数，在该函数中提示用户输入根节点的数据，最后将该节点的地址作为根节点指针返回，具体代码如下所示。

```c
#include <stdio.h>
#include"BinTree.c"
ChainBinTree *InitRoot()    //初始化二叉树的根
{
    ChainBinTree *node;
    if(node=(ChainBinTree *)malloc(sizeof(ChainBinTree))) //分配内存
    {
        printf("\n输入根节点数据:");
        scanf("%s",&node->data);
        node->left=NULL;
        node->right=NULL;
        return node;
    }
return NULL;
}
```

（2）定义函数 AddNode()向二叉树指定的节点添加子节点，具体代码如下所示。

```c
Void AddNode(ChainBinTree *bt)
{
    ChainBinTree *node,*parent;
    DATA data;
    char select;
    if(node=(ChainBinTree *)malloc(sizeof(ChainBinTree))) //分配内存
    {
        printf("\n输入二叉树节点数据:");
        fflush(stdin);//清空输入缓冲区
        scanf("%s",&node->data);
        node->left=NULL; //设置左右子树为空
        node->right=NULL;
        printf("输入父节点数据:");
        fflush(stdin);//清空输入缓冲区
        scanf("%s",&data);
        parent=BinTreeFind(bt,data);//查找指定数据的节点
if(!parent)//若未找到指定数据的节点
        {
            printf("未找到父节点!\n");
```

```
                        free(node); //释放创建的节点内存
                        return;
                }
                printf("1.添加到左子树\n2.添加到右子树\n");
        do{
        select=getch();
        select-='0';
        if(select==1 || select==2)
                        BinTreeAddNode(parent,node,select); //添加节点到二叉树
        }while(select!=1 && select!=2);
        }
        return ;
}
```

（3）编写主函数 main()用于测试上述函数定义的功能。首先，定义二叉树的根节点指针和一个指向函数的指针，并将测试程序中编写的函数 oper()赋值给指该针，用于处理遍历各节点时的数据；然后，通过循环来显示菜单，并根据用户选择的菜单调用不同的函数来完成相应的功能；最后清空二叉树所占的内存。主函数 main()的具体代码如下所示。

```
Int main() {
        ChainBinTree *root=NULL; //root为指向二叉树根节点的指针
        char select;
        void (*oper1)(); //指向函数的指针
        oper1=oper; //指向具体操作的函数
        do{
                printf("\n1.设置根元素            2.添加节点\n");
                printf("3.先序遍历            4.中序遍历\n");
                printf("5.后序遍历            6.按层遍历\n");
                printf("7.深度            0.退出\n");
                select=getch();
        switch(select){
                case'1': //设置根元素
        root=InitRoot();
        break;
                case'2': //添加节点
        AddNode(root);
        break;
                case'3'://先序遍历
                        printf("\n先序遍历的结果：");
                        BinTree_DLR(root,oper1);
        printf("\n");
        break;
                case'4'://中序遍历
                        printf("\n中序遍历的结果：");
                        BinTree_LDR(root,oper1);
        printf("\n");
        break;
                case'5'://后序遍历
                        printf("\n后序遍历的结果：");
                        BinTree_LRD(root,oper1);
        printf("\n");
        break;
                case'6'://按层遍历
                        printf("\n按层遍历的结果：");
                        BinTree_Level(root,oper1);
        printf("\n");
        break;
                case'7'://二叉树的深度
                        printf("\n二叉树深度为:%d\n",BinTreeDepth(root));
        break;
        case'0':
        break;
                }
        }while(select!='0');
        BinTreeClear(root);//清空二叉树
        root=NULL;
        getch();
        return 0;
}
```

执行后的效果如图 4-21 所示。

图 4-21　测试二叉树操作函数

4.2.8　实践演练——C++的二叉树操作

都说 C 语言和 C++不分家，接下来将通过一个具体实例的实现过程，详细讲解使用 C++编写一个典型的二叉树操作实例的方法。

实例 4-2　C++的二叉树操作
源码路径　光盘\daima\4\tree.CPP

实例文件 tree.cpp 的实现代码如下所示。

```
Status PreCreate(BiTree &T)
{//先序建立二叉树
    ElemType ch;
//  fflush(stdin);//刷新输入流
    scanf("%c",&ch);
    if(ch==' ') T =NULL;
    else {
        T=(BiTNode*)malloc(sizeof(BiTNode));
        if(!T) exit (OVERFLOW);
        T->data = ch;//生成根节点
        PreCreate(T->lchild);//构造左子树
        PreCreate(T->rchild);//构造右子树
    }
    return OK;
}
Status PreVisit(BiTree T)
{//先序遍历二叉树
    if(T)
    {
        printf("%3c",T->data);
        PreVisit(T->lchild);
        PreVisit(T->rchild);
    }
    return OK;
}
/////////////////////非递归遍历算法
Status InitStack(SqStack &S)
{//构造空栈
    S.base = (BiTree*) malloc (Max*sizeof(BiTree));
    if(!S.base) exit(OVERFLOW);
    S.top = S.base;
    S.stacksize = Max;
    return OK;
}
Status Push(SqStack &S,BiTree p)
{//元素入栈
    if(S.top -S.base >= S.stacksize){
        S.base = (BiTree*) realloc(S.base,
            (S.stacksize+Crement)*sizeof(BiTree));
        if(!S.base) exit(OVERFLOW);
        S.top = S.base +S.stacksize;
        S.stacksize += Crement;
    }
    *S.top = p;
    S.top ++;
    return OK;
}
Status Pop(SqStack &S,BiTree &p)
{//元素出栈
    if(S.base == S.top) return ERROR;
    p =   *--S.top;
    return OK;
```

```
}
Status Inorder(BiTree T)
{//非递归中序遍历
    BiTree p;
    SqStack S;
    InitStack(S);
    p = T;
    while(p || S.base != S.top)
    {
        if(p){
            Push(S,p);
            p = p->lchild;
        }//根指针进栈，遍历左子树
        else{//根指针退栈，访问根节点，遍历右子树
            Pop(S,p);
            printf("%3c",p->data);
            p = p->rchild;
        }
    }
    return OK;
}
Status Deep(BiTree T)
{//求二叉树的深度,递归
    int rd,ld;
    if(T)
    {
        ld =Deep(T->lchild);
        rd =Deep(T->rchild);
        if(ld >= rd) return ld+1;
        if(ld < rd) return rd+1;
    }
    return 0;
}
Status leave(BiTree T,int &num)
{//求叶子节点的个数，用递归算法
    if(T)
    {
        printf("%c",T->data);
        leave(T->lchild,num);
        leave(T->rchild,num);
        if(!T->lchild && !T->rchild)
            num++;
    }
    return 0;
}
//  层次遍历的实现
Status Init(LinkQ &Q)
{
    //构造一个空队列
    Q.front = Q.rear = (QuePtr) malloc (sizeof(QNode));
    if(!Q.front) exit(OVERFLOW);
    Q.front ->next = NULL;
    return OK;
}
Status Insert(LinkQ &Q, BiTree e)
{//入队操作
    QuePtr p;
    p = (QuePtr)malloc(sizeof(QNode));
    if(!p) exit (OVERFLOW);
    p->DATA = e; p->next =NULL;
    Q.rear ->next = p;
    Q.rear = p;
    return OK;
}
Status Out(LinkQ &Q,BiTree &e)
{//出队操作
    QuePtr p;
    if(Q.front == Q.rear)return ERROR;
    p = Q.front->next;
    e = p->DATA;
    Q.front->next = p->next;
    if(Q.rear==p) Q.rear=Q.front;
    free(p);
```

```
        return OK;
    }

    Status level(BiTree T)
    {//层次遍历二叉树
        BiTree e;
        LinkQ Q;
        Init(Q);//初始化队列
        e = T;
        Insert(Q, e);//入队操作
        while (Q.front!=Q.rear){//队首在出队时把其左、右孩子依次入队
            Out(Q,e);//出队操作
            printf("%3c",e->data);
            if (e->lchild) Insert(Q,e->lchild);
            if (e->rchild) Insert(Q,e->rchild);
        }
        return OK;
    }
```

主测试文件 main.cpp 的代码如下所示。

```
#include "head.h"
#include "tree.cpp"
void main()
{
    BiTree T;
    int num = 0;
    T=NULL;
    printf("按先序输入元素:\n");
    PreCreate(T);
    printf("\n构造的树为:");
    PreVisit(T);
    printf("\n\n非递归中序遍历:");
    Inorder(T);
    printf("\n\n二叉树深度为:%3d",Deep(T));
    leave(T,num);
    printf("\n\n叶子节点个数为:%3d",num);
    printf("\n\n层次遍历二叉树为:");
    level(T);
    printf("\n");
}
```

这样也实现了对二叉树的各种操作演示,执行后的效果如图 4-22 所示。

图 4-22　C++的二叉树操作执行效果

4.2.9　实践演练——实现各种线索二叉树的操作

为了说明线索二叉树的操作用法,接下来将通过一个具体实例的实现过程,详细讲解编码实现各种线索二叉树的操作的方法。

实例 4-3　**编码实现各种线索二叉树的操作**
　源码路径　光盘\daima\4\xianTree.c

在实例文件 xianTree.c 中定义了各种操作线索二叉树的函数,具体实现流程如下。

(1) 创建二叉树并进行中序线索化使。

(2) 用 C 语言创建线索二叉树的实现代码如下所示。

```
typedef enum
{
    SubTree,
    Thread        //枚举值SubTree(子树)和Thread(线索)分别为0, 1
}NodeFlag;
typedef struct ThreadTree    //定义线索二叉树节点类型
{
    DATA data; //元素数据
    NodeFlag lflag; //左标志
```

```
        NodeFlag rflag; //右标志
        struct ThreadTree *left; //左子树节点指针
        struct ThreadTree *right;        //右子树节点指针
}ThreadBinTree;
```

通过上述代码创建了一个二叉树，然后使用下面代码可以对上面创建的二叉树进行中序线索化操作。

```
void BinTreeThreading_LDR(ThreadBinTree *bt)        //二叉树按中序线索化
{
    if(bt) //节点非空时，当前访问节点
    {
        BinTreeThreading_LDR(bt->left); //递归调用，将左子树线索化
        bt->lflag=(bt->left)?SubTree:Thread; //设置左指针域的标志
        bt->rflag=(bt->right)?SubTree:Thread;//设置右指针域的标志
        if(Previous) //若当前节点的前驱Previous存在
        {
            if(Previous->rflag==Thread) //若当前节点的前驱右标志为线索
                Previous->right=bt;//设Previous的右线索指向后继
            if(bt->lflag==Thread) //若当前节点的左标志为线索
                bt->left=Previous;//设当前节点的左线索指向中序前驱
        }
        Previous=bt;//让Previous保存刚访问的节点
        BinTreeThreading_LDR(bt->right);//递归调用，将右子树线索化
    }
}
```

（3）查找后继节点。

在创建线索二叉树之后，可以根据给定的某个节点求出其前驱节点或后继节点。使用 C 语言在中序线索二叉树中求后继节点的算法如下所示。

```
ThreadBinTree *BinTreeNext_LDR(ThreadBinTree *bt) //求指定节点的后继
{
    ThreadBinTree *nextnode;
if(!bt) return NULL; //若当前节点为空，则返回空
    if(bt->rflag==Thread) //若当前节点的右子树为空
        return bt->right; //返回右线索所指的中序后继
else{
        nextnode=bt->right; //从当前节点的右子树开始查找
        while(nextnode->lflag==SubTree) //循环处理所有左子树不为空的节点
        nextnode=nextnode->left;
        return nextnode; //返回左下方的节点
    }
}
```

（4）查找前驱节点。

在中序线索二叉树中，查找指定节点前驱的方法和查找后继的方法类似，在具体实现时需要分为如下两种情况。

① 如果节点 m 的左子树为空，则 m>left 为左线索，直接指向 m 的中序前驱节点。

② 如果节点 m 的左子树非空，则从 m 的左子树出发，沿着该子树的右指针链往下查找，一直找到一个没有右子树的节点为止，则该节点就是节点 m 的中序前驱节点。

在中序线索二叉树中查找前驱节点的算法如下所示。

```
ThreadBinTree *BinTreePrevious_LDR(ThreadBinTree *bt) //求指定节点的前驱
{
    ThreadBinTree *prenode;
if(!bt) return NULL; //若当前节点为空，则返回空
    if(bt->lflag==Thread) //若当前节点的左子树为空
        return bt->left; //返回左线索所指的中序后继
else{
        prenode=bt->left; //从当前节点的左子树开始查找
        while(prenode->rflag==SubTree) //循环处理所有右子树不为空的节点
        prenode=prenode->left;
        return prenode; //返回左下方的节点
    }
}
```

（5）遍历线索二叉树。

在遍历线索二叉树时不用使用递归调用，只需要根据后继指针即可完成遍历操作。使用 C 语言遍历中序线索二叉树的算法如下所示。

```
void ThreadBinTree_LDR(ThreadBinTree *bt,void (*oper)(ThreadBinTree *p)) //遍历中序线索二叉树
{
    if(bt) //二叉树不为空
    {
        while(bt->lflag==SubTree)//有左子树
            bt=bt->left; //从根往下找最左下节点,即中序序列的开始节点
do{
            oper(bt); //处理节点
            bt=BinTreeNext_LDR(bt);//找中序后继节点
}while(bt);
    }
}
```

4.2.10 实践演练——测试线索二叉树的操作

为了演示前面实例 4-3 中的各种线索二叉树操作函数的功能,接下来开始编写文件 xianTest.c,此文件的功能是调用文件 xianTree.c 中定义的各种操作函数和遍历函数来测试各种二叉树的操作。

实例 4-4 在控制台中测试线索二叉树的操作
源码路径　光盘\daima\4\xianTest.c

测试文件 xianTest.c 的具体实现代码如下所示。

```
#include <stdio.h>
#include "xianTree.c"
void oper(ThreadBinTree *p) //操作二叉树节点数据
{
    printf("%c ",p->data); //输出数据
return;
}
ThreadBinTree *InitRoot()   //初始化二叉树的根
{
    ThreadBinTree *node;
    if(node=(ThreadBinTree *)malloc(sizeof(ThreadBinTree))) //分配内存
    {
        printf("\n输入根节点数据:");
        scanf("%s",&node->data);
        node->left=NULL;
        node->right=NULL;
        return BinTreeInit(node);
    }
return NULL;
}
void AddNode(ThreadBinTree *bt)
{
    ThreadBinTree *node,*parent;
    DATA data;
char select;
    if(node=(ThreadBinTree *)malloc(sizeof(ThreadBinTree))) //分配内存
    {
        printf("\n输入二叉树节点数据:");
        fflush(stdin);//清空输入缓冲区
        scanf("%s",&node->data);
        node->left=NULL; //设置左右子树为空
        node->right=NULL;

        printf("输入父节点数据:");
        fflush(stdin);//清空输入缓冲区
        scanf("%s",&data);
        parent=BinTreeFind(bt,data);//查找指定数据的节点
if(!parent)//若未找到指定数据的节点
        {
            printf("未找到父节点!\n");
            free(node); //释放创建的节点内存
            return;
        }
        printf("1.添加到左子树\n2.添加到右子树\n");
do{
    select=getch();
    select-='0';
if(select==1 || select==2)
```

```
                    BinTreeAddNode(parent,node,select); //添加节点到二叉树
    }while(select!=1 && select!=2);
        }
return ;
}
int main()
{
    ThreadBinTree *root=NULL; //root为指向二叉树根节点的指针
char select;
    void (*oper1)(); //指向函数的指针
    oper1=oper; //指向具体操作的函数
do{
        printf("\n1.设置二叉树根元素      2.添加二叉树节点\n");
        printf("3.生成中序线索二叉树    4.遍历线索二叉树\n");
        printf("0.退出\n");
        select=getch();
        switch(select){
        case '1': //设置根元素
root=InitRoot();
break;
        case '2': //添加节点
AddNode(root);
break;
        case '3'://生成中序线索二叉树
            BinTreeThreading_LDR(root);
            printf("\n生成中序线索二叉树完毕！\n");
break;
        case '4'://遍历中序线索二叉树
            printf("\n中序线索二叉树遍历的结果：");
            ThreadBinTree_LDR(root,oper1);
printf("\n");
break;
case '0':
break;
        }
}while(select!='0');
    BinTreeClear(root);//清空二叉树
root=NULL;
getch();
return 0;
}
```

执行后的效果如图 4-23 所示。

图 4-23　测试线索二叉树操作的执行效果

4.3　霍夫曼树

知识点讲解：光盘:视频讲解\第 4 章\霍夫曼树.avi

霍夫曼树是所有的"树"结构中最优秀的种类之一，也被称为霍夫曼树或哈夫曼树。在本

节中，将详细讲解霍夫曼树的基本知识。

4.3.1 霍夫曼树基础

1. 几个概念

① 路径：从树中一个节点到另一个节点之间的分支构成这两个节点之间的路径。

② 路径长度：路径上的分支数目称为路径长度。

③ 树的路径长度：从树根到每一个节点的路径长度之和。

④ 节点的带权路径长度：从该节点到树根之间的路径长度与节点上权的乘积。

⑤ 树的带权路径长度：是树中所有叶子节点的带权路径长度的和，记作：

$$WPL = \sum_{k=1}^{n} W_k l_k$$

霍夫曼树（最优二叉树）：假设有 n 个权值 $\{m_1, m_2, m_3, \cdots, m_n\}$，可以构造一棵具有 n 个叶子节点的二叉树，每个叶子节点带权为 m_i，则其中带权路径长度 WPL 最小的二叉树称作最优二叉树，也叫霍夫曼树或哈夫曼树。

根据上述定义，霍夫曼树是带权路径长度最小的二叉树。假设一个二叉树有 4 个节点，分别是 A、B、C、D，其权重分别是 5、7、2、13，通过这 4 个节点可以构成多种二叉树，图 4-24 显示了 3 种情况。

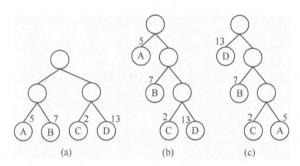

图 4-24　带权二叉树

因为霍夫曼树的带权路径长度是各节点的带权路径长度之和，所以计算图 4-24 所示的各二叉树的带权路径长度，分别是节点 A、B、C、D 的带权路径长度的和，具体计算过程如下所示。

① $WPL = 5 \times 2 + 7 \times 2 + 2 \times 2 + 13 \times 2 = 54$

② $WPL = 5 \times 1 + 7 \times 2 + 2 \times 3 + 13 \times 3 = 64$

③ $WPL = 1 \times 13 + 2 \times 7 + 3 \times 2 + 5 \times 3 = 48$

2. 构造霍夫曼树的过程

构造霍夫曼树的步骤如下。

（1）将给定的 n 个权值 $\{m_1, m_2, \cdots, m_n\}$ 作为 n 个根节点的权值构造一个具有 n 棵二叉树的森林 $\{T_1, T_2, \cdots, T_n\}$，其中每棵二叉树只有一个根节点。

（2）在森林中选取两棵根节点权值最小的二叉树作为左右子树构造一棵新二叉树，新二叉树的根节点权值为这两棵树根的权值之和。

（3）在森林中，将上面选择的这两棵根权值最小的二叉树从森林中删除，并将刚刚新构造的二叉树加入到森林中。

（4）重复步骤（2）和步骤（3），直到森林中只有一棵二叉树为止，这棵二叉树就是哈夫曼树。

假设有一个权集 $m = \{5, 29, 7, 8, 14, 23, 3, 11\}$，要求构造关于 m 的一棵霍夫曼树，并求其加权路径长度 WPL。

现在开始解决上述问题，在构造霍夫曼树的过程中，当第二次选择两棵权值最小的树时，最小的两个左右子树分别是 7 和 8，如图 4-25 所示。这里的 8 有两种，第一种是原来权集中的 8；第二种是经过第一次构造出的新的二叉树的根的权值。

所以 7 与不同的 8 相结合，便生成了不同的霍夫曼树，但是它们的 *WPL* 是相同的，计算过程如下。

树 1：*WPL*=2×23+3×(8+11)+2×29+3×14+4×7+5×(3+5)=271

树 2：*WPL*=2×23+3×11+4×（3+5）+2×29+3×14+4×(7+8)=271

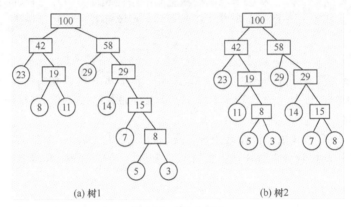

图 4-25　树 1 和树 2

3. 霍夫曼编码

在现实中如果要设计电文总长最短的二进制前缀编码，其实就是以 *n* 种字符出现的频率作为权，然后设计一棵霍夫曼树的过程。正是因为这个原因，所以通常将二进制前缀编码称为霍夫曼编码。假设存在如下针对某电文的描述：

在一份电文中一共使用 8 种字符，分别是☆，★，○，●，◎，◇，◆，▲，它们出现的概率分别为 0.05，0.29，0.07，0.08，0.14，0.23，0.03，0.11，请尝试设计霍夫曼编码。

霍夫曼编码的具体过程如图 4-26 所示。

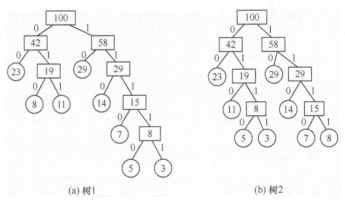

图 4-26　树 1 和树 2 的编码

在树 1 中，编码如下所示。

☆：11110，★：10，○：1110，●：010，◎：110，◇：00，◆：11111，▲：011

在树 2 中，编码如下所示。

☆：0110，★：10，○：1110，●：1111，◎：110，◇：00，◆：0111，▲：010

在现实应用中，通常在内存中分配一些连续的区域来保存霍夫曼二叉树。可以将这部分内存区域作为一个一维数组，通过数组的序号访问不同的二叉树节点。

4.3.2 实践演练——实现各种霍夫曼树操作

为了说明霍夫曼树操作的基本方法，接下来将通过一个具体实例的实现过程，详细讲解实现各种霍夫曼树操作的方法。

实例 4-5 编码实现各种霍夫曼树的操作

源码路径   光盘\daima\4\Huffman.c

在实例文件 Huffman.c 中定义各种操作霍夫曼树的函数，具体实现流程如下所示。

（1）定义霍夫曼树节点的结构。因为本实例使用数组的形式来保存霍夫曼树，所以在该结构中父节点、左右子树节点都保存在数组对应的下标位置，所以不采用指针变量。还需要定义一个字符指针，用于指向霍夫曼编码字符串。具体代码如下所示。

```
typedef struct
{
    int weight; //权值
    int parent; //父节点序号
    int left; //左子树序号
    int right; //右子树序号
}HuffmanTree;
typedef char *HuffmanCode;   //Huffman编码
```

（2）编写创建霍夫曼树的代码，具体代码如下所示。

```
void CreateTree(HuffmanTree *ht,int n,int *w)
{
    int i,m=2*n-1;//总的节点数
    int bt1,bt2;//二叉树节点序号
    if(n<=1) return ; //只有一个节点，无法创建
    for(i=1;i<=n;++i) //初始化叶节点
    {
ht[i].weight=w[i-1];
ht[i].parent=0;
ht[i].left=0;
ht[i].right=0;
    for(;i<=m;++i)//初始化后续节点
    {
ht[i].weight=0;
ht[i].parent=0;
ht[i].left=0;
ht[i].right=0;
    }
    for(i=n+1;i<=m;++i) //逐个计算非叶节点，创建Huffman树
    {
        SelectNode(ht,i-1,&bt1,&bt2); //从1~i-1个节点选择parent节点为0,权重最小的两个节点
ht[bt1].parent=i;
ht[bt2].parent=i;
ht[i].left=bt1;
ht[i].right=bt2;
ht[i].weight=ht[bt1].weight+ht[bt2].weight;
    }
}
```

在函数 CreateTree()中有如下 3 个参数。

❏ ht：是一个指向霍夫曼树的指针，由调用函数申请内存，并得到这个指针。

❏ n：创建霍夫曼树的叶节点数量。

❏ w：是一个指针，用于传入 n 个叶节点的权值。

（3）编写 SelectNode()函数，其功能是在创建霍夫曼树函数 CreateTree()中反复调用，该函数用于从无父节点的节点中选出两个权值中最小的那一个，具体代码如下所示。

```
void SelectNode(HuffmanTree *ht,int n,int *bt1,int *bt2)
//从1~x个节点选择parent节点为0,权重最小的两个节点
{
int i;
    HuffmanTree *ht1,*ht2,*t;
```

```
            ht1=ht2=NULL; //初始化两个节点为空
            for(i=1;i<=n;++i) //循环处理1~n个节点（包括叶节点和非叶节点）
            {
        if(!ht[i].parent) //父节点为空(节点的parent=0)
                {
                    if(ht1==NULL) //节点指针1为空
                    {
                        ht1=ht+i; //指向第i个节点
                        continue; //继续循环
                    }
                    if(ht2==NULL) //节点指针2为空
                    {
                        ht2=ht+i; //指向第i个节点
                        if(ht1->weight>ht2->weight) //比较两个节点的权重，使ht1指向的节点权重小
                        {
                            t=ht2;
                            ht2=ht1;
                            ht1=t;
                        }
                        continue; //继续循环
                    }
                    if(ht1 && ht2) //若ht1、ht2两个指针都有效
                    {
                        if(ht[i].weight<=ht1->weight) //第i个节点权重小于ht1指向的节点
                        {
                            ht2=ht1; //ht2保存ht1，因为这时ht1指向的节点成为第2小的
                            ht1=ht+i; //ht1指向第i个节点
                        }else if(ht[i].weight<ht2->weight){ //若第i个节点权重小于ht2指向的节点
                            ht2=ht+i; //ht2指向第i个节点
                        }
                    }
                }
            }
        if(ht1>ht2){ //增加比较，使二叉树左侧为叶节点
            *bt2=ht1-ht;
            *bt1=ht2-ht;
        }else{
            *bt1=ht1-ht;
            *bt2=ht2-ht;
        }
    }
```

在函数 SelectNode()中有如下 4 个参数。

❑ ht：是一个指向霍夫曼树的指针，由调用函数申请内存，并得到这个指针。

❑ n：表示需要在保存霍夫曼树的数组的前 n 个元素中查找。

❑ bt1 和 bt2：是两个指针变量，用于返回查找到的两个权重最小的节点序号。

（4）编写函数 HuffmanCoding()，用于根据该霍夫曼树生成每个字符的霍夫曼编码，具体代码如下所示。

```
void HuffmanCoding(HuffmanTree *ht,int n,HuffmanCode *hc)//,char *letters)
{
char *cd;
int start,i;
int current,parent;
        cd=(char*)malloc(sizeof(char)*n);//用来临时存放一个字符的编码结果
        cd[n-1]='\0'; //设置字符串结束标志
for(i=1;i<=n;i++)
        {
            start=n-1;
            current=i;
            parent=ht[current].parent;//获取当前节点的父节点
            while(parent) //父节点不为空
            {
                if(current==ht[parent].left)//若该节点是父节点的左子树
                    cd[--start]='0'; //编码为0
                else //若节点是父节点的右子树
                    cd[--start]='1'; //编码为1
                current=parent; //设置当前节点指向父节点
                parent=ht[parent].parent; //获取当前节点的父节点序号
            }
            hc[i-1]=(char*)malloc(sizeof(char)*(n-start));//分配保存编码的内存
```

```
            strcpy(hc[i-1],&cd[start]); //复制生成的编码
        }
        free(cd); //释放编码占用的内存
}
```

在函数 HuffmanCoding()中有如下 3 个参数。

❑ ht：是一个指向霍夫曼树的指针，由调用函数申请内存，并得到这个指针。

❑ n：表示需要生成霍夫曼编码的字符数量。

❑ hc：是一个指针，用于返回生成的霍夫曼编码字符串的首地址，供调用程序使用。

（5）编写函数 Encode()，用于根据 Huffman 编码对字符串进行编码，得到编码后的字符串，具体代码如下所示。

```
void Encode(HuffmanCode *hc,char *alphabet,char *str,char *code)
//将一个字符串转换为Huffman编码
//hc为Huffman编码表 ,alphabet为对应的字母表,str为需要转换的字符串,code返回转换的结果
{

int len=0,i=0,j;
code[0]='\0';
while(str[i])
        {
            j=0;
            while(alphabet[j]!=str[i])
            j++;
            strcpy(code+len,hc[j]); //将对应字母的Huffman编码复制到code指定位置
            len=len+strlen(hc[j]); //累加字符串长度
            i++;
        }
code[len]='\0';
}
```

（6）编写函数 Decode()，用于逐个处理 Huffman 编码生成的字符串，最后将编码还原为明文字符串，具体代码如下所示。

```
void Decode(HuffmanTree *ht,int m,char *code,char *alphabet,char *decode)
//将一个Huffman编码组成的字符串转换为明文字符串,ht为Huffman二叉树
//m为字符数量,alphabet为对应的字母表,decode返回转换的结果
{
int position=0,i,j=0;
        m=2*m-1;
        while(code[position]) //字符串未结束
for(i=m;ht[i].left && ht[i].right; position++)
                //在Huffman树中分别查找左右子树是否为空，以构造一个Huffman编码
            {
                if(code[position]=='0') //编码位为0
                    i=ht[i].left; //处理左子树
                else //编码位为1
                    i=ht[i].right; //处理右子树
            }
            decode[j]=alphabet[i-1]; //得到一个字母
            j++;//处理下一字符
        }
        decode[j]='\0'; //字符串结尾
}
```

4.3.3　实践演练——测试霍夫曼树的操作

为了演示实例 4-5 中的各个霍夫曼树操作函数的功能，接下来开始编写文件 htest.c，此文件的功能是调用文件 Huffman.c 中定义的各种操作函数和遍历函数来测试各种霍夫曼树的操作。

实例 4-6	在控制台中测试霍夫曼树的操作
	源码路径　　光盘\daima\4\htest.c

文件 htest.c 具体实现代码如下所示。

```
#include <stdlib.h>
#include <stdio.h>
```

```
#include <string.h>
#include "Huffman.c"
int main()
{
int i,n=4,m;
char test[]="DBDBDABDCDADBDADBDADACDBDBD";
char code[100],code1[100];
    char alphabet[]={'A','B','C','D'}; //4个字符
    int w[]={5,7,2,13} ;//4个字符的权重
    HuffmanTree *ht;
    HuffmanCode *hc;
    m=2*n-1;
    ht=(HuffmanTree *)malloc((m+1)*sizeof(HuffmanTree)); //申请内存，保存霍夫曼树
if(!ht)
    {
        printf("内存分配失败！\n");
exit(0);
hc=(HuffmanCode *)malloc(n*sizeof(char*));
if(!hc)
    {
        printf("内存分配失败！\n");
exit(0);
    }

    CreateTree(ht,n,w); //创建霍夫曼树
    HuffmanCoding(ht,n,hc); //根据霍夫曼树生成霍夫曼编码
    for(i=1;i<=n;i++) //循环输出霍夫曼编码
        printf("字母:%c,权重:%d,编码为 %s\n",alphabet[i-1],ht[i].weight,hc[i-1]);

    Encode(hc,alphabet,test,code); //根据霍夫曼编码生成编码字符串
    printf("\n字符串:\n%s\n转换后为:\n%s\n",test,code);

    Decode(ht,n,code,alphabet,code1); //根据编码字符串生成解码后的字符串
    printf("\n编码:\n%s\n转换后为:\n%s\n",code,code1);
getch();
return 0;
}
```

执行后的效果如图 4-27 所示。

图 4-27　测试霍夫曼树的操作的执行效果

4.3.4　总结霍夫曼编码的算法实现

霍夫曼编码的实现一般分两个步骤：构造一棵 n 个节点的霍夫曼树和对霍夫曼树中的 n 个叶子节点进行编码。

（1）霍夫曼树和霍夫曼编码的存储形式

一棵有 n 个叶子节点的霍夫曼树共有 $2n-1$ 个节点，可以存储在一个大小为 $2n-1$ 的一维数组中。进一步确定节点的结构的方法为：在构成霍夫曼树之后，为了求取具体的编码，需要从子节点到根节点逆向进行；而为了求取具体的译码，需从根节点到子节点正向进行。对每个节点而言，既需知道双亲的信息，又需知道孩子的信息，所以使用二叉链表的形式

不能很好地满足要求，而需使用增加一个指向双亲节点指针域的三叉链表。n 个字符的编码可存储在二维数组中，因为每个字符的编码长度不等，所以需要动态分配数组存储霍夫曼编码。

```
//霍夫曼树的存储表示
typedef struct{
unsigned int weight;
unsigned int parent,lchild,rchild;
}HTNode,*HuffmanTree;        //动态分配数组存储霍夫曼树
//霍夫曼编码的存储表示
typedef char**HuffmanCode;//动态分配数组存储霍夫曼编码
```

（2）霍夫曼树的构造

```
void CreatHuffmanTree(Huffman &HT,int*w,int n){
//构造n个字符的霍夫曼树，权值放在w数组中
if(n<=1)return;
int s1,s2,i;//用s1，s2表示权值集合中权值最小的两个节点的序号
HTNode*p;
int m=2*n-1;    //霍夫曼树的节点总数
HT=(HuffmanTree)malloc((m+1)*sizeof(HTNode));
//m+1是为了不使用HT［0］
for(p=HT+1,i=1;i<=n;i++,p++,w++){
//初始化n个叶子节点构成的n棵二叉树
p->weight=*w;  p->parent=0;  p->lchild=0;  p->rchild=0;
for(;i<=m;i++,p++){
//初始化n-1个非叶子节点
p->weight=0;  p->parent=0;  p->lchild=0;  p->rchild=0;
}
for(i=n+1;i<=m;i++,){
//通过依次确定n-1个非叶子节点完成霍夫曼树的构建
//在HT［1..i-1］中找parent为0且权值最小的两个节点，序号分别为s1，s2
Select(HT,i-1,s1,s2);
   HT［s1］.parent=i;  HT［s2］.parent=i;
//两棵二叉树合并成一棵二叉树
   HT［i］.lchild=s1;  HT［i］.rchild=s2;
   HT［i］.weight=HT［s1］.weight+HT［s2］.weight;
}
}
//Select函数的实现
int Select(Huffman &HT,int n,int s1,int s2){
//在HT［1..n］中找parent为0且权值最小的两个节点，
s序号分别为s1，s2
  int i,minweight;  //minweight用来暂存最小的权重
if(n<=1)return;
  s1=1;minweight=HT［s1］.weight;
//minweight初值设为HT［1］节点的权值
  s2=2;
for(i=2;i<=n;i++){
if(HT［i］.parent==0 &&(HT［i］.weight<minweight){
      s2=s1;
      minweight=HT［i］.weight;
      s1=i;
   }
return s1;
return s2;
}
```

（3）霍夫曼编码

```
void HuffmanCoding(HuffmanTree
&HT,HuffmanCode&HC,int n){
//HT为已构建好的霍夫曼树，从叶子节点到根逆求每个字符的霍夫曼编码
   HC=(HuffmanCode)malloc((n+1)*sizeof(char*));
//分配n个字符编码的头指针向量
cd=(char*)malloc(n*sizeof(char));
//分配求编码的工作空间，编码最长为n-1
   cd［n-1］="/ 0";  //编码结束符
for(i=1;i<=n;++i){
//对每个字符求霍夫曼编码
   start=n-1;  //用start指示当前0或1编码应该存放在工作空间中的位置
```

```
        for(int c=i,int f=HT [i] .parent;f
    !=0;c=f,f=HT [f] .parent){
// 从叶子节点到根逆向求编码
            if(HT [f] .lchild==c)cd [--start] ="0";
            else cd [--start] ="1";
        }
        HC [i] =(char*)malloc((n-start)*sizeof(char));
// 为第i个字符编码分配存储空间
        strcopy(HC [i] ,&cd [start] );
// 从cd复制编码到HC
    }
    free(cd);
}
```

4.4 技术解惑

4.4.1 树和二叉树的差别是什么

树和二叉树相比，主要有如下两个差别。

① 树中节点的最大度数没有限制，而二叉树节点的最大度数为2。

② 树的节点没有左、右之分，而二叉树的节点有左、右之分。

在程序员的日常编程应用中，通常将二叉树用作二叉查找树和二叉堆。

（1）二叉查找树

二叉排序树（binary sort tree）又称二叉查找树，它或者是一棵空树，或者是具有下列性质的二叉树。

① 若左子树不空，则左子树上所有节点的值均小于它的根节点的值。

② 若右子树不空，则右子树上所有节点的值均大于它的根节点的值。

③ 左、右子树也分别为二叉排序树。

（2）二叉堆

二叉堆是一种特殊的堆，是完全二叉树或者是近似完全二叉树。完全二叉树是节点的一个有限集合，该集合或者为空，或者是由一个根节点和两棵分别称为左子树和右子树的、互不相交的二叉树组成。二叉堆满足堆特性：父节点的键值总是大于或等于任何一个子节点的键值。二叉堆一般用数组来表示。

4.4.2 二叉树和链表的效率谁更牛

如果数据是按照链表来组织，访问数据元素的最坏情形耗时 $O(n)$，而对于二叉树来说，访问数据元素的最坏情形耗时 $O(\log n)$。在为输入的 n 个数据元素创建二叉树的同时，也已经对数据进行了有序排列（左子树节点值小于根节点，右子树节点值大于根节点），这样就使得在搜索数据时可以少遍历 $\log(2/n)$ 的数据，这是一种典型的分治思想应用。又因为为输入的 n 个数据元素创建链表或二叉树的时间复杂度是一样的，所以可以说遍历搜索数据元素时，二叉树结构比链表的效率高。

但是，二叉树结构遍历数据时间效率的提高是通过对空间的额外需求换来的，其比链表需要更多的空间以用来存储。

4.4.3 如何打印二叉树中的所有路径

路径的定义就是从根节点到叶节点的点的集合。要想打印二叉树中的所有路径，还需要利用递归来实现。先用一个 list 来保存经过的节点，如果已经是叶子节点了，那么打印 list 的所有内容；如果不是，那么将节点加入 list，然后继续递归调用该函数，只不过入口的参数变成了该节点的左子树和右子树。

第 5 章

图

　　本章将要讲解的"图"是一种比较复杂的数据结构，这是一种网状结构，并且任何数据都可以用"图"来表示。本章中将详细介绍网状关系结构中"图"的基本知识，为读者学习本书后面的知识打下基础。

5.1 图的起源

知识点讲解：光盘:视频讲解\第 5 章\图的起源.avi

要想研究"图"的起源和基本概念，需要从哥尼斯堡七桥问题的故事说起。

柯尼斯堡位于立陶宛的普雷格尔河畔。在河中有两个小岛，城市与小岛由七座小桥相连，如图 5-1（a）所示。当时城中居民热衷于思考这样一个问题：游人是否可以从城市或小岛的一点出发，经由七座桥，并且只经由每座桥一次，然后回到原地。

针对上述问题，很多人不得其解，就算有解，也是结果各异，并且都声称自己的才是正确的。在 200 多年前的 1736 年，瑞士数学家欧拉解决了这个在当时非常著名的柯尼斯堡七桥问题，并专门为其发表了第一篇图论方向的论文。从此以后，"图"这一概念便走上了历史舞台。当时，欧拉用了一个十分简明的工具，即如图 5-1（b）所示的这张图解决了这个问题。图 5-1（b）中的节点用以表示河两岸及两个小岛，边表示小桥，如果游人可以做出所要求的那种游历，那么必可从图的某一节点出发，经过每条边一次且仅经过一次后又回到原节点。这时，对每个节点而言，每离开一次，总相应地要进入一次，而每次进出不得重复同一条边，因而它应当与偶数条边相联结。由于图 5-1（b）中并非每个节点都与偶数条边相联结，因此游人不可能做出所要求的游历。

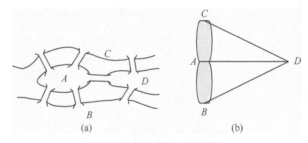

图 5-1 柯尼斯堡七桥问题

图 5-1（b）是图 5-1（a）的抽象，不必关心图 5-1（b）中图形的节点的位置，也不必关心边的长短和形状，只需关心节点与边的联结关系即可。也就是说，所研究的图和几何图形是不同的，而是一种数学结构。

图 5-1 中的图（graph）G 由如下 3 个部分所组成。

① 非空集合 $V(G)$：被称为图 G 的节点集，其成员称为节点或顶点（nodes or vertices）。

② 集合 $E(G)$：被称为图 G 的边集，其成员称为边（edges）。

③ 函数 ΨG：是有穷非空顶点集合 V 和顶点间的边集合 E 组成的一种数据结构，表示为 $G=(V, E)$。$E(G) \rightarrow (V(G), V(G))$被称为边与顶点的关联映射（associate mapping）。此处的（$V(G)$, $V(G)$）称为 $V(G)$ 的偶对集，其中成员偶对的格式是（u, v），u 和 v 是未必不同的节点。当 $\Psi G(e) = (u,v)$时称边 e 关联端点 u 和 v。当(u,v)作为有序偶对时，e 被称为有向边，e 以 u 为起点，以 v 为终点，图 G 称为有向图（directed graph）；当(u,v)用作无序偶对时，称 e 为无向边，图 G 称为无向图。

图 G 通常用三元序组$<V(G), E(G), \Psi G>$来表示，也可以用$<V, E, \Psi>$来表示。图是一种数学结构，由两个集合及其间的一个映射所组成。从严格意义上说，图 5-1（b）是一个图的直观表示，也通常被称为图的图示。

柯尼斯堡七桥虽然已经逐步淡出了人们的视线，但是它为我们带来的"图"这一概念，为计算机技术的发展起到巨大的推动作用。衍生产品"图"是一种非线性的数据结构，图中任何两个数据元素之间都可能相关，也就是说在图形结构中节点之间的关系可以是任意的。图形结构非常有用，可用于解决许多学科的实际应用问题。

5.2　图的相关概念

📽 知识点讲解：光盘:视频讲解\第 5 章\和图相关的概念.avi

要想步入"图"的内部世界，要想探索"图"的无限功能，需要先从底部做起，先了解几个与"图"相关的概念。在图 5-2 中，分别显示了两种典型的图——无向图和有向图。

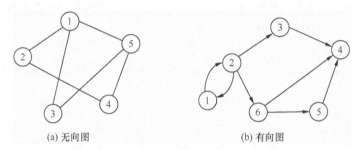

(a) 无向图　　　　　　　　　　(b) 有向图

图 5-2　图的两种形式

1. 有向图

如果图 G 中的每条边都是有方向的，则称 G 为有向图（Digraph）。在有向图中，一条有向边是由两个顶点组成的有序对，有序对通常用尖括号表示。有向边也被称为弧，将边的始点称为弧尾，将边的终点称为弧头。

例如图 5-3 是一个有向图，则图中的数据元素 V_1 叫顶点，每条边都有方向，被称为有向边，也称为弧（arc）。以弧$<V_1，V_2>$作为例子，将弧的起始点 V_1 称为弧尾，将弧的终点 V_2 称为弧头。称顶点 V_2 是 V_1 的邻接点，有 $n(n-1)$ 条边的有向图称为有向完全图。

在图 5-3 中，图 G_1 的二元组描述如下所示。

$G_1 =(V，E)$

$V=\{V_1，V_2，V_3，V_4\}$

$E=\{<V_1，V_2>，<V_1，V_3>，<V_3，V_4>，<V_4，V_1>\}$

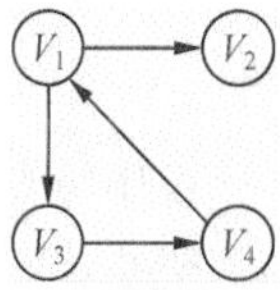

图 5-3　有向图 G_1

因为"图"的知识博大精深，很多高深知识是为数字科学研究做准备的。对于程序员来说，一般无需掌握那些高深莫测的知识，为此在本书中不考虑图的以下 3 种情况。

① 顶点到其自身的弧或边。

② 在边集合中出现相同的边。

③ 同一图中同时有无向边和有向边。

2. 无向图

如果图中的每条边都是没有方向的，这种图被称为无向图。无向图中的边是顶点的无序对，通常用圆括号来表示无序对。

例如图 5-4 就是一个无向图，图中每条边都是没有方向，边用 E 表示。现在以边（V_1，V_2）为例，称顶点 V_1 和 V_2 相互为邻接点，则存在 $n(n-1)/2$ 条边的无向图称为无向完全图。

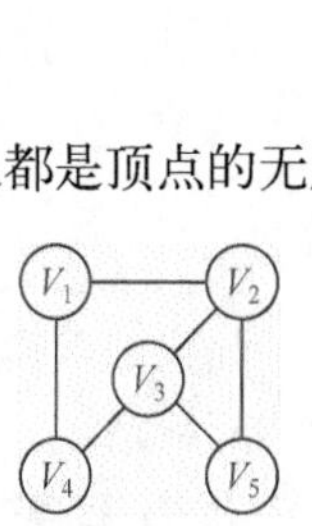

在图 5-4 中，关于图 G_2 的二元组描述如下所示。

图 5-4　无向图 G_2

$G_2 =(V, E)$

$V=\{ V_1, V_2, V_3, V_{4,} V_5\}$

$E=\{ (V_1, V_2), (V_1, V_4), (V_2, V_3), (V_2, V_5), (V_3, V_4), (V_3, V_5) \}$

3. 顶点

通常将图中的数据元素称为顶点（vertex），通常用 V 来表示顶点的集合。在图 5-5 中，图 G_1 的顶点集合是 $V (G_1) =\{A, B, C, D\}$。

4. 完全图

如果无向图中的任意两个顶点之间都存在着一条边，则将此无向图称为无向完全图。如果有向图中的任意两个顶点之间都存在着方向相反的两条弧，则将此有向图图称为有向完全图。通过以上描述，聪明的读者应该得出一个结论：包含 n 个顶点的无向完全图有 $n(n-1)/2$ 条边，包含 n 个顶点的有向完全图有 $n(n-1)$ 条边。

5. 稠密图和稀疏图

当一个图接近完全图时被称为稠密图，反之将含有较少的边数（即当 $e<<n(n-1)$）的图称为稀疏图。

6. 权和网

图中每一条边（弧）都可以有一个相关的数值，将这种与边相关的数值称为权。权能够表示从一个顶点到另一个顶点的距离或花费的代价。边上带有权的图称为带权图，也称作网，如图 5-6 所示的是有向网 G_3。

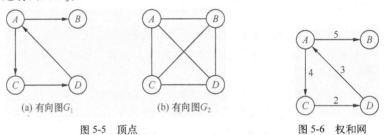

(a) 有向图 G_1　　　　(b) 有向图 G_2

图 5-5　顶点　　　　　　　　　　　图 5-6　权和网

7. 子图

假设存在两个图 $G=(V, E)$ 和 $G'=(V', E')$，如果 V' 是 V 的子集（即 $V'{\subseteq}V$），并且 E' 是 E 的子集（即 $E'{\subseteq}E$），则称 G' 是 G 的子图。如图 5-7 所示是前面 G_1 的部分子图。

8. 邻接点

在无向图 $G =(V, E)$ 中，如果边 $(v_i, v_j){\in}E$，则称顶点 v_i 和 v_j 互为邻接点（adjacent）；边 (v_i, v_j) 依附于顶点 v_i 和 v_j，即 v_i 和 v_j 相关联。

9. 顶点的度

顶点的度是指与顶点相关联的边的数量。在有向图中，以顶点 v_i 为弧尾的弧的值称为顶点 v_i 的出度，以顶点 v_i 为弧头的弧的值称为顶点 v_i 的入度，顶点 v_i 的入度与出度的和是顶点 v_i 的度。

假设在一个图中有 n 个顶点和 e 条边，每个顶点的度为 $d_i(1{\leqslant}i{\leqslant}n)$ 则有如下结论。

$$e = \frac{1}{2}\sum_{i=1}^{n}d_i$$

10. 路径

如果图中存在一个从顶点 v_i 到顶点 v_j 的顶点序列，则这个顶点序列被称为路径。在图中有如下两种路径。

① 简单路径：指路径中的顶点不重复出现。

② 回路或环：指如果路径中除第一个顶点和最后一个顶点相同以外，其余顶点不重复。一

条路径上经过的边的数目称为路径长度。

11．连通图和连通分量

在无向图 G 中，当从顶点 v_i 到顶点 v_j 有路径时 v_i 和 v_j 是连通的。如果在无向图 G 中任意两个顶点都连通，则称图 G 为连通图，例如图 5-5（b）所示的 G_2 是一个连通图；否则称为非连通图，例如图 5-8（a）所示的 G_4 是一个无向图。

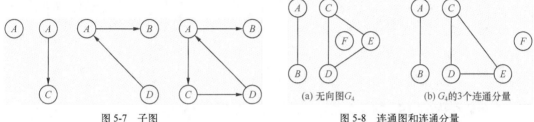

图 5-7　子图　　　　　　　　　　　　　　图 5-8　连通图和连通分量

(a) 无向图 G_4　　　　(b) G_4 的3个连通分量

将无向图的极大连通子图称为该图的连通分量。所有的连通图只有一个连通分量，就是它的本身。非连通图有多个连通分量，例如图 5-8（b）所示的 G_4 有 3 个连通分量。

12．强连通图和强连通分量

在有向图 G 中，如果从顶点 v_i 到顶点 v_j 有路径，则称从 v_i 到 v_j 是连通的。如果图 G 中的任意两个顶点 v_i 和 v_j 都连通，即从 v_i 到 v_j 和从 v_j 到 v_i 都存在路径，则称图 G 是强连通图。在有向图中，将极大连通子图称为该图的强连通分量。在强连通图中只有一个强连通分量，即它本身。在非强连通图中有多个强连通分量。例如图 5-5 中的 G_1 有两个强连通分量，如图 5-9 所示。

13．生成树

一个连通图的生成树是指一个极小连通子图，虽然它含有图中的全部顶点，但只有足已构成一棵树的 $n-1$ 条边，如图 5-10 所示。如果在一棵生成树上添加一条边，会必定构成一个环，因为这条边使得它依附的两个顶点之间有了第二条路经。一棵有 n 个顶点的生成树有且仅有 $n-1$ 条边，如果它多于 $n-1$ 条边，则一定会有环。但是有 $n-1$ 条边的图不一定是生成树，如果一个图有 n 个顶点和小于 $n-1$ 条边，则该图一定是非连通图。

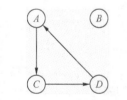

图 5-9　G_1 的两个强连通分量

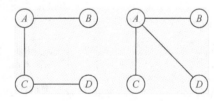

图 5-10　G_2 的两棵生成树

14．无向边和顶点关系

如果 (v_i, v_j) 是一条无向边，则称顶点 v_i 和 v_j 互为邻接点（adjacent），或称 v_i 和 v_j 相邻接；并称 $(v_i、v_j)$ 依附或关联（incident）于顶点 v_i 和 v_j，或称 (v_i, v_j) 与顶点 v_i 和 v_j 相关联。例如有 n 个顶点的连通图最多有 $n(n-1)/2$ 条边，即是一个无向完全图，且最少有 $n-1$ 条边。

5.3　存储结构

知识点讲解：光盘:视频讲解\第 5 章\存储结构.avi

构建数据结构的最终目的是存储数据，所以在研究图的时候，需要更加深入地研究"图"的存储结构。关于图的存储结构，除了存储图中各个顶点本身的信息之外，还要存储顶点之间的所有关系。在图中常用的存储结构有 3 种，分别是邻接矩阵、邻接表和十字链表。接下来将开始步入存储结构的学习阶段。

5.3.1 表示顶点之间相邻关系的邻接矩阵

邻接矩阵是指能够表示顶点之间相邻关系的矩阵，假设 $G=(V，E)$ 是一个具有 $n(n>0)$ 个顶点的图，顶点的顺序依次为 $(v_0，v_1，…，v_{n-1})$，则 G 的邻接矩阵 A 是 n 阶方阵，在定义时要根据 G 的不同而不同，具体说明如下。

① 如果 G 是无向图，则 A 定义为：

$$A[i][j] = \begin{cases} 1, & \text{若}（v_i，v_j）\in E(G) \\ 0, & \text{其他} \end{cases}$$

② 如果 G 是有向图，则 A 定义为：

$$A[i][j] = \begin{cases} 1, & \text{若}（v_i，v_j）\in E(G) \\ 0, & \text{其他} \end{cases}$$

③ 如果 G 是网，则定义为：

$$A[i][j] = \begin{cases} w_{ij}, & \text{若} v_i \neq v_j \text{且}（v_i，v_j）\in E(G)\text{或}<v_i，v_j>\in E(G) \\ 0, & v_i = v_j \\ \infty, & \text{其他} \end{cases}$$

推出邻接矩阵的目的是表示一种关系。表示这种关系的方法非常简单，具体表示方法如下。

① 用一个一维数组存放顶点信息。

② 用一个二维数组表示 n 个顶点之间的关系。

使用 C 语言表示图的邻接矩阵存储的代码如下所示。

```
#define   MAXV   20              /*顶点的最大个数*/
typedef char InfoType;
typedef struct {
int no;                          /*顶点编号*/
InfoType data;                   /*顶点其他信息*/
}VertexType;                     /*顶点类型*/
typedef struct {                 /*图的定义*/
int edges[MAXV][MAXV];           /*邻接矩阵*/
int vexnum,arcnum;               /*顶点数，弧数*/
VertexType vexs[MAXV];           /*存放顶点信息*/
}MGraph;
```

如果有一个如图 5-3 所示的有向图 G_1，则有向图 G_1 对应的邻接矩阵如图 5-11 所示。

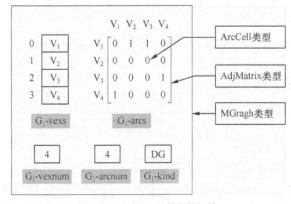

图 5-11　有向图 G_1 的邻接矩阵

如果有一个如图 5-4 所示的无向图 G_2，则无向图 G_2 的邻接矩阵如图 5-12 所示。

		V_1	V_2	V_3	V_4	V_5
V_1	V_1	0	1	0	1	0
V_2	V_2	1	0	1	0	1
V_3	V_3	0	1	0	1	0
V_4	V_4	1	0	1	0	0
V_5	V_5	0	1	1	0	1
G_2.vexs				G_2.arcs		
5		6			UDG	
G_2.vexnum		G_2.arcnum			G_2.kind	

图 5-12　无向图 G_2 的邻接矩阵

5.3.2　邻接表

虽然邻接矩阵比较简单，只需要使用二维数组即可实现存取操作。但是除了完全图之外，其他图的任意两个顶点并不都是相邻接的，所以邻接矩阵中有很多零元素，特别是当 n 较大，并且边数和完全图的边 $(n-1)$ 相比很少时，邻接矩阵会非常稀疏，这样会浪费存储空间。为了解决这个问题，此时邻接表便光荣地登上了历史的舞台。

邻接表是由邻接矩阵改造而来的一种链接结构，因为它只考虑非零元素，所以就节省了零元素所占的存储空间。邻接矩阵的每一行都有一个线性链接表，链接表的表头对应着邻接矩阵该行的顶点，链接表中的每个节点对应着邻接矩阵中该行的一个非零元素。

对于图 G 中的每个顶点，可以使用邻接表把所有依附于 V_i 的边链成一个单链表，这个单链表称为顶点的邻接表（adjacency list）。通常将表示边信息的节点称为表节点，将表示顶点信息的节点称为头节点，它们的具体结构分别如图 5-13 和图 5-14 所示。

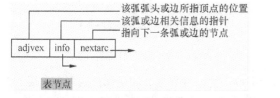

图 5-13　表节点结构

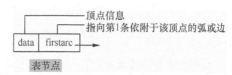

图 5-14　头节点结构

使用 C 语言定义邻接表表示法类型的代码如下所示。

```
#define MAX_VERTAX_NUM 20
typedef enum{DG,DN,UDG,UDN}GraphKind;
typedef struct   ArcNode {         //边结构
        int adjvex;                //该弧弧头或边所指顶点的位置
        InfoType *info;            //该弧或边相关信息的指针（例如  权值，int weight;）
        struct ArcNode *nextArc;   //指向下一条弧或边的节点
} ArcNode;
typedef struct VNode {             //定义顶点数组
    VertexType   data;             //顶点信息
    ArcNode *firstarc;             //指向第1条依附于该顶点的弧或边的指针
} VNode，AdjList[MAX_VERTAX_NUM];
typedef struct graphs {            //图类型
        AdjList vertices;          //顶点数组
        int vexnum,arcnum;         //顶点个数和边条数
        GraphKind kind;            //图的种类标记
}ALgraph;
```

假设有一个如图 5-3 所示的有向图 G_1，则有向图 G_1 的邻接表如图 5-15 所示。

假设有一个如图 5-4 所示的无向图 G_2，则无向图 G_2 的邻接表如图 5-16 所示。

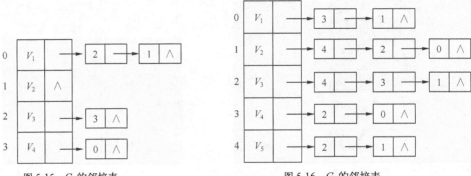

图 5-15　G_1 的邻接表　　　　　　　　　　图 5-16　G_2 的邻接表

对于有 n 个顶点、e 条边的无向图来说，如果采取邻接表作为存储结构，则需要 n 个表头节点和 $2e$ 个表节点。假设有一个如图 5-17 所示的有向图 G_3，则有向图 G_3 的邻接表如图 5-18 所示。

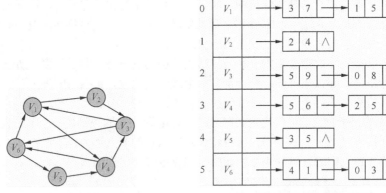

图 5-17　有向图 G_3　　　　　　　　　　图 5-18　有向图的邻接表

5.3.3　十字链表

之所以说十字链表是合作的产物，是因为十字链表是一种邻接表和逆邻接表联合实现的表。十字链表是有向图中的一种链式存储结构，将有向图的邻接表和逆邻接表结合起来就会得到这一种链表。用一个顺序表来存储有向图的顶点，这样就构成了顶点表，图中的每条弧构成一个弧节点。其中，弧节点和头节点的结构信息分别如图 5-19 和图 5-20 所示。

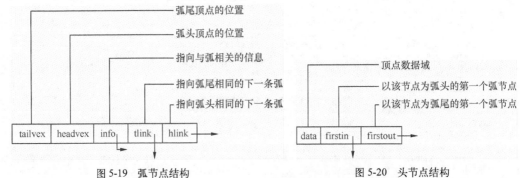

图 5-19　弧节点结构　　　　　　　　　　图 5-20　头节点结构

假设有一个如图 5-21 所示的有向图，其对应的十字链表如图 5-22 所示。

图 5-21 有向图

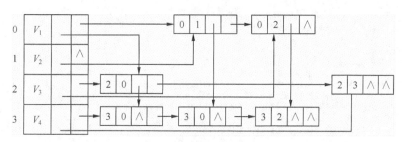

图 5-22 有向图的十字链表

使用 C 语言定义十字链表的数据类型的代码如下。

```
typedef struct ANode{              /*弧节点结构类型*/
int tailvex, headvex;              /*该弧的弧尾和弧头域*/
struct ANode *hlink,*tlink;        /*弧头相同和弧尾相同的弧的链域*/
InfoType info;                     /*该弧的相关信息*/
}ArcNode;
typedef struct VNode{              /*顶点结构类型*/
VertexType data;                   /*顶点数据域*/
ArcNode *firstin,*firstout;        /*分别指向该顶点的第一条入弧和出弧*/
}VNode;
typedef struct{
VNode     xList[MaxV];             /* 表头向量*/
int n,e;                           /*有向图的顶点数n和弧数e*/
}OLGraph;
```

5.3.4 实践演练——创建一个邻接矩阵

下面将通过一个实例的实现过程，详细讲解创建一个邻接矩阵的具体方法。

实例 5-1　创建一个邻接矩阵

源码路径　光盘\daima\5\tu.c　　　　　　　　光盘\daima\5\tuTest.c

本实例的实现文件为 tuTest.c 和 tu.c，其中文件 tu.c 用于定义创建邻接矩阵的相关函数供文件 tuTest.c 调用，具体的实现流程如下。

（1）设置程序能处理的最大定点数、最大值，定义邻接矩阵结构和保存顶点的信息，分别定义二维数组和一维数组，最后定义图的顶点数、边数以及图的类型，并定义创建图和输出图的两个函数类型，具体代码如下所示。

```
#define VERTEX_MAX 26    //图的最大顶点数
#define MAXVALUE 32767 //最大值(可设为一个最大整数)
typedef struct
{
    char Vertex[VERTEX_MAX]; //保存顶点信息(序号或字母)
    int Edges[VERTEX_MAX][VERTEX_MAX]; //保存边的权
    int isTrav[VERTEX_MAX]; //遍历标志
    int VertexNum; //顶点数量
    int EdgeNum;//边数量
    int GraphType; //图的类型(0:无向图, 1:有向图)
}MatrixGraph; //定义邻接矩阵图结构
void CreateIn(MatrixGraph *G);//创建邻接矩阵图
void OutIn(MatrixGraph *G); //输出邻接矩阵
```

（2）定义函数 Createlin()创建图的邻接矩阵，具体代码如下所示。

```
void Createlin(MatrixGraph *G)//创建邻接矩阵图
{
    int i,j,k,weight;
    char start,end; //边的起始顶点
    printf("输入各顶点信息\n");
    for(i=0;i<G->VertexNum;i++) //输入顶点
    {
        getchar();
        printf("第%d个顶点:",i+1);
        scanf("%c",&(G->Vertex[i])); //保存到各顶点数组元素中
    }
    printf("输入构成各边的两个顶点及权值(用逗号分隔):\n");
    for(k=0;k<G->EdgeNum;k++)   //输入边的信息
    {
        getchar(); //暂停输入
        printf("第%d条边： ",k+1);
        scanf("%c,%c,%d",&start,&end,&weight);
        for(i=0;start!=G->Vertex[i];i++); //在已有顶点中查找始点
        for(j=0;end!=G->Vertex[j];j++); //在已有顶点中查找终点
        G->Edges[i][j]=weight; //对应位置保存权值，表示有一条边
        if(G->GraphType==0)   //若是无向图
            G->Edges[j][i]=weight;//在对角位置保存权值
    }
}
```

（3）定义函数 Outlin()输出邻接矩阵的内容，具体代码如下所示。

```
void Outlin(MatrixGraph *G)//输出邻接矩阵
{
    int i,j;
    for(j=0;j<G->VertexNum;j++)
        printf("\t%c",G->Vertex[j]);   //在第1行输出顶点信息
    printf("\n");
    for(i=0;i<G->VertexNum;i++)
    {
        printf("%c",G->Vertex[i]);
        for(j=0;j<G->VertexNum;j++)
        {
            if(G->Edges[i][j]==MAXVALUE) //若权值为最大值
                printf("\t∞");   //输出无穷大符号
            else
                printf("\t%d",G->Edges[i][j]); //输出边的权值
        }
        printf("\n");
    }
}
```

文件 tuTest.c 是一个测试文件，能够调用文件 tu.c 中定义的函数来创建邻接矩阵图。具体
代码如下所示。

```
#include <stdio.h>
#include "tu.c"
int main()
{
    MatrixGraph G; //定义保存邻接矩阵结构的图
    int i,j;
    printf("输入生成图的类型(0:无向图,1:有向图):");
    scanf("%d",&G.GraphType); //图的种类
    printf("输入图的顶点数量和边数量:");
    scanf("%d,%d",&G.VertexNum,&G.EdgeNum); //输入图顶点数和边数
    for(i=0;i<G.VertexNum;i++)   //清空矩阵
        for(j=0;j<G.VertexNum;j++)
            G.Edges[i][j]=MAXVALUE; //设置矩阵中各元素的值为最大值
    Createlin(&G); //创建用邻接表保存的图
    printf("邻接矩阵数据如下:\n");
    Outlin(&G);
    getch();
    return 0;
}
```

执行后的效果如图 5-23 所示。

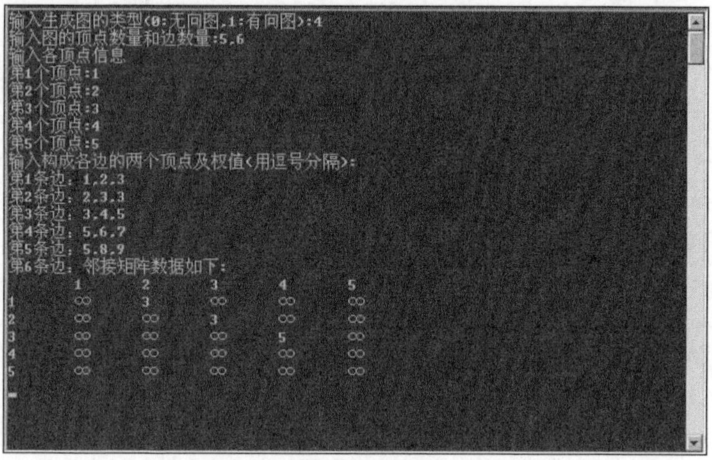

图 5-23 创建邻接矩阵的执行效果

5.3.5 实践演练——测试霍夫曼树的操作

实例 5-1 只是介绍了邻接矩阵的创建方法，肯定会有好奇的读者问邻接表和十字链表的创建方法也和创建邻接矩阵类似吗？是的，创建方法十分相似。下面的实例实现了使用邻接表保存图的功能。

实例 5-2	在控制台中测试霍夫曼树的操作	
	源码路径 光盘\daima\5\linjieTest.c	光盘\daima\5\linjie.c

在此编写了两个文件，分别是 linjieTest.c 和 linjie.c，其中文件 linjie.c 的功能是定义创建邻接表的相关函数供文件 linjieTest.c 调用，具体的实现流程如下。

（1）定义图的结构，具体代码如下所示。

```
typedef struct
{
    EdgeNode* AdjList[VERTEX_MAX]; //指向每个顶点的指针
    int VextexNum,EdgeNum; //图的顶点的数量和边的数量
    int GraphType; //图的类型(0:无向图,1:有向图)
}linGraph; //图的结构
```

（2）定义创建图的函数 Createlin()，具体代码如下所示。

```
void Createlin(ListGraph *G)  //构造邻接表结构图
{
    int i,weight;
    int start,end;
    EdgeNode *s;
    for(i=1;i<=G->VextexNum;i++)//将图中各顶点指针清空
        G->AdjList[i]=NULL;
    for(i=1;i<=G->EdgeNum;i++) //输入各边的两个顶点
    {
        getchar();
        printf("第%d条边:",i);
        scanf("%d,%d,%d",&start,&end,&weight); //输入边的起点和终点
        s=(EdgeNode *)malloc(sizeof(EdgeNode)); //申请保存一个顶点的内存
        s->next=G->AdjList[start]; //插入到邻接表中
        s->Vertex=end; //保存终点编号
        s->weight=weight; //保存权值
        G->AdjList[start]=s; //该点指向邻接表对应的顶点
        if(G->GraphType==0) //若是无向图,再插入到终点的边链中
        {
            s=(EdgeNode *)malloc(sizeof(EdgeNode)); //申请保存一个顶点的内存
            s->next=G->AdjList[end];
            s->Vertex=start;
            s->weight=weight;
            G->AdjList[end]=s;
        }
```

```
        }
```
（3）定义函数 Outlin() 输出邻接表，让用户检查各个顶点的输入是否正确，具体代码如下所示。

```
void Outlin(ListGraph *G)
{
    int i;
    EdgeNode *s;
    for(i=1;i<=G->VextexNum;i++)
    {
        printf("顶点%d",i);
        s=G->AdjList[i];
        while(s)
        {
            printf("->%d(%d)",s->Vertex,s->weight);
            s=s->next;
        }
        printf("\n");
    }
}
```

文件 linjieTest.c 是一个测试文件，其功能是调用文件 linjie.c 中创建的函数，使用邻接表来保存图，具体的实现代码如下所示。

```
#include <stdio.h>
#include "linjie.c"
int main()
{
    linGraph G; //定义保存邻接表结构的图
    printf("输入生成图的类型(0:无向图,1:有向图):");
    scanf("%d",&G.GraphType); //图的种类
    printf("输入图的顶点数量和边数量:");
    scanf("%d,%d",&G.VextexNum,&G.EdgeNum); //输入图顶点数和边数
    printf("输入构成各边的两个顶点及权值(用逗号分隔):\n");
    Createlin(&G); //生成邻接表结构的图
    printf("输出图的邻接表:\n");
    Outlin(&G);
    getch();
    return 0;
}
```

执行后的效果如图 5-24 所示。

图 5-24　测试霍夫曼树操作的执行效果

5.4　图的遍历

📹 知识点讲解：光盘:视频讲解\第 5 章\图的遍历.avi

图的遍历是指从图中的某个顶点出发，按照某种方法访问图中所有的顶点且仅访问一次。为了节省时间，一定要对所有顶点仅访问一次，为此，需要为每个顶点设一个访问标志。例如可以为图设置一个访问标志数组 visited[n]，用于标识图中每个顶点是否被访问过，其初始值为 0（"假"）。如果访问过顶点 v_i，则设置 visited[i] 为 1（"真"）。图的遍历分为两种，分别是深度

优先搜索（depth-first search）和广度优先搜索（breadth-first search）。

❋ 注意：*图的遍历工作要比树的遍历工作复杂，这是因为图中顶点关系是任意的，这说明图中顶点之间是多对多的关系，并且图中还可能存在回路，所以在访问某个顶点后，可能沿着某条路径搜索后又回到该顶点上。*

5.4.1 深度优先搜索

使用深度优先搜索的目是为了达到被搜索结构的叶节点，即不包含任何超链接的 HTML 文件。当在一个 HTML 文件中选择一个超链接后，被链接的 HTML 文件会执行深度优先搜索。深度优先搜索会沿该 HTML 文件上的超链接进行搜索，一直搜索到不能再深入为止，然后返回到某一个 HTML 文件，再继续选择该 HTML 文件中的其他超链接。当没有其他超超链可选择时，就表明搜索已经结束。

1. 深度优先搜索基础

深度优先搜索的过程，是对每一个可能的分支路径深入到不能再深入为止的过程，并且每个节点只能访问一次。深度优先搜索的优点是能遍历一个 Web 站点或深层嵌套的文档集合；其缺点是因为 Web 结构相当深，有可能导致一旦进去，再也出不来的情况发生。

假设图 5-25 所示的是一个无向图，如果从 A 点发起深度优先搜索（以下的访问次序并不是唯一的，第二个点既可以是 B 也可以是 C 或 D），则可能得到如下的一个访问过程：$A{\rightarrow}B{\rightarrow}E$（如果没有路则回溯到 A）$\rightarrow C{\rightarrow}F{\rightarrow}H{\rightarrow}G{\rightarrow}D$（如果没有路，则最终回溯到 A，如果 A 也没有未访问的相邻节点，本次搜索结束）。

假设图 5-25 所示的无向图的初始状态是图中所有顶点都未被访问，第一个访问顶点是 v。则对此连通图的深度优先搜索遍历算法流程如下。

① 访问顶点 v 并标记顶点 v 为已访问。

② 检查顶点 v 的第一个邻接顶点 w。

③ 如果存在顶点 v 的邻接顶点 w，则继续执行算法，否则算法结束。

④ 如果顶点 w 未被访问过，则从顶点 w 出发进行深度优先搜索遍历算法。

⑤ 查找顶点 v 的 w 邻接顶点的下一个邻接顶点，回到步骤③。

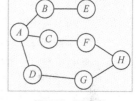

图 5-25 无向图

在图 5-26 中，展示了一个深度优先搜索的过程，其中实箭头代表访问方向，虚箭头代表回溯方向，箭头旁边的数字代表搜索顺序，A 为起始节点。首先访问 A，然后按图中序号对应的顺序进行深度优先搜索。图中序号对应步骤的解释如下。

① 节点 A 的未访问邻接点有 B、E、D，首先访问 A 的第一个未访问邻接点 B。

② 节点 B 的未访问邻接点有 C、E，首先访问 B 的第一个未访问邻接点 C。

③ 节点 C 的未访问邻接点只有 F，访问 F。

④ 节点 F 没有未访问邻接点，回溯到 C。

⑤ 节点 C 已没有未访问邻接点，回溯到 B。

⑥ 节点 B 的未访问邻接点只剩下 E，访问 E。

⑦ 节点 E 的未访问邻接点只剩下 G，访问 G。

⑧ 节点 G 的未访问邻接点有 D、H，首先访问 G 的第一个未访问邻接点 D。

⑨ 节点 D 没有未访问邻接点，回溯到 G。

⑩ 节点 G 的未访问邻接点只剩下 H，访问 H。

⑪ 节点 H 的未访问邻接点只有 I，访问 I。

⑫ 节点 I 没有未访问邻接点，回溯到 H。

⑬ 节点 H 已没有未访问邻接点，回溯到 G。

⑭ 节点 G 已没有未访问邻接点，回溯到 E。

⑮ 节点 E 已没有未访问邻接点，回溯到 B。

⑯ 节点 B 已没有未访问邻接点，回溯到 A。

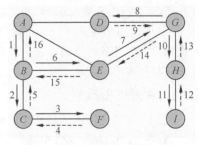

这样就完成了深度优先搜索操作，相应的访问序列为：$A—B—C—F—E—G—D—H—I$。图 5-26 中的所有节点之间加上了标有实箭头的边，这样就构成了一棵以 A 为根的树，这棵树被称为深度优先搜索树。

图 5-26　图的深度优先算法过程

2. 深度优先搜索的方法

（1）使用邻接矩阵方式实现深度优先搜索的算法如下所示。

```
void   DepthFirstSearch(AdjMatrix g,  int v0)   /* 图g为邻接矩阵类型AdjMatrix */
{
visit(v0);visited[v0]=True;
 for ( vj=0;vj<n;vj++)
   if (!visited[vj] && g.arcs[v0][vj].adj==1)
       DepthFirstSearch(g,vj);
}/* DepthFirstSearch */
```

（2）使用邻接表方式实现深度优先搜索的算法如下所示。

```
void   DepthFirstSearch(AdjList g,  int v0)     /*图g为邻接表类型AdjList */
{
   visit(v0) ;  visited[v0]=True；
   p=g.vertex[v0].firstarc；
while( p!=NULL )
   {if (! visited[p->adjvex])
   DepthFirstSearch（g, p->adjvex）;
   p=p->nextarc；
   }
}/*DepthFirstSearch*/
```

在上述算法实现中，以邻接表作为存储结构，查找每个顶点的邻接点的时间复杂度为 $O(e)$，其中 e 是无向图中的边数或有向图中的弧数，则深度优先搜索图的时间复杂度为 $O(n+e)$。

（3）使用非递归过程实现深度优先搜索的算法如下所示。

```
void   DepthFirstSearch(Graph g,  int v0)   /*从v0出发深度优先搜索图g*/
{
  InitStack(S);  /*初始化空栈*/
  Push(S, v0);
while ( ! Empty(S))
  { v=Pop(S);
if (!visited(v))  /*栈中可能有重复节点*/
{ visit(v);   visited[v]=True; }
    w=FirstAdj(g, v);  /*求v的第一个邻接点*/
    while (w!=-1 )
    {    if (!visited(w))   Push(S, w);
      w=NextAdj(g, v, w);  /*求v相对于w的下一个邻接点*/
  }
     }
}
```

5.4.2　广度优先搜索

广度优先搜索是指按照广度方向进行搜索，其算法思想如下所示。

① 从图中某个顶点 v_0 出发，先访问 v_0。

② 接下来依次访问 v_0 的各个未被访问的邻接点。

③ 分别从这些邻接点出发，依次访问各个未被访问的邻接点。

在访问邻接点时需要保证：如果 v_i 和 v_k 是当前端节点，并且 v_i 在 v_k 之前被访问，则应该在 v_k 的所有未被访问的邻接点之前访问 v_i 的所有未被访问的邻接点。重复上述步骤③，直到所有端节点都没有未被访问的邻接点为止。

连通图的广度优先搜索遍历算法的流程如下。

（1）从初始顶点 v 出发开始访问顶点 v，并在访问时标记顶点 v 为已访问。

（2）顶点 v 进入队列。

（3）当队列非空时继续执行，为空则结束算法。

（4）通过出队列（往外走的队列）获取队头顶点 x。

（5）查找顶点 x 的第一个邻接顶点 w。

（6）如果不存在顶点 x 的邻接顶点 w，则转到步骤（3），否则循环执行下面的步骤。

① 如果顶点 w 尚未被访问，则访问顶点 w 并标记顶点 w 为已访问。

② 顶点 w 进入队列。

③ 查找顶点 x 下一个邻接顶点 w，转到步骤（6）。

如果此时还有未被访问的顶点，则选一个未被访问的顶点作为起始点，然后重复上述过程，直至所有顶点均被访问过为止。

在图 5-27 中，展示了一个广度优先搜索的过程，其中箭头代表搜索方向，箭头旁边的数字代表搜索顺序，A 为起始节点。首先访问 A，然后按图中序号对应的顺序进行广度优先搜索。图中序号对应的各个步骤的具体说明如下。

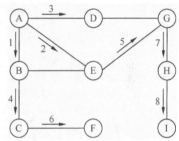

图 5-27　图的广度优先搜索过程

① 节点 A 的未访问邻接点有 B、E、D，首先访问 A 的第一个未访问邻接点 B。

② 访问 A 的第二个未访问邻接点 E。

③ 访问 A 的第三个未访问邻接点 D。

④ 由于 B 在 E、D 之前被访问，故接下来应访问 B 的未访问邻接点，B 的未访邻接点只有 C，所以访问 C。

⑤ 由于 E 在 D、C 之前被访问，故接下来应访问 E 的未访问邻接点，E 的未访问邻接点只有 G，所以访问 G。

⑥ 由于 D 在 C、G 之前被访问，故接下来应访问 D 的未访问邻接点，D 没有未访问邻接点，所以直接考虑在 D 之后被访问的节点 C，即接下来应访问 C 的未访问邻接点。C 的未访问邻接点只有 F，所以访问 F。

⑦ 由于 G 在 F 之前被访问，故接下来应访问 G 的未访问邻接点。G 的未访问邻接点只有 H，所以访问 H。

（7）由于 F 在 H 之前被访问，故接下来应访问 F 的未访问邻接点。F 没有未访问邻接点，所以直接考虑在 F 之后被访问的节点 H，即接下来应访问 H 的未访问邻接点。H 的未访问邻接点只有 I，所以访问 I。

到此为止，广度优先搜索过程结束，相应的访问序列为：$A—B—E—D—C—G—F—H—I$。图 5-27 中所有节点之间加上标有箭头的边，这样就构成了一棵以 A 为根的树，这棵树被称为广度优先搜索树。

在遍历过程中需要设置一个初值为 "False" 的访问标志数组 visited[n]，如果某个顶点被访问，则设置 visited[n] 的值为 "True"。

使用 C 语言实现广度优先搜索的算法的代码如下所示。

```
void  BreadthFirstSearch(Graph g,  int v0)  /*广度优先搜索图g中v0所在的连通子图*/
{
    visit(v0); visited[v0]=True;
    InitQueue(&Q);  /*初始化空队*/
    EnterQueue(&Q,v0);  /* v0进队*/
while ( ! Empty(Q))
  { DeleteQueue(&Q, &v);  /*队头元素出队*/
    w=FirstAdj(g,v);  /*求v的第一个邻接点*/
while (w!=-1 )
```

```
    {       if (!visited(w))
    {               visit(w); visited[w]=True;
                    EnterQueue(&Q, w);
    w=NextAdj(g, v, w);   /*求v相对于w的下一个邻接点*/
    }
        }
    }
```

在上述算法中，图中每个顶点至多入队一次，因此外循环（如果在一个循环里面还包含着另一个循环，则外边的循环叫作外循环，里面被包含的循环叫作内循环）的次数为 n。当图 G 采用邻接表方式存储，则当节点 v 出队后，内循环次数等于节点 v 的度。由于访问所有顶点的邻接点的总的时间复杂度为 $O(d_0+d_1+d_2+\cdots+d_{n-1})=O(e)$，所以这个图采用邻接表方式存储，广度优先搜索算法的时间复杂度为 $O(n+e)$。当图 G 采用邻接矩阵方式存储时，因为在找每个顶点的邻接点时的内循环次数为 n，所以广度优先搜索算法的时间复杂度为 $O(n^2)$。

例如在下面的代码中，定义了队列的最大容量和数据域。

```
#define QUEUE_MAXSIZE 30 //队列的最大容量
typedef struct
{
    int Data[QUEUE_MAXSIZE]; //数据域
    int head; //队头指针
    int tail; //队尾指针
}SeqQueue; //队列结构
```

再看下面实现队列相关操作的代码。

```
void QueueInit(SeqQueue *Q)      //队列初始化
{
    Q->head=Q->tail=0;
}
int QueueIsEmpty(SeqQueue Q)    //判断队列是否已空,若空返回1,否则返回0
{
    return Q.head==Q.tail;
}
int QueueIn(SeqQueue *Q,int ch)    //入队列,成功返回1,失败返回0
{
    if((Q->tail+1) % QUEUE_MAXSIZE ==Q->head) //若队列已满
        return 0;   //返回错误;
        Q->Data[Q->tail]=ch; //将数据ch入队列
        Q->tail=(Q->tail+1) % QUEUE_MAXSIZE; //调整队尾指针
    return 1; //成功, 返回1
}
int QueueOut(SeqQueue *Q,int *ch)    //出队列,成功返回1,并用ch返回该元素值,失败返回0
{
    if(Q->head==Q->tail) //若队列为空
        return 0; //返回错误
        *ch=Q->Data[Q->head]; //返回队首元素
        Q->head=(Q->head+1) % QUEUE_MAXSIZE; //调整队首指针
        return 1; //成功出队列, 返回1
}
```

再看下面的代码，定义了一个广度优先遍历主函数 DFSTraverse()，其中参数 G 是一个指向需要遍历的图的指针。

```
void DFSTraverse(MatrixGraph *G) //深度优先遍历
{
    int i;
    for(i=0;i<G->VertexNum;i++) //清除各顶点遍历标志
        G->isTrav[i]=0;
        printf("深度优先遍历节点:");
        for(i=0;i<G->VertexNum;i++)
            if(!G->isTrav[i]) //若该节点未遍历
                DFSM(G,i); //调用函数遍历
    printf("\n");
}
```

在下面的代码中，函数 BFSM()是一个广度优先算法函数，此函数有 2 个参数，其中 G 表示一个指向需要遍历的图的指针，参数 i 是表示遍历的起始顶点序号。首先创建并初始化队列，并标记出了需要遍历的第一个顶点和输出顶点数据。

```
void DFSM(MatrixGraph *G,int i) //从第i个节点开始，深度遍历图
{
    int j;
    G->isTrav[i]=1; //标记该顶点已处理过
    printf("->%c",G->Vertex[i]);//输出节点数据
    //printf("%d->",i); //输出节点序号
    //添加处理节点的操作
    for(j=0;j<G->VertexNum;j++)
        if(G->Edges[i][j]!=MAXVALUE && !G->isTrav[i])
            DFSM(G,j); //递归进行遍历
}
```

5.4.3 实践演练——求一条包含图中所有顶点的简单路径

如果在一个简单路径的图中包含全部顶点，则以下两个因素会影响简单路径是否能顺利查到。

① 选择起点：如图 5-28（a）所示，符合题意的简单路径如图 5-28（b）所示。如果起点为 1，则不能找到符合题意的简单路径。

② 顶点的邻接点次序。

再看图 5-28（b），因为 2 的邻接点选择的是 1，而不是 5，所以即使以 2 为起点，也不能找到符合题意的解。

在基于深度优先搜索的查找算法中，因为在选取起点和邻接点操作时，与顶点和邻接点的存储次序以及算法的搜索次序

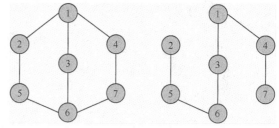

图 5-28 路径

有关，所以不可能根据特定的图给出特定的解决算法。为此在整个搜索中应该允许存在查找失败，此时可以回溯到上一层的方法，继续查找其他路径。

可以使用数组 Path 来保存当前已搜索的简单路径上的顶点，使用计数器 n 来记录当前该路径上的顶点数。可以对深度优先搜索算法进行如下修改。

① 初始化计数器 n，放在 visited 的初始化前后。

② 访问顶点时，将该顶点序号放入数组 Path 中，计数器 n++；判断是否已获得所求路径，是则输出结束，否则继续遍历邻接点。

③ 当访问某顶点的全部邻接点后，如果还没有得到简单路径，则使用回溯，将该顶点置为未访问，计数器为 n--。

根据上述思想，编写的具体算法如下。

```
/* 邻接矩阵表示法, 粗体字部分为在深度优先遍历上的增加或修改的步骤    */
void  Hamilton(MGraph G)
{
for ( i=0; i<G.vexnum; i++ )
    visited[i] = FALSE;
    n = 0;
for ( i=0; i<G.vexnum; i++ )
if ( !visited[i] ) DFS (G, i);
}
    void   DFS(MGraph G, int i)
{
    visited[i] = TRUE;
    Path[n] = i;
    n++;
if ( n == G.vexnum )    Print(Path);/* 符合条件, 输出该简单路径 */
for( j=0; j<G.vexnum; j++ )
if ( G.arcs[i][j].adj && !visited[j])
    DFS( G, j );
    visited[i] = FALSE;
    n--;
}
```

5.4.4　实践演练——求距 v0 的各顶点中最短路径长度最长的一个顶点

由于题意要求计算最短路径，所以可以变成：从 v0 出发进行广度优先搜索，最后一层的顶点距离 v0 的最短路径长度最长。因为广度优先搜索类似于树的按层次遍历，所以需要使用队列来保存本身已访问，但其邻接点尚未全部访问的顶点。在广度优先搜索遍历中，最后一层的顶点一定是最后出队的若干顶点，在队列中最后一个出队的顶点必定是符合题意的顶点。所以只需调用广度优先搜索的算法，就可以将最后出队的元素返回。

根据以上算法分析，编写的算法代码如下所示。

```
int   MaxDistance (MGraph G, int v0 )
{
/* 初始化各顶点的访问标志，设置为未访问        */
for ( i=0; i<G.vexnum; i++ )
        visited[i] = FALSE;
        InitQueue(Q);

/* 不需要考虑其他的连通分量，因为所求的顶点必定与v0在同一个连通分量中 */
        EnQueue (Q, v0 );
        visited[v0] = TRUE;
while( !QueueEmpty(Q) )
{
        DeQueue(Q, v);
        for( w=0; w<G.vexnum; w++ )
if ( G.arcs[v][w].adj && !visited[w] )
{
        visited[w] = TRUE;
        EnQueue(Q, w);
}
}
return(v);
}
```

5.4.5　实践演练——实现图的遍历操作方法

下面将通过一个实例的实现过程，详细讲解实现图的遍历操作方法的具体方法。

实例 5-3　**实现图的遍历操作**
源码路径　光盘\daima\5\bian.c

本实例的实现文件是 bian.c，在里面定义了各种图的遍历方法，具体代码如下所示。

```
#include "Matrixtu.c"
#define QUEUE_MAXSIZE 30 //队列的最大容量
typedef struct
{
        int Data[QUEUE_MAXSIZE]; //数据域
        int head; //队头指针
        int tail; //队尾指针
}SeqQueue; //队列结构
//队列操作函数
void QueueInit(SeqQueue *q); //初始化一个队列
int QueueIsEmpty(SeqQueue q); //判断队列是否空
int QueueIn(SeqQueue *q,int n); //将一个元素入队列
int QueueOut(SeqQueue *q,int *ch); //将一个元素出队列

//图操作函数
void DFSTraverse(MatrixGraph *G); //深度优先遍历
void BFSTraverse(MatrixGraph *G); //广度优先遍历
void DFSM(MatrixGraph *G,int i);
void BFSM(MatrixGraph *G,int i);

void QueueInit(SeqQueue *Q)        //队列初始化
{
        Q->head=Q->tail=0;
}
int QueueIsEmpty(SeqQueue Q)        //判断队列是否已空，若空返回1,否则返回0
{
        return Q.head==Q.tail;
}
```

```
int QueueIn(SeqQueue *Q,int ch)      //入队列，成功返回1，失败返回0
{
    if((Q->tail+1) % QUEUE_MAXSIZE ==Q->head) //若队列已满
        return 0;   //返回错误;
        Q->Data[Q->tail]=ch; //将数据ch入队列
        Q->tail=(Q->tail+1) % QUEUE_MAXSIZE; //调整队尾指针
        return 1; //成功，返回1
}
int QueueOut(SeqQueue *Q,int *ch)      //出队列,成功返回1，并用ch返回该元素值，失败返回0
{
    if(Q->head==Q->tail) //若队列为空
        return 0; //返回错误
    *ch=Q->Data[Q->head]; //返回队首元素
    Q->head=(Q->head+1) % QUEUE_MAXSIZE; //调整队首指针
    return 1; //成功出队列，返回1
}


void DFSTraverse(MatrixGraph *G) //深度优先遍历
{
    int i;
    for(i=0;i<G->VertexNum;i++) //清除各顶点遍历标志
        G->isTrav[i]=0;
        printf("深度优先遍历节点:");
        for(i=0;i<G->VertexNum;i++)
        if(!G->isTrav[i]) //若该节点未遍历
            DFSM(G,i); //调用函数遍历
            printf("\n");

}
void DFSM(MatrixGraph *G,int i) //从第i个节点开始，深度遍历图
{
    int j;
    G->isTrav[i]=1; //标记该顶点已处理过
    printf("->%c",G->Vertex[i]);//输出节点数据
    //添加处理节点的操作
    for(j=0;j<G->VertexNum;j++)
        if(G->Edges[i][j]!=MAXVALUE && !G->isTrav[i])
            DFSM(G,j); //递归进行遍历

}
void BFSTraverse(MatrixGraph *G) //广度优先
{
    int i;
    for (i=0;i<G->VertexNum;i++) //清除各顶点遍历标志
        G->isTrav[i]=0;
        printf("广度优先遍历节点:");
    for (i=0;i<G->VertexNum;i++)
        if (!G->isTrav[i])
            BFSM(G,i);
            printf("\n");
}
void BFSM(MatrixGraph *G,int k) //广度优先遍历
{
    int i,j;
    SeqQueue Q; //创建循环队列
    QueueInit(&Q); //初始化循环队列

    G->isTrav[k]=1; //标记该顶点
    printf("->%c",G->Vertex[k]);  //输出第一个顶点

    //添加处理节点的操作
    QueueIn(&Q,k); //入队列
    while (!QueueIsEmpty(Q)) //队列不为空
    {
        QueueOut(&Q,&i); //出队列
        for (j=0;j<G->VertexNum;j++)
            if(G->Edges[i][j]!=MAXVALUE && !G->isTrav[j])
            {
                printf("->%c",G->Vertex[j]);
                G->isTrav[j]=1;  //标记该顶点
                //处理顶点
                QueueIn(&Q,j); //出队列
            }
    }
}
```

5.4.6 实践演练——实现图的遍历操作

在下面的实例中，为了验证在实例 5-3 的文件 bian.c 中定义的遍历图的方法是否正确，编写了测试文件 bianTest.c 来调用创建的遍历函数，实现对图的遍历操作。

实例 5-4	实现图的遍历操作
	源码路径　光盘\daima\5\bian.c

文件 bianTest.c 的具体实现代码如下所示。

```c
#include <stdio.h>
#include "bian.c"
int main()
{
    MatrixGraph G; //定义保存邻接表结构的图
    int path[VERTEX_MAX];
    int i,j,s,t;
    char select;
    do
    {
        printf("输入生成图的类型(0:无向图,1:有向图):");
        scanf("%d",&G.GraphType); //图的种类
        printf("输入图的顶点数量和边数量:");
        scanf("%d,%d",&G.VertexNum,&G.EdgeNum); //输入图顶点数和边数
        for(i=0;i<G.VertexNum;i++) //清空矩阵
            for(j=0;j<G.VertexNum;j++)
                G.Edges[i][j]=MAXVALUE; //设置矩阵中各元素的值为0
        Createtu(&G); //生成邻接表结构的图
        printf("邻接矩阵数据如下:\n");
        Outtu(&G); //输出邻接矩阵
        DFSTraverse(&G); //深度优先搜索遍历图
        BFSTraverse(&G); //广度优先搜索遍历图
        printf("图遍历完毕，继续进行吗?(Y/N)");
        scanf(" %c",&select);
    }while(select!='N' && select!='n');
    getch();
    return 0;
}
```

执行后的效果如图 5-29 所示。

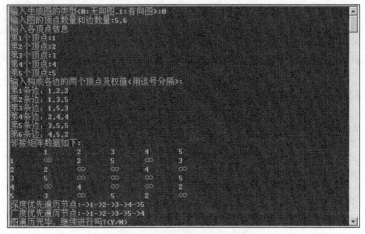

图 5-29　图的遍历操作的执行效果

5.5　图的连通性

知识点讲解：光盘:视频讲解\第 5 章\图的连通性.avi

"连通性"是指从表面结构上描述景观中各单元之间相互联系的客观程度。前面讲解的线性

结构是一对一的关系，只有相邻元素才有关系。在树结构中开始有了分支，所以非相邻的数据可能也有关系，但是只能是父子的关系。为了能够包含自然界的所有数据，以及那些表面看来毫无关系但也可能存在关系的数据，此时线性结构和树已经不够用了，需要用图来保存这些关系，可以将具有各种关系的元素称为有连通性。在本章前面已经介绍了连通图和连通分量的基本概念，在本节的内容中，将介绍判断一个图是否为连通图的知识，并介绍计算连通图的连通分量的方法，为读者学习本书后面的知识打下基础。

5.5.1　无向图连通分量

在对图进行遍历时，在连通图中无论是使用广度优先搜索还是深度优先搜索，只需要调用一次搜索过程。也就是说，只要从任一顶点出发就可以遍历图中的各个顶点。如果是非连通图，则需要多次调用搜索过程，并且每次调用得到的顶点访问序列是各连通分量中的顶点集。

例如，图 5-30（a）所示的是一个非连通图，按照它的邻接表进行深度优先搜索遍历，调用 3 次 DepthFirstSearch() 后得到的访问顶点序列为：

1，2，4，3，9

5，6，7

8，10

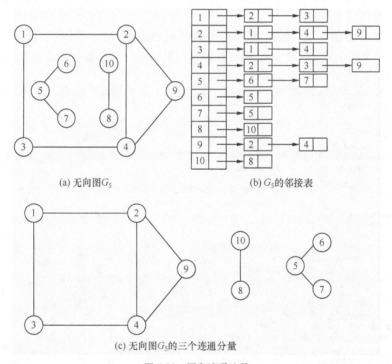

(a) 无向图 G_5　　　　　　　　(b) G_5 的邻接表

(c) 无向图 G_5 的三个连通分量

图 5-30　图和连通分量

可以使用图的遍历过程来判断一个图是否连通。如果在遍历的过程中不止一次地调用搜索过程，则说明该图就是一个非连通图。使用几次调用搜索过程，这个图就有几个连通分量。

5.5.2　最小生成树

最小生成树（Minimum Spanning Tree，MST）是指在一个连通网的所有生成树中，各边的代价之和最小的那棵生成树。为了向大家说明最小生成树的性质，下面举例来讲解。假设 $M=(V,\{E\})$ 是一连通网，U 是顶点集 V 的一个非空子集。如果（u，v）是一条具有最小权值的边，其中 $u \in U$，

$v\in V-U$，则存在一棵包含边（u,v）的最小生成树。

可以使用反证法来证明上述性质：假设不存在这棵包含边（u,v）的最小生成树，如果任取一棵最小生成树 SHU，将（u,v）加入 SHU 中。根据树的性质，此时在 SHU 中肯定形成一个包含（u,v）的回路，并且在回路中肯定有一条边（u',v'）的权值，或大于或等于（u,v）的权值。删除（u,v）后会得到一棵代价小于等于 SHU 的生成树 SHU'，并且 SHU' 是一棵包含边（u,v）的最小生成树。这样就与假设相矛盾了。

上述性质被称为 MST 性质。在现实应用中，可以利用此性质生成一个连通网的最小生成树，常用的普利姆算法和克鲁斯卡尔算法也是利用了 MST 性质。

1. 普里姆算法

假设 $N=(V,\{E\})$ 是连通网，JI 是最小生成树中边的集合，则算法如下所示。

① 初始 $U=\{u_0\}(u_0 \in V)$, $JI=\varnothing$；

② 在所有 $u\in U,v\in V-U$ 的边中选一条代价最小的边（u_0, v_0）并入集合 JI，同时将 v_0 并入 U；

③ 重复步骤②，直到 $U=V$ 为止。

此时在 JI 中肯定包含 $n-1$ 条边，则 $T=(V, \{JI\})$ 为 N 的最小生成树。由此可以看出，普里姆算法会逐步增加 U 中的顶点，这被称为"加点法"。在选择最小边时，可能有多条同样权值的边可选，此时任选其一。

为了实现普里姆算法，需要先设置一个辅助数组 closedge[ ]，用于纪录从 U 到 $V-U$ 具有最小代价的边。因为每个顶点 $v\in V-U$，所以在辅助数组中有一个分量 closedge[v]，它包括两个域 vex 和 lowcost，其中 lowcost 存储该边上的权，则有：

```
closedge[v].lowcoast=Min({cost(u,v)|u∈U})
```

使用 C 语言实现普里姆算法的代码如下所示。

```
struct {
    VertexData  adjvex;
    int         lowcost;
} closedge[MAX_VERTEX_NUM];    /* 求最小生成树时的辅助数组*/
MiniSpanTree_Prim(AdjMatrix  gn,  VertexData  u)

/*从顶点u出发，按普里姆算法构造连通网gn的最小生成树，并输出生成树的每条边*/
{
k=LocateVertex(gn, u);
closedge[k].lowcost=0;   /*初始化，U={u} */
for (i=0;i<gn.vexnum;i++)
  if ( i!=k)   /*对V-U中的顶点i，初始化closedge[i]*/
    {closedge[i].adjvex=u; closedge[i].lowcost=gn.arcs[k][i].adj;}
for (e=1;e<=gn.vexnum-1;e++)   /*找n-1条边(n= gn.vexnum) */
  {
      k0=Minium(closedge);       /* closedge[k0]中存有当前最小边（u0,v0）的信息*/
      u0= closedge[k0].adjvex;   /* u0∈U*/
      v0= gn.vexs[k0]            /* v0∈V-U*/
      printf(u0, v0);            /*输出生成树的当前最小边（u0,v0）*/
      closedge[k0].lowcost=0;    /*将顶点v0纳入U集合*/
      for ( i=0 ;i<vexnum;i++)   /*在顶点v0并入U之后，更新closedge[i]*/
        if ( gn.arcs[k0][i].adj <closedge[i].lowcost)
           { closedge[i].lowcost= gn.arcs[k0][i].adj;
               closedge[i].adjvex=v0;
           }
  }
  }
```

因为在上述普里姆算法算法中有两个 for 循环嵌套，所以它的时间复杂度为 $O(n^2)$。

2. 克鲁斯卡尔算法

假设 $N=(V,\{E\})$ 是连通网，如果将 N 中的边按照权值从小到大的进行排列，则克鲁斯卡尔算法的流程如下所示。

① 将 n 个顶点看成 n 个集合。

② 按照权值小到大的顺序选择边，所选的边的两个顶点不能在同一个顶点集合内，将该边放到生成树边的集合中，同时将该边的两个顶点所在的顶点集合合并。

③ 重复步骤②直到所有的顶点都在同一个顶点集合内。

5.5.3　实践演练——创建一个最小生成树

下面将通过一个实例的实现过程，详细讲解创建一个最小生成树的具体方法。

实例 5-5　创建一个最小生成树

源码路径　　光盘\daima\5\shu.c

实例文件 shu.c 的功能是创建一个最小生成树处理函数，具体实现代码如下所示。

```
#define USED 0      //已使用，加入U集合
#define NOADJ -1    //非邻接顶点
void Prim(MatrixGraph G)//最小生成树
{
    int i,j,k,min,sum=0;
    int weight[VERTEX_MAX];//权值
    char tmpvertex[VERTEX_MAX];//临时顶点信息

    for(i=1;i<G.VertexNum;i++) //保存邻接矩阵中的一行数据
    {
        weight[i]=G.Edges[0][i]; //权值
        if(weight[i]==MAXVALUE)
            tmpvertex[i]=NOADJ; //非邻接顶点
        else
            tmpvertex[i]=G.Vertex[0]; //邻接顶点
    }
    tmpvertex[0]=USED; //将0号顶点并入U集
    weight[0]=MAXVALUE; //设已使用顶点权值为最大值
    for(i=1;i<G.VertexNum;i++)
    {
        min=weight[0]; //最小权值
        k=i;
        for(j=1;j<G.VertexNum;j++) //查找权值最小的一个邻接边
            if(weight[j]<min && tmpvertex[j]>0) //找到具有更小权值的未使用边
            {
                min=weight[j]; //保存权值
                k=j; //保存邻接点序号
            }
        sum+=min;//累加权值
        printf("(%c,%c),",tmpvertex[k],G.Vertex[k]); //输出生成树一条边
        tmpvertex[k]=USED; //将编号为k的顶点并入U集
        weight[k]=MAXVALUE; //已使用顶点的权值为最大值
        for(j=0;j<G.VertexNum;j++) //重新选择最小边
            if(G.Edges[k][j]<weight[j] && tmpvertex[j]!=0) //
            {
                weight[j]=G.Edges[k][j]; //权值
                tmpvertex[j]=G.Vertex[k]; //上一个顶点信息
            }
    }
    printf("\n最小生成树的总权值为:%d\n",sum);
}
```

5.5.4　实践演练——调用最小生成树函数实现操作

下面为了测试上述文件 shu.c 中定义函数的正确性，接下来编写文件 shuTest.c 来测试实例 5-5 中的函数 Prim()。

实例 5-6　调用最小生成树函数实现操作

源码路径　　光盘\daima\5\shuTest.c

文件 shuTest.c 的具体实现代码如下所示。

```
int main()
{
    MatrixGraph G; //定义保存邻接表结构的图
    int path[VERTEX_MAX];
```

```
    int i,j,s,t;
    char select;
    do
    {
        printf("输入生成图的类型(0:无向图,1:有向图):");
        scanf("%d",&G.GraphType); //图的种类
        printf("输入图的顶点数量和边数量:");
        scanf("%d,%d",&G.VertexNum,&G.EdgeNum); //输入图顶点数和边数
        for(i=0;i<G.VertexNum;i++)    //清空矩阵
            for(j=0;j<G.VertexNum;j++)
                G.Edges[i][j]=MAXVALUE; //设置矩阵中各元素的值为0
        Createtu(&G); //生成邻接表结构的图
        printf("邻接矩阵数据如下:\n");
        Outtu(&G);
        printf("最小生成树的边为:\n");
        Prim(G);
        printf("继续进行吗?(Y/N)");
        scanf(" %c",&select);
        getchar();
    }while(select!='N' && select!='n');
    getch();
    return 0;
}
```

执行后的效果如图 5-31 所示。

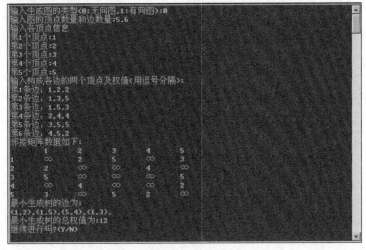

图 5-31　调用最小生成树函数的执行效果

5.5.5　关键路径

关键路径非常重要,其地位犹如象棋中的"将(帅)",即使本方的车马炮全军覆没,只要将对方的"将(帅)"斩首,胜利也将属于你。关键路径之所以重要,是因为他是网络终端元素的序列,该序列具有最长的总工期并决定了整个项目的最短完成时间。

在工程计划和经营管理中经常用到有向图的关键路径,用有向图来表示工程计划的方法有如下两种。

① 用顶点表示活动,用有向弧表示活动间的优先关系。

② 用顶点表示事件,用弧表示活动,弧的权值表示活动所需要的时间。

把上述第二种方法构造的有向无环图称为表示活动的(Activity on Edge,AOE)网。AOE网在工程计划和管理中经常用到。在 AOE 网中有如下两个非常重要的点。

❑ 源点:是一个唯一的、入度为零的顶点。

❑ 汇点:是一个唯一的、出度为零的顶点。

完成整个工程任务所需的时间,是从源点到汇点的最长路径的长度,该路径被称为关键路

径。关键路径上的活动被称为关键活动。如果这些活动中的某一项活动未能按期完成，则会推迟整个工程的完成时间。反之如果能够加快关键活动的进度，则可以提前完成整个工程。

例如，在图 5-32 所示的 AOE 网中一共有 9 个事件，分别对应顶点 v_0，v_1，v_2，…，v_7 和 v_8，在图中仅给出了各顶点的下标。其中，v_0 为源点，表示整个工程可以开始；v_4 表示 a_4 和 a_5 已经完成，a_7 和 a_8 可以开始；v_8 是汇点，表示整个工程结束。$v_0 \sim v_8$ 的最长路径有两条，分别是（v_0，v_1，v_4，v_7，v_8）和（v_0，v_1，v_4，v_6，v_8），长度都是 18。关键活动为（a_1，a_4，a_7，a_{10}）或（a_1，a_2，a_8，a_{11}）。关键活动 a_1 计划用 6 天完成，如果 a_1 提前 2 天完成，则整个工程也提前 2 天完成。

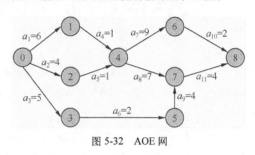

图 5-32　AOE 网

1. 几个相关概念

在讲解关键路径算法之前，接下来将讲解几个重要的相关定义。

（1）事件 v_i 的最早发生时间 $ve(i)$

事件 v_i 的最早发生时间是指从源点到顶点 v_i 的最长路径的长度。可以从源点开始，按照拓扑顺序向汇点递推的方式来计算 $ve(i)$。

```
ve(0)=0;
  ve(i)=Max{ve（k）+dut（<k,i>）}
<k,i>∈T,1≤i≤n-1;
```

其中，T 为所有以 i 为头的弧<k,i>的集合；dut（<k,i>）为与弧<k,i>对应的活动的持续时间。

（2）事件 v_i 的最晚发生时间 $vl(i)$

事件 v_i 的最晚发生时间是指在保证汇点按其最早发生时间发生的前提下，事件 v_i 最晚的发生时间。在求出 $ve(i)$ 的基础上，可从汇点开始，按逆拓扑顺序向源点递推的方式来计算 $vl(i)$。

```
vl(n-1)=ve(n-1);
  vl(i)=Min{vl（k）+dut（<i,k>）}
<i,k>∈S,0≤i≤n-2;
```

其中，S 为所有以 i 为尾的弧<i,k>的集合；dut（<i,k>）为与弧<i,k>对应的活动的持续时间。

（3）活动 a_i 的最早开始时间 $e(i)$

如果活动 a_i 对应的弧为<j,k>，则 $e(i)$ 等于从源点到顶点 j 的最长路径的长度，即 $e(i)=ve(j)$。

（4）活动 a_i 的最晚开始时间 $l(i)$

活动 a_i 的最晚开始时间是指在保证事件 v_k 的最晚发生时间为 $vl(k)$ 的前提下，活动 a_i 的最晚开始时间。

（5）活动 a_i 的松弛时间

活动 a_i 的松弛时间是指 a_i 的最晚开始时间与 a_i 的最早开始时间的差，即 $l(i)-e(i)$。

2. 算法实现

使用 C 语言编写如下拓扑排序算法，能够同时求出每个事件的最早发生时间 $ve(i)$。

```
int ve[MAX_VERTEX_NUM];      /*每个顶点的最早发生时间*/
int TopoOrder(AdjList G,Stack * T)
/* G为有向网，T为返回拓扑序列的栈，S为存放入度为0的顶点的栈*/
{   int count,i,j,k;   ArcNode *p;
    int indegree[MAX_VERTEX_NUM];   /*各顶点入度数组*/

    Stack  S;
    InitStack(T);  InitStack(&S);   /*初始化栈T，S*/
    FindID(G, indegree);  /*求各个顶点的入度*/
    for(i=0;i<G.vexnum;i++)
       if(indegree[i]==0)  Push(&S,i);
          count=0;
    for(i=0;i<G.vexnum;i++)
```

```
           ve[i]=0;      /*初始化最早发生时间*/
    while(!StackEmpty(S))
        {Pop(&S,&j);
         Push(T,j);
         count++;
         p=G.vertex[j].firstarc;
    while(p!=NULL)
                { k=p->adjvex;
                    if(--indegree[k]==0)  Push(&S,k);    /*若顶点的入度减为0,则入栈*/
                    if(ve[j]+p->weight>ve[k])  ve[k]=ve[j]+p->weight;
                        p=p->nextarc;
                } /*while*/
        } /*while*/
     if(count<G.vexnum)         return(Error);
     else    return(Ok);
}
```

有了每个事件的最早发生时间之后,根据这个时间就可以求出每个事件的最迟发生时间。然后就可以进一步求出每个活动的最早开始时间和最晚开始时间,最后就可以求出关键路径了。

使用 C 语言求关键路径的算法代码如下所示。

```
int CriticalPath(AdjList G)
    {   ArcNode   *p;
        int   i,j,k,dut,ei,li;   char tag;
        int   vl[MAX_VERTEX_NUM];        /*每个顶点的最迟发生时间*/
        Stack T;
        if(!TopoOrder(G,&T))   return(Error);
        for(i=0;i<G.vexnum;i++)
                   vl[i]=ve[i];   /*初始化顶点事件的最迟发生时间*/
        while(!StackEmpty(T))    /*按逆拓扑顺序求各顶点的vl值*/
            { Pop(&T,&j);
              p=G.vertex[j].firstarc;
            while(p!=NULL)
                { k=p->adjvex; dut=p->weight;
                    if(vl[k]-dut<vl[j])   vl[j]= vl[k]-dut;
                    p=p->nextarc;
                }
            }
        for(j=0;j<G.vexnum;j++)    /*求ei,li和关键活动*/
            { p=G.vertex[j].firstarc;
               while(p!=NULL)
                { k=p->Adjvex; dut=p->weight;
                  ei=ve[j];li=vl[k]-dut;
                  tag=(ei==li)?'*':' ';
                  printf("%c,%c,%d,%d,%d,%c\n",
                  G.vertex[j].data,G.vertex[k].data,dut,ei,li,tag);   /*输出关键活动*/
                  p=p->nextarc;
                }
            }
        return(Ok);
}
```

上述算法的时间复杂度为 $O(n+e)$,如果用上述算法求图 5-32 中 AOE 网的关键路径,最终结果如图 5-33 所示。

对图 5-32 所示的 AOE 网计算关键路径过程如下所示。

(1) 计算各顶点的最早开始时间

Ve(0)=0

Ve(1)=max{Ve(0)+dut(<0,1>)}=6

Ve(2)=max{Ve(0)+dut(<0,2>)}=4

Ve(3)=max{Ve(0)+dut(<0,3>)}=5

Ve(4)=max{Ve(1)+dut(<1,4>),Ve(2)+dut(<2,4>)}=7

Ve(5)=max{Ve(3)+dut(<3,5>)}=7

Ve(6)=max{Ve(4)+dut(<4,6>)}=16

Ve(7)=max{Ve(4)+dut(<4,7>)}=14

Ve(8)=max{Ve(6)+dut(<6,8>),Ve(7)+dut(<7,8>)}=18

图 5-33 关键路径

（2）计算各顶点的最迟开始时间

Vl(8)=Ve(8)=18

Vl(7)=min{Vl(8)−dut(<7,8>)}=14

Vl(6)=min{Vl(8−dut(<6,8>)}=16

Vl(5)=min{Vl(7)−dut(<5,7>)}=10

Vl(4)=min{Vl(6)−dut(<4,6>),Vl(7)-dut(<4,7>)}=7

Vl(3)=min{Vl(5)−dut(<3,5>)}=8

Vl(2)=min{Vl(4)−dut(<2,4>)}=6

Vl(1)=min{Vl(4)−dut(<1,4>)}=6

Vl(0)=min{Vl(1)−dut(<0,1>),Vl(2)−dut(<0,2>),Vl(3)−dut(<0,3>)}=0

（3）计算各活动的最早开始时间

$e(a_1)$=Ve(0)=0

$e(a_2)$=Ve(0)=0

$e(a_3)$=Ve(0)=0

$e(a_4)$=Ve(1)=6

$e(a_5)$=Ve(2)=4

$e(a_6)$=Ve(3)=5

$e(a_7)$=Ve(4)=7

$e(a_8)$=Ve(4)=7

$e(a_9)$=Ve(5)=7

$e(a_{10})$=Ve(6)=16

$e(a_{11})$=Ve(7)=14

（4）计算各活动的最迟开始时间

$L(a_{11})$=Vl(8)−dut(<7,8>)=14

$L(a_{10})$=Vl(8)−dut(<6,8>)=16

$L(a_9)$=Vl(7)−dut(<5,7>)=10

$L(a_8)$=Vl(7)−dut(<4,7>)=7

$L(a_7)$=Vl(6)−dut(<4,6>)=7

$L(a_6)$=Vl(5)−dut(<3,5>)=8

$L(a_5)$=Vl(4)−dut(<2,4>)=6

$L(a_4)$=Vl(4)−dut(<1,4>)=6

$L(a_3)$=Vl(3)−dut(<0,3>)=3

$L(a_2)$=Vl(2)−dut(<0,2>)=2

$L(a_1)$=Vl(1)−dut(<0,1>)=0

对图 5-32 所示的 AOE 网计算关键路径的结果如表 5-1 所示。

表 5-1　　　　　　　　　　　　　　关键路径计算结果

顶点	V_e	V	活动	e	l	1−e
0	0	0	a_1	0	0	0
1	6	6	a_2	0	2	2
2	4	6	a_3	0	3	3
3	5	8	a_4	6	6	6
4	7	7	a_5	4	6	2

续表

顶点	V_e	V	活动	e	l	$1-e$
5	7	10	a_6	5	8	3
6	16	16	a_7	7	7	0
7	14	14	a_8	7	7	0
8	18	18	a_9	7	10	3
			a_{10}	16	16	0
			a_{11}	14	14	0

由表 5-1 可以看出，图 5-32 所示的 AOE 网有两条关键路径，一条是由 a_1、a_4、a_7、a_{10} 组成的关键路径，另一条是由 a_1、a_4、a_8、a_{11} 组成的关键路径。

5.6 寻求最短路径

📹 知识点讲解：光盘:视频讲解\第 5 章\寻求最短路径.avi

都说两点之间直线最短，那么带权图中什么路径最短呢？带权图的最短路径是指两点间的路径中边权和最小的路径，接下来将和大家一起研究图中最短路径的问题。

5.6.1 求某一顶点到其他各顶点的最短路径

假设有一个带权的有向图 $Y=(V,\{E\})$，Y 中的边权为 $W(e)$。已知源点为 v_0，求 v_0 到其他各顶点的最短路径。例如，在图 5-34（a）所示的带权有向图中，假设 v_0 是源点，则 v_0 到其他各顶点的最短路径如表 5-2 所示，其中各最短路径按路径长度从小到大的顺序排列。

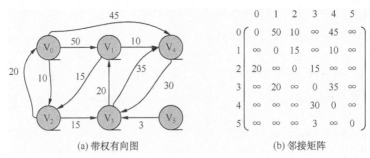

(a) 带权有向图　　　　　　　　　　　　(b) 邻接矩阵

图 5-34　一个带权有向图机器邻接矩阵

表 5-2　　　　　　　　　　　　　　　　v_0 到其他各顶点的最短路径

源点	终点	最短路径	路径长度
	v_2	v_0，v_2	10
	v_3	v_0，v_2，v_3	25
v_0	v_1	v_0，v_2，v_3，v_1	45
	v_4	v_0，v_4	45
	v_5	v_0，v_5	无最短路径

使用 C 语言求某一顶点到其他各顶点的最短路径的算法代码如下所示。

```
typedef SeqList VertexSet;
ShortestPath_DJS(AdjMatrix  g,  int  v0,
WeightType   dist[MAX_VERTEX_NUM],
VertexSet   path[MAX_VERTEX_NUM]  )
/* path[i]中存放顶点i的当前最短路径。dist[i]中存放顶点i的当前最短路径长度*/
{ VertexSet  s;    /* s为已找到最短路径的终点集合*/
for ( i =0;i<g.vexnum ;i++)          /*初始化dist[i]和path [i] */
```

```
        { InitList(&path[i]);
          dist[i]=g.arcs[v0][i];
          if ( dist[i]<MAX)
            { AddTail(&path[i],   g.vexs[v0]);    /* AddTail为表尾添加操作*/
              AddTail(&path[i],   g.vexs[i]);
            }
}
InitList(&s);
AddTail(&s,   g.vexs[v0]);          /* 将v0看成第一个已找到最短路径的终点*/
for ( t = 1 ;t<=g.vexnum-1; t++)    /*求v0到其余n-1个顶点的最短路径(n= g.vexnum )*/
   { min=MAX;
     for ( i =0; i<g.vexnum;i++)
if (! Member(g.vex[i],    s) && dist[i]<min )   {k =i; min=dist[i];}
     AddTail(&s,   g.vexs[k]);
     for ( i =0; i<g.vexnum;i++)        /*修正dist[i],   i∈V-S*/
       if (!Member(g.vex[i],   s) && (dist[k]+ g.arcs [k][i]<dist[i]))
          {dist[i]=dist[k]+ g.arcs [k][i];
           path[i]=path[k];
           AddTail(&path[i],  g.vexs[i]);
}
}
}
```

上述算法的时间复杂度为 $O(n^2)$。

5.6.2   任意一对顶点间的最短路

前面介绍的方法只能求出源点到其他顶点的最短路径，怎样计算任意一对顶点间的最短路径呢？正确的做法是将每一顶点作为源点，然后重复调用迪杰斯特拉（Dijkstra）算法 n 次即可实现，这种做法的时间复杂度为 $O(n^3)$。由此可见，这种做法的效率并不高。伟大的古人费洛伊德创造了一种形式更加简洁的弗洛伊德算法来解决这个问题。虽然弗洛伊德算法的时间复杂度也是 $O(n^3)$，但是整个过程非常简单。

弗洛伊德算法会按如下步骤同时求出图 G（假设图 G 用邻接矩阵法表示）中任意一对顶点 v_i 和 v_j 间的最短路径。

（1）将 v_i 到 v_j 的最短的路径长度初始化为 g.arcs[i][j]，接下来开始 n 次比较和修正。

（2）在 v_i、v_j 之间加入顶点 v_0，比较 (v_i,v_0,v_j) 和 (v_i, v_j) 的路径的长度，用其中较短的路径作为 v_i 到 v_j 的且中间顶点号不大于 0 的最短路径。

（3）在 v_i、v_j 之间加入顶点 v_1，得到 $(v_i, \cdots , v_1)$ 和 $(v_1, \cdots, v_j)$，其中 $(v_i, \cdots,v_1)$ 是 v_i 到 v_1 的并且中间顶点号不大于 0 的最短路径，$(v_1, \cdots,v_j)$ 是 v_1 到 v_j 的并且中间顶点号不大于 0 的最短路径，这两条路径在步骤（2）中已求出。将 $(v_i,\cdots,v_1,\cdots,v_j)$ 与步骤（2）中已求出的最短路径进行比较，这个最短路径满足下面的两个条件。

❑ v_i 到 v_j 中间顶点号不大于 0 的最短路径。

❑ 取其中较短的路径作为 v_i 到 v_j 的且中间顶点号不大于 1 的最短路径。

（4）在 v_i、v_j 之间加入顶点 v_2，得 $(v_i,\cdots,v_2)$ 和 $(v_2,\cdots,v_j)$，其中 $(v_i,\cdots,v_2)$ 是 v_i 到 v_2 的且中间顶点号不大于 1 的最短路径，$(v_2,\cdots,v_j)$ 是 v_2 到 v_j 的且中间顶点号不大于 1 的最短路径，这两条路径在步骤（3）中已经求出。将 $(v_i,\cdots,v_2,\cdots,v_j)$ 与步骤（3）中已求出的最短路径进行比较，这个最短路径满足下面的条件。

❑ v_i 到 v_j 中间顶点号不大于 1 的最短路径。

❑ 取其中较短的路径作为 v_i 到 v_j 的且中间顶点号不大于 2 的最短路径。

这样依次类推，经过 n 次比较和修正后来到步骤 $(n-1)$，会求得 v_i 到 v_j 的且中间顶点号不大于 $n-1$ 的最短路径，这肯定是从 v_i 到 v_j 的最短路径。

图 G 中所有顶点的偶数对 v_i、v_j 间的最短路径长度对应一个 n 阶方阵 $\boldsymbol{D}$。在上述 $n+1$ 步中，$\boldsymbol{D}$ 的值不断变化，对应一个 n 阶方阵序列。定义格式如下所示。

n 阶方阵序列：D^{-1}, D^0, D^1, D^2, $\cdots D^{N-1}$

其中：

$D^{-1}[i][j] = $ g.arcs[i][j]

$D^k[i][j] = \min\{D^{k-1}[i][j], D^{k-1}[i][k] + D^{k-1}[k][j]\}$ $0 \leqslant k \leqslant n-1$

在此 D^{n-1} 中为所有顶点的偶数对 v_i、v_j 间的最终最短路径长度。

使用 C 语言实现弗洛依德算法的代码如下所示。

```
typedef    SeqList    VertexSet;
ShortestPath_Floyd(AdjMatrix    g,
WeightType    dist [MAX_VERTEX_NUM] [MAX_VERTEX_NUM],
VertexSet    path[MAX_VERTEX_NUM] [MAX_VERTEX_NUM] )
/* g为带权有向图的邻接矩阵表示法，path [i][j]表示vi到vj的当前最短路径，dist[i][j]为vi到vj的当前最短路径长度*/
{
for (i=0; i<g.vexnumn; i++)
for (j =0;j<g.vexnum; j++)
    {         /*初始化dist[i][j]和path[i][j] */
    InitList(&path[i][j]);
    dist[i][j]=g.arcs[i][j];
    if (dist[i][j]<MAX)
       {AddTail(&path[i][j],    g.vexs[i]);
       AddTail(&path[i][j],    g.vexs[j]);
       }
    }
for (k =0;k<g.vexnum;k++)
  for (i =0;i<g.vexnum;i++)
    for (j=0;j<g.vexnum;j++)
      if (dist[i][k]+dist[k][j]<dist[i][j])
         {
         dist[i][j]=dist[i][k]+dist[k][j];
         paht[i][j]=JoinList(paht[i][k], paht[k][j]);
         }    /*JoinList为合并线性表操作*/
}
```

例如有向图 G_6 的带权邻接矩阵和带权有向图如图 5-35 所示。如果对 G_6 进行迪杰斯特拉算法，则得到从 v_0 到其余各顶点得最短路径，以及运算过程中 D 向量的变化状况，具体过程如表 5-3 所示。

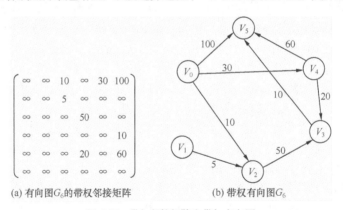

(a) 有向图G_6的带权邻接矩阵   (b) 带权有向图G_6

图 5-35   带权邻接矩阵和带权有向图

表 5-3   最短路径求解过程

终点	从 v_0 到各终点的 D 值和最短路径的求解过程				
	i=1	i=2	i=3	i=4	i=5
v_1	∞	∞	∞	∞	无
v_2	10 (v_0,v_2)				
v_3	∞	60 (v_0,v_2,v_3)	50 (v_0,v_4,v_5)		
v_4	30 (v_0,v_4)	30 (v_0,v_4)			

终点	从 v_0 到各终点的 D 值和最短路径的求解过程				
	$i=1$	$i=2$	$i=3$	$i=4$	$i=5$
v_5	100 (v_0,v_5)	100 (v_0,v_5)	90 (v_0,v_4,v_5)	60 (v_0,v_4,v_3,v_5)	
v_j	v_2	v_4	v_3	v_5	
S	$\{v_0,v_2\}$	$\{v_0,v_2,v_4\}$	$\{v_0,v_2,v_3,v_4\}$	$\{v_0,v_2,v_3,v_4,v_5\}$	

5.6.3 实践演练——创建最短路径算法函数

下面将通过一个实例的实现过程，详细讲解创建最短路径算法函数的具体方法。

实例 5-7　创建最短路径算法函数
　　　　　　源码路径　光盘\daima\5\duan.c

在实例文件 duan.c 中创建了函数 duan()，通过此函数可以计算邻接矩阵的最短路径，具体实现代码如下所示。

```c
void duan(MatrixGraph G)
{
    int weight[VERTEX_MAX];//某源点到各顶点的最短路径长度
    int path[VERTEX_MAX];//某源点到终点经过的顶点集合的数组
    int tmpvertex[VERTEX_MAX];//最短路径的终点集合
    int i,j,k,v0,min;
    printf("\n输入源点的编号:");
    scanf("%d",&v0);
    v0--; //编号自减1(因数组是从0开始)
    for(i=0;i<G.VertexNum;i++) //初始辅助数组
    {
        weight[i]=G.Edges[v0][i]; //保存最小权值
        if(weight[i]<MAXVALUE && weight[i]>0) //有效权值
            path[i]=v0; //保存边
            tmpvertex[i]=0; //初始化顶点集合为空
    }
    tmpvertex[v0]=1; //将顶点v0添加到集合U中
    weight[v0]=0; //将源顶点的权值设为0
    for(i=0;i<G.VertexNum;i++)
    {
        min=MAXVALUE; //将min中保存一个最大值
        k=v0; //源顶点序号
        for(j=0;j<G.VertexNum;j++) //在集合U中找未用顶点的最小权值
            if(tmpvertex[j]==0 && weight[j]<min)
            {
                min=weight[j];
                k=j;
            }
        tmpvertex[k]=1;    //将顶点k加入集合U
        for(j=0;j<G.VertexNum;j++) //以顶点k为中间点，重新计算权值
            if(tmpvertex[j]==0 && weight[k]+G.Edges[k][j]<weight[j]) //有更小权值的路径
            {
                weight[j]=weight[k]+G.Edges[k][j]; //更新权值
                path[j]=k;
            }
    }
    printf("\n顶点%c到各顶点的最短路径是(终点 < 源点):\n",G.Vertex[v0]);
    for(i=0;i<G.VertexNum;i++)//输出结果
    {
        if(tmpvertex[i]==1)
        {
            k=i;
            while(k!=v0)
            {
                j=k;
                printf("%c < ",G.Vertex[k]);
                k=path[k];
            }
            printf("%c\n",G.Vertex[k]);
        }else
            printf("%c<-%c:无路径\n",G.Vertex[i],G.Vertex[v0]);
    }
}
```

5.6.4　实践演练——调用最短路径算法实现测试

为了验证实例 5-7 中文件 duan.c 的最短路径函数是否正确，下面编写文件 duanTest.c，在里面调用函数 duan()实现测试功能。

实例 5-8	调用最短路径算法实现测试
	源码路径　光盘\daima\5\duanTest.c

文件 duanTest.c 的具体实现代码如下所示。

```c
#include <stdio.h>
#include "Matrixtu.c"
#include "duan.c"
int main()
{
    MatrixGraph G; //定义保存邻接表结构的图
    int path[VERTEX_MAX];
    int i,j,s,t;
    char select;
    do
    {
        printf("输入生成图的类型(0:无向图,1:有向图):");
        scanf("%d",&G.GraphType); //图的种类
        printf("输入图的顶点数量和边数量:");
        scanf("%d,%d",&G.VertexNum,&G.EdgeNum); //输入图顶点数和边数
        for(i=0;i<G.VertexNum;i++)   //清空矩阵
            for(j=0;j<G.VertexNum;j++)
                G.Edges[i][j]=MAXVALUE; //设置矩阵中各元素的值为0
        Createtu(&G); //生成邻接表结构的图
        printf("邻接矩阵数据如下:\n");
        Outtu(&G);
        printf("最短路径:\n");
        duan(G);
        printf("继续进行吗?(Y/N)");
        scanf(" %c",&select);
        getchar();
    }while(select!='N' && select!='n');
    getch();
    return 0;
}
```

执行后的效果如图 5-36 所示。

图 5-36　测试最短路径算法的执行效果

5.7　技术解惑

5.7.1　几种最短路径算法的比较

最短路径问题是图论研究中的一个经典算法问题，旨在寻找图（由节点和路径组成的）中

两节点之间的最短路径。算法具体的形式有如下几种。

- ❑ 确定起点的最短路径问题：即已知起始节点，求最短路径的问题。
- ❑ 确定终点的最短路径问题：与确定起点的问题相反，该问题是已知终结节点，求最短路径的问题。在无向图中该问题与确定起点的问题完全等同，在有向图中该问题等同于把所有路径方向反转的确定起点的问题。
- ❑ 确定起点终点的最短路径问题：即已知起点和终点，求两节点之间的最短路径。
- ❑ 全局最短路径问题：求图中所有的最短路径。

（1）弗洛伊德算法

弗洛伊德算法用于求多源、无负权边的最短路径，用矩阵记录图，时效性较差，时间复杂度 $O(n^3)$，空间复杂度为 $O(n^2)$。它是解决任意两点间的最短路径的一种算法，可以正确处理有向图或负权的最短路径问题。

弗洛伊德算法的原理是动态规划：

设 $D_{i,j,k}$ 为从 i 到 j 的只以（1, …, k）集合中的节点为中间节点的最短路径的长度。

如果最短路径经过点 k，则 $D_{i,j,k} = D_{i,k,k-1} + D_{k,j,k-1}$；

如果最短路径不经过点 k，则 $D_{i,j,k} = D_{i,j,k-1}$。

因此，D_i, D_j, $D_k = \min(D_{i,k,k-1} + D_{k,j,k-1}, D_{i,j,k-1})$。

在实际算法中，为了节约空间，可以直接在原来空间上进行迭代，这样空间可降至二维。

弗洛伊德算法的描述如下：

```
for k <-1 to n do
for i <- 1 to n do
for j <- 1 to n do
if (Di,k + Dk,j < Di,j) then
Di,j <- Di,k + Dk,j;
```

其中，$D_{i,j}$ 表示由点 i 到点 j 的代价，当 $D_{i,j}$ 为 ∞ 表示两点之间没有任何连接。

（2）迪杰斯特拉

迪杰斯特拉算法用于求单源、无负权的最短路，时效性较好，时间复杂度为 $O(V \times V + E)$。源点可达的话，$O(V \times \lg V + E \times \lg V) \geqslant O(E \times \lg V)$。

当是稀疏图的情况时，此时 $E = V \times V / \lg V$，所以算法的时间复杂度可为 $O(V^2)$。若是斐波那契堆作为优先队列的话，算法时间复杂度则为 $O(V \times \lg V + E)$。

（3）Bellman-Ford 算法

Bellman-Ford 算法用于求单源最短路，可以判断有无负权回路（若有，则不存在最短路），时效性较好，时间复杂度 $O(VE)$。它是求解单源最短路径问题的一种算法。

单源点的最短路径问题是指：给定一个加权有向图 G 和源点 s，对于图 G 中的任意一点 v，求从 s 到 v 的最短路径。

与迪杰斯特拉算法不同的是，在 Bellman-Ford 算法中，边的权值可以为负数。设想从图中找到一个环路（即从 v 出发，经过若干个点之后又回到 v）且这个环路中所有边的权值之和为负。那么通过这个环路，环路中任意两点的最短路径就可以无穷小下去。如果不处理这个负环路，程序就会永远运行下去。而 Bellman-Ford 算法具有分辨这种负环路的能力。

（4）队列优化算法（Shortest Path Faster Algorithm, SPFA）

是 Bellman-Ford 的队列优化，时效性相对好，时间复杂度 $O(kE)$，其中 $k << V$。

与 Bellman-ford 算法类似，SPFA 采用一系列的松弛操作以得到从某一个节点出发到达图中其他所有节点的最短路径。所不同的是，SPFA 通过维护一个队列，使得一个节点的当前最短路径被更新之后没有必要立刻去更新其他的节点，从而大大减少了重复的操作次数。

SPFA 算法可以用于存在负数边权的图，这与迪杰斯特拉算法是不同的。

与迪杰斯特拉算法和 Bellman-ford 算法都不同，SPFA 的算法时间效率是不稳定的，即它对于不同的图所需要的时间有很大的差别。

在最好情形下，每一个节点都只入队一次，则算法实际上变为广度优先遍历，其时间复杂度仅为 $O(E)$。另一方面，存在这样的例子，使得每一个节点都被入队 $(V-1)$ 次，此时算法退化为 Bellman-ford 算法，其时间复杂度为 $O(VE)$。

SPFA 在负边权图上可以完全取代 Bellman-ford 算法，另外在稀疏图中也表现良好。但是在非负边权图中，为了避免最坏情况的出现，通常使用效率更加稳定的迪杰斯特拉算法，以及它的使用堆优化的版本。通常的 SPFA 在一类网格图中的表现不尽如人意。

5.7.2　邻接矩阵与邻接表的对比

（1）在邻接表中，每个线性连接表中各个节点的顺序是任意的。

（2）只使用邻接表中的各个线性链接表，不能说明它们顶点之间的邻接关系。

（3）在无向图中，某个顶点的度数=该顶点对应的线性链接表的节点数；在有向图中，某个顶点的出度数=该顶点对应的线性链表的节点数。

为了让读者分清邻接矩阵与邻接表，下面对两者进行了对比。假设图为 G，顶点数为 n，边数为 e，邻接矩阵与邻接表的对比信息如表 5-4 所示。

表 5-4　　　　　　　　　　　　邻接矩阵与邻接表的对比

对比项目	邻接矩阵	邻接表
存储空间	$O(n+n_2)$	$O(n+e)$
创建图的算法	$T_1(n)=O(e+n_2)$ 或 $T_2(n)=O(e\times n+n_2^2)$	$T_1(n)=O(n+e)$ 或 $T_2(n)=O(e\times n)$
在无向图中求第 i 顶点的度	$\sum\limits_{j=0}^{n-1}$G.arcs[i][j].adj （第 i 行之和）或 $\sum\limits_{j=0}^{n-1}$G.arcs[j][i].adj （第 i 列之和）	G.vertices[i].firstarc 所指向的邻接表包含的节点个数
在无向网中求第 i 顶点	第 i 行/列中 adj 值不为 INFINITY 的元素个数	
在有向图中求第 i 顶点的入/出度	入度为：$\sum\limits_{j=0}^{n-1}G.arcs[j][i].adj$ （第 i 列）；出度为：$\sum\limits_{j=0}^{n-1}G.arcs[i][j].adj$ （第 i 行）；	入度：扫描各顶点的邻接表，统计表节点中 adjvex 为 i 的表节点个数：$T(n)=O(n+e)$。出度：G.vertices[i].firstarc 所指向的邻接表包含的节点个数
在有向网中求第 i 顶点的入/出度	入度为：第 i 列中 adj 值不为 INFINITY 的元素个数 出度为：第 i 行中 adj 值不为 INFINITY 的元素个数	
统计边/弧数	无向图：$\dfrac{1}{2}\sum\limits_{i=0}^{n-1}\sum\limits_{j=0}^{n-1}$G.arcs[i][j].adj ；无向网：G.arcs 中 adj 值不为 INFINITY 的元素个数的一半；有向图：$\sum\limits_{i=0}^{n-1}\sum\limits_{j=0}^{n-1}$G.arcs[i][j].adj ；有向网：G.arcs 中 adj 值不为 INFINITY 的元素个数	无向图/网：图中表节点数目的一半；有向图/网：图中表节点的数目

在表 5-4 中，$T_1(n)$ 是指在输入边/弧时，输入的顶点信息是顶点的编号；而 $T_2(n)$ 是指在输入边/弧时，输入的是顶点本身的信息，此时需要查找顶点在图中的位置。

5.7.3 如何表示有向图的十字链表存储

有向图的十字链表存储代码如下所示。

```
const MAX_VERTEX_NUM = 20;
typedef struct ArcBox {        // 弧节点结构定义
  int tailvex, headvex;        // 该弧的尾和头顶点的位置
  struct ArcBox *hlink, *tlink; // 分别为弧头相同和弧尾相同的弧的链域
  VRType weight;               // 与弧相关的权值，无权则为0
  InfoType *info;              // 该弧相关信息的指针
} ArcBox;
typedef struct VexNode {       // 顶点节点结构定义
  VertexType data;
  ArcBox *firstin, *firstout;  // 分别指向该顶点第一条入弧和出弧
} VexNode;
typedef struct {               // 十字链表结构定义
  VexNode xlist[MAX_VERTEX_NUM]; // 表头向量
  int vexnum, arcnum;          // 有向图的当前顶点数和弧数
  GraphKind kind;              // 图的种类标志
} OLGraph;
```

5.7.4 比较深度优先算法和广度优先算法

深度优先搜索不保证第一次碰到某个状态时，找到的就是到这个状态的最短路径。在这个算法的后期，可能发现任何状态的不同路径。如果路径长度是问题求解所关心的，那么当算法碰到一个重复状态时，这个算法应该保存沿最短路径到达的版本。这可以通过把每个状态保存成一个三元组（状态，双亲，路径长度）来实现。当产生孩子时，路径长度值会加 1，并且算法会把它和这个孩子保存在一起。如果沿多条路径到达了同一个孩子，那么可以用这个信息来保留最好的版本。在简单的深度优先搜索中保留一个状态的最佳版本不能保证是沿最短路径到达目标。

与选择数据驱动搜索还是目标驱动搜索一样，选取深度优先搜索还是广度优先搜索依赖于要解决的具体问题。要考虑的主要特征包括发现目标的最短路径的重要性、空间的分支因子、计算时间的可行性、计算空间的可用性、到达目标节点的平均路径长度以及需要所有解还是仅仅需要第一个发现的解。对于以上这些要素，每种方法都有其优势和不足。

广度优先因为广度优先搜索总是在分析第 $n+1$ 层之前分析第 n 层上的所有节点，所以广度优先搜索找到的到达目标节点的路径总是最短的。在已经知道存在一个简单解的问题中，广度优先搜索可以保证发现这个解。不幸的是，如果存在一个不利的分支因子，也就是各个状态都有相对很多个后代，那么数目巨大的组合数可能使算法无法在现有可用内存的条件下找到解。这是由每一层的未展开节点都必须存储在 open（开放空间）中这一事实造成的。对于很深的搜索，或状态空间的分支因子很高的情况，这个问题可能变得非常棘手。

如果每个状态平均有 B 个孩子，那么在一个给定层上的状态数是上一层状态数的 B 倍。这样在第 n 层上的状态数为 Bn。当广度优先搜索开始分析第 n 层时，它要把所有这些状态放入 open 中。例如，在国际象棋游戏中，当解路径很长时，这可能是不允许的。

深度优先搜索可以迅速地深入搜索空间。如果已知解路径很长，那么深度优先搜索不会浪费时间来搜索图中的大量"浅层"状态。另一方面，深度优先搜索可能在深入空间时"迷失"，错过了到达目标的更短路径，甚至会陷入一直不能到达目标的无限长路径中。

选择深度优先搜索还是广度优先搜索的最佳答案是仔细分析问题空间并向这个领域的专家咨询。例如，对于国际象棋来说，广度优先搜索就是不可能的。在更简单的游戏中，广度优先搜索不仅是可能的，而且可能是避免迷失的唯一方法。

第 6 章

查找算法

本书前面几章已经介绍了数据结构的基本知识，包括线性表、树、图结构，并讨论了这些结构的存储映象，以及相应的运算。从本章开始，将详细介绍数据结构中查找和排序的基本知识，为读者学习本书后面的知识打下基础。

6.1　几个相关概念

📹 知识点讲解：光盘:视频讲解\第 6 章\几个相关概念.avi

在学习查找算法之前，需要先理解以下几个概念。

（1）列表：是由同一类型的数据元素或记录构成的集合，可以使用任意数据结构实现。

（2）关键字：是数据元素的某个数据项的值，能够标识列表中的一个或一组数据元素。如果一个关键字能够唯一标识列表中的一个数据元素，则称其为主关键字，否则称为次关键字。当数据元素中仅有一个数据项时，数据元素的值就是关键字。

（3）查找：根据指定的关键字的值，在某个列表中查找与关键字值相同的数据元素，并返回该数据元素在列表中的位置。如果找到相应的数据元素，则查找是成功的，否则查找是失败的，此时应返回空地址及失败信息，并可根据要求插入这个不存在的数据元素。显然，查找算法中涉及了如下 3 类参量。

① 查找对象 K，即具体找什么。

② 查找范围 L，即在什么地方找。

③ K 在 L 中的位置，即查找的结果是什么。

其中，①、②是输入参量，③是输出参量。在函数中不能没有输入参量，可以使用函数返回值来表示输出参量。

（4）平均查找长度：为了确定数据元素在列表中的位置，需要将关键字个数的期望值与指定值进行比较，这个期望值被称为查找算法在查找成功时的平均查找长度。如果列表的长度为 n，查找成功时的平均查找长度为：

$$ASL = P_1C_1 + P_2C_2 + \cdots + P_nC_n = \sum_{i=1}^{n} P_iC_i$$

式中，P_i：表示查找列表中第 i 个数据元素的概率；C_i 为当找到列表中第 i 个数据元素时，已经进行过的关键字比较次数。因为查找算法的基本运算是在关键字之间进行比较，所以可用平均查找长度来衡量查找算法的性能。

查找的基本方法可分为两大类，分别是比较式查找法和计算式查找法。其中，比较式查找法又可以分为基于线性表的查找法和基于树的查找法，通常将计算式查找法称为哈希（Hash）查找法。

6.2　基于线性表的查找法

📹 知识点讲解：光盘:视频讲解\第 6 章\基于线性表的查找法.avi

线性表是一种最简单的数据结构，线性表中的查找方法可分为 3 种，分别是顺序查找法、折半查找法和分块查找法。在下面的内容中，将分别介绍上述这 3 种查找方法的基本知识。

6.2.1　顺序查找法

顺序查找法的特点是逐一比较指定的关键字与线性表中的各个元素的关键字，一直到查找成功或失败为止。下面是使用 C 语言定义顺序结构有关数据类型的代码。

```
#define LIST_SIZE 20
typedef struct {
        KeyType key;
        OtherType other_data;
        } RecordType;
typedef struct {
```

```
            RecordType   r[LIST_SIZE+1];   /* r[0]为工作单元 */
            int length;
        } RecordList;
```

基于顺序结构算法的代码如下所示。

```
int SeqSearch（RecordList l,   KeyType k）
/*在顺序表l中顺序查找其关键字等于k的元素，若找到，则函数值为该元素在表中的位置，否则为0*/
{
        l.r[0].key=k;   i=l.length;
        while (l.r[i].key!=k)   i--;
        return（i）;
}
```

其中将 l.r[0]称为监视哨，能够防止越界。不用监视哨的算法代码如下所示。

```
int SeqSearch（RecordList l,   KeyType k）
/*不用监视哨法，在顺序表中查找关键字等于k的元素*/
{
        l.r[0].key=k;   i=l.length;
        while (i>=1&&l.r[i].key!=k)   i--;
        if (i>=1) return（i）
else return (0);
}
```

其中，循环条件 i>=1 用于判断查找是否越界。如果使用了监视哨，就可以省去这个循环条件，从而提高了查找效率。

接下来用平均查找长度来分析顺序查找算法的性能。假设一个列表的长度为 n，如果要查找里面第 i 个数据元素，则需进行 $n-i+1$ 次比较，即 $C_i=n-i+1$。假设查找每个数据元素的概率相等，即 $P_i=1/n$，则顺序查找算法的平均查找长度为：

$$ASL = \sum_{i=1}^{n} P_i C_i = \frac{1}{n}\sum_{i=1}^{n} C_i = \frac{1}{n}\sum_{i=1}^{n}(n-i+1) = \frac{1}{2}(n+i)$$

6.2.2　实践演练——实现顺序查找算法

下面将通过一个实例的实现过程，详细讲解实现顺序查找算法的具体方法。

实例 6-1　**实现顺序查找算法**

源码路径　光盘\daima\6\chazhao.c

本实例的实现文件是 chazhao.c，其功能是当用户输入一个要查找的数字后会在指定数组中进行检索，然后输出查找结果。文件 chazhao.c 的具体实现代码如下所示。

```
#include <stdio.h>
#define ARRAYLEN 8
int source[]={63,61,88,37,92,32,28,54};

int chazhao(int s[],int n,int key)
{
        int i;
        for(i=0;i<n && s[i]!=key;i++)
            ;
        if(i<n)
            return i;
        else
            return -1;
}

int main()
{
        int key,i,pos;
        printf("输入关键字:");
        scanf("%d",&key);
        pos=chazhao(source,ARRAYLEN,key);
        printf("原数据表:");
        for(i=0;i<ARRAYLEN;i++)
            printf("%d ",source[i]);
            printf("\n");
        if(pos>=0)
            printf("查找成功,该关键字位于数组的第%d个位置。\n",pos);
```

```
        else
            printf("查找失败!\n");
            getch();
            return 0;
}
```

在函数 chazhao()中有如下 3 个参数。

❑　s：是静态查找表，用数组表示。

❑　n：表示静态查找表中数据元素的数量。

❑　key：是查找的关键字。

在上述代码中，通过如下代码实现了循环检索处理。

```
    for(i=0;i<n && s[i]!=key;i++)        //循环查找关键字
        ;                                //空循环
```

执行后的效果如图 6-1 所示。

图 6-1　顺序查找算法的执行效果

6.2.3　实践演练——改进的顺序查找算法

实例 6-1 中，每循环一次都会进行 i<n 和!=key 这两个比较操作。如果在查找表中有很多个数据，就会需要较长的时间来完成查找功能，这样会降低程序的的效率。接下来开始尝试对上面的算法进行改进，实现改进处理的实现文件是 chazhao1.c。当在文件中创建静态查找表时，会在表的末端增加一个空的单元以保存查找的关键字，这样就不需要使用条件 i<n 进行判断了，并且在每次查找时总能在查找表中查找到关键字。

实例 6-2	改进的顺序查找算法
	源码路径　　光盘\daima\6\chazhao1.c

文件 chazhao1.c 的具体实现代码如下所示。

```c
#include <stdio.h>
#define ARRAYLEN 8
int source[ARRAYLEN+1]={61,62,90,33,88,6,28,54};

int chazhao(int s[],int n,int key)
{
    int i;
    for(i=0;s[i]!=key;i++)
        ;
    if(i<n)
        return i;
    else
        return -1;
}

int main()
{
    int key,i,pos;
    printf("输入关键字:");
    scanf("%d",&key);
    source[ARRAYLEN]=key; //保存key值到最后一个元素
    pos=chazhao(source,ARRAYLEN,key);
    printf("原数据表:");
    for(i=0;i<ARRAYLEN;i++)
        printf("%d ",source[i]);
        printf("\n");
    if(pos>=0)
        printf("查找成功，该关键字位于数组的第%d个位置。\n",pos);
    else
        printf("查找失败!\n");
    getch();
```

```
    return 0;
}
```

执行后的效果如图 6-2 所示。

图 6-2 改进的顺序查找算法的执行效果

6.2.4 折半查找法

折半查找法又被称为二分法查找法，此方法要求待查找的列表必须是按关键字大小有序排列的顺序表。折半查找法的查找过程如下所示。

① 将表中间位置记录的关键字与查找关键字比较，如果两者相等则表示查找成功；否则利用中间位置记录将表分成前、后两个子表。

② 如果中间位置记录的关键字大于查找关键字，则进一步查找前一个子表，否则查找后一个子表。

③ 重复以上过程，一直到找到满足条件的记录为止，此时表明查找成功。

④ 如果最终子表不存在，则表明查找不成功。

使用 C 语言实现折半查找算法的实现代码如下所示。

```
int BinSrch（SqList l， KeyType k）
/*在有序表l中折半查找其关键字等于k的元素，若找到，则函数值为该元素在表中的位置*/
{
        low=1;high=l.length;/*置区间初值*/
        while( low<=high)
           {
             mid=(low+high) / 2;
             if  (k==l.r[mid]. key)  return（mid）;/*找到待查元素*/
             else  if (k<l.r[mid]. key)   high=mid-1;/*未找到，则继续在前半区间进行查找*/
             else  low=mid+1;/*继续在后半区间进行查找*/
           }
        return (0);
}
```

接下来用平均查找长度来分析折半查找算法的性能，可以使用一个被称为判定树的二叉树来描述折半查找过程。首先验证树中的每一个节点对应表中一个记录，但是节点值不是用来记录关键字的，而是用于记录在表中的位置序号。根节点对应当前区间的中间记录，左子树对应前一个子表，右子树对应后一个子表。当折半查找成功时，关键字的比较次数不会超过判定树的深度。因为判定树的叶节点和所在层次的差是 1，所以 n 个节点的判定树的深度与 n 个节点的完全二叉树的深度相等，都是 $\log_{2n}+1$。这样，折半查找成功时，关键字比较次数最多不超过$\log_{2n}+1$。相应地，当折半查找失败时，其整个过程对应于判定树中从根节点到某个含空指针的节点的路径。所以当折半查找成功时，关键字比较次数也不会超过判定树的深度 $\log_{2n}+1$。可以假设表的长 $n=2h-1$，则判定树一定是深度为 h 的满二叉树，即 $\log_{2n}+1$。又假设每个记录的查找概率相等，则折半查找成功时的平均查找长度为：

$$ASL_{bs} = \sum_{i-1}^{n} P_i C_i = \frac{1}{n}\sum_{i-1}^{n} j \times 2^{j-1} = \frac{n+1}{n}\log_2(n+1)-1$$

在此假设将长度为 n 的表分成 b 块，每块含有 s 个元素，即 b=n/s。

折半查找方法具有比较次数少、查找速度快和平均性能好的优点。其缺点是要求待查表为有序表，且插入删除困难。因此，折半查找方法适用于不经常变动且查找频繁的有序列表。

6.2.5 实践演练——使用折半查找算法查找数据

下面将通过一个实例的实现过程，详细讲解使用折半查找算法查找数据的具体方法。

实例 6-3	使用折半查找算法查找数据
	源码路径　　光盘\daima\6\zheban.c

实例文件 zheban.c 的功能是当用户输入一个要查找的数字后，会在指定数组中进行检索并输出查找结果。文件 zheban.c 的实现代码如下所示。

```
#include <stdio.h>
#define ARRAYLEN 10
int source[]={6,12,28,32,53,65,69,83,90,92};

int zheban(int s[],int n,int key)
{
    int low,high,mid;
    low=0;
    high=n-1;
    while(low<=high)              //查找范围含至少一个元素
    {
        mid=(low+high)/2;        //计算中间位置序号
        if(s[mid]==key)          //中间元素与关键字相等
            return mid;          //返回序号
        else if(s[mid]>key)      //中间元素大于关键字
            high=mid-1;          //重定义查找范围
        else                     //中间元素小于关键字
            low=mid+1;           //重定义查找范围
    }
    return -1;                   //返回查找失败
}

int main()
{
    int key,i,pos;
    printf("请输入关键字:");
    scanf("%d",&key);
    pos=zheban(source,ARRAYLEN,key);
    printf("原数据表:");
    for(i=0;i<ARRAYLEN;i++)
        printf("%d ",source[i]);
    printf("\n");
    if(pos>=0)
        printf("查找成功，该关键字位于数组的第%d个位置。\n",pos);
    else
        printf("查找失败!\n");
    getch();
    return 0;
}
```

在上述函数 zheban()中，通过 low 和 hight 两个变量来保存查找表的查找范围，然后通过循环查找表中的数据。查找结果要求最少有一个数据，在循环中取位于中间位置的元素与关键字进行比较。执行效果如图 6-3 所示。

图 6-3　折半查找算法的执行效果

6.2.6　实践演练——查找 10 个已排好序的数

为了进一步掌握折半查找算法的用法，假如有 10 个已排好序的数，则可以编写文件 zheban1.c 实现折半查找。

实例 6-4	使用折半查找算法查找 10 个已排好序的数
	源码路径　　光盘\daima\6\zheban1.c

文件 zheban1.c 的具体实现代码如下所示。

```
void main()
{
```

```
    int Arr[]={1,2,3,4,5,6,7,8,9,10};
    int find,num;
    printf("input a num to be found.\n");
    scanf("%d",&num);
    find = seek(Arr,0,9,num);
    if (find == -1) printf("num=%d not found!\n",num);
    else printf("num has been found!\nArr[%d] = %d\n",find,Arr[find]);

}

int seek (int *pArr,int low,int high,int num)
{//pArr为数组名,该数组必须是排好序了（这是二分法的要求），这里按从小到大排序
    int mid;
        mid = (low+high)/2;
    if ((low>=high)&&(pArr[mid]!=num))
      return -1;
    else
    {
     if (pArr[mid]==num)
          return mid;
     else if (pArr[mid]>num)
            high = mid+1;//中间数字比要查的数还大，说明可能在中间段以前
     else
            low = mid-1;//同上，可能在中间段以后
     return seek(pArr,low,high,num); //递归
    }
}
```

6.2.7　分块查找法

分块查找法要求将列表组织成下面的索引顺序结构。

① 将列表分成若干个块（子表）：一般情况下，块的长度均匀，最后一块可以不满。每块中元素任意排列，即块内无序，但块与块之间有序。

② 构造一个索引表：其中每个索引项对应一个块并记录每块的起始位置，以及每块中的最大关键字（或最小关键字）。索引表按关键字有序排列。

图 6-4 为一个索引顺序表，包括了如下 3 个块。

① 第 1 个块的起始地址为 0，块内最大关键字为 25。

② 第 2 个块的起始地址为 5，块内最大关键字为 58。

③ 第 3 个块的起始地址为 10，块内最大关键字为 88。

分块查找的基本过程如下。

① 为了确定待查记录所在的块，先将待查关键字 K 与索引表中的关键字进行比较，在此可以使用顺序查找法或折半查找法进行查找。

② 继续用顺序查找法，在相应块内查找关键字为 K 的元素。

假如在图 6-4 所示的索引顺序表中查找 36，则具体过程如下。

① 将 36 与索引表中的关键字进行比较，因为 $25<36<58$，所以 36 在第 2 个块中。

② 在第 2 个块中顺序查找，最后在 8 号单元中找到 36。

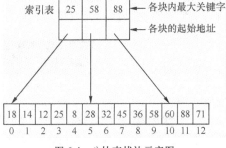

图 6-4　分块查找法示意图

分块查找的平均查找长度由两部分构成，分别是查找索引表时的平均查找长度为 L_b，以及在相应块内进行顺序查找的平均查找长度 L_w。

$$ASL_{bs}=L_b+L_w$$

假设将长度为 n 的表分成 b 块，且每块含 s 个元素，则 $b=n/s$。又假定表中每个元素的查找概率相等，则每个索引项的查找概率为 $1/b$，块中每个元素的查找概率为 $1/s$。若用顺序查找法

确定待查元素所在的块，则有如下结论。

$$L_b = \frac{1}{b}\sum_{j-1}^{b} j = \frac{b+1}{2}$$

$$L_w = \frac{1}{s}\sum_{i-1}^{s} i = \frac{s+1}{2}$$

$$ASL_{bs} = L_b + L_w = \frac{(b+s)}{2}+1$$

将 $b = \dfrac{n}{s}$ 带入会得到：

$$ASL_{bs} = \frac{1}{2}\left(\frac{n}{s}+s\right)+1$$

如果用折半查找法确定待查元素所在的块，则有如下结论。

$$L_b = \log_2(b+1)-1$$

$$ASL_{bs} = \log_2(b+1)-1+\frac{s+1}{2} \approx \log_2\left(\frac{n}{s}+1\right)+\frac{s}{2}$$

6.3　基于树的查找法

知识点讲解：光盘:视频讲解\第 6 章\基于树的查找法.avi

基于树的查找是指在树结构中查找某一个指定的数据。基于树的查找法又被称为树表查找法，能够将待查表组织成特定树的形式，并且能够在树结构上实现查找。基于树的查找法主要包括二叉排序树、平衡二叉树和 B 树等。

6.3.1　二叉排序树

二叉排序树又被称为二叉查找树，这是一种特殊结构的二叉树，在现实中通常被定义为一棵空树，或者被描述为具有如下性质的二叉树。

① 如果它的左子树非空，则左子树上所有节点的值均小于根节点的值。

② 如果它的右子树非空，则右子树上所有节点的值均大于根节点的值。

③ 左右子树都是二叉排序树。

由此可见，对二叉排序树的定义可以用一个递归定义的过程来描述。由上述定义可知二叉排序树的一个重要性质：当中序遍历一个二叉排序树时，可以得到一个递增有序序列。如图 6-5 所示的二叉树就是两棵二叉排序树，如果中序遍历图 6-5（a）所示的二叉排序树，会可得到如下递增有序序列：1—2—3—4—5—6—7—8—9。

在二叉排序树的操作中可以使用二叉链表作为存储结构，其节点结构如下所示。

```
typedef struct   node
{ KeyType   key ;                        /*关键字的值*/
  struct node   *lchild,*rchild;     /*左右指针*/
}bstnode,*BSTree;
```

1. 插入和生成

已知一个关键字值为 key 的节点 J，如果将其插入到二叉排序树中，需要保证插入后仍然符合二叉排序树的定义。可以使用下面的方法进行插入操作。

① 如果二叉排序树是空树，则 key 成为二叉排序树的根。

② 如果二叉排序树非空，则将 key 与二叉排序树的根进行如下比较。

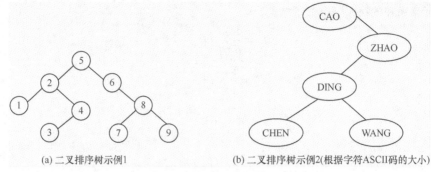

(a) 二叉排序树示例1　　　　　　　　(b) 二叉排序树示例2(根据字符ASCII码的大小)

图 6-5　二叉排序树

❑　如果 key 的值等于根节点的值，则停止插入。

❑　如果 key 的值小于根节点的值，则将 key 插入左子树。

❑　如果 key 的值大于根节点的值，则将 key 插入右子树。

上述操作相应的递归算法如下所示。

```
void InsertBST(BSTree *bst, KeyType key)
/*若在二叉排序树中不存在关键字等于key的元素，插入该元素*/
{ BiTree J;
  if (*bst==NULL)                                    /*递归结束条件*/
    {
      J=(BSTree)malloc(sizeof(BSTNode));       /*申请新的节点J*/
      J-> key=key;
      J->lchild=NULL;   J->rchild=NULL;
      *bst=J;
    }
  else   if (key < (*bst)->key)
    InsertBST(&((*bst)->lchild), key);            /*将J插入左子树*/
  else   if (key > (*bst)->key)
    InsertBST(&((*bst)->rchild), key);            /*将J插入右子树*/
}
```

由此可以看出，通过二叉排序树的插入操作即可构造一个叶子节点，将其插到二叉排序树的合适位置，以保证二叉排序树性质不变，且在插入时不需要移动元素。

假如有一个元素序列，可以利用上述算法创建一棵二叉排序树。首先，将二叉排序树初始化为一棵空树，然后逐个读入元素。每读入一个元素就建立一个新的节点，将这个节点插入到当前已生成的二叉排序树中，通过调用上述二叉排序树的插入算法可以将新节点插入。生成二叉排序树的算法如下所示。

```
void   CreateBST(BSTree   *bst)
/*从键盘输入元素的值，创建相应的二叉排序树*/
{ KeyType key;
  *bst=NULL;
  scanf("%d", &key);
  while (key!=ENDKEY)      /*EDNKEY为自定义常量*/
    {
      InsertBST(bst, key);
      scanf("%d", &key);
    }
}
```

假设关键字的输入顺序为 45、24、53、12、28、90，按上述算法生成的二叉排序树的过程如图 6-6 所示。

对于同样的一些元素值，如果输入顺序不同，所创建的二叉树的形态也不同。假如在上面的例子中的输入顺序为 24、53、90、12、28、45，则生成的二叉排序树如图 6-7 所示。

2. 删除操作

从二叉排序树中删除某一个节点，就是仅删掉这个节点，而不把以该节点为根的所有子树都删除掉，并且还要保证删除后得到的二叉树仍然满足二叉排序树的性质。即在二叉排序树中删除一个节点相当于删除有序序列中的一个节点。

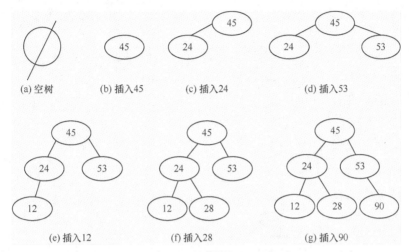

图 6-6 二叉排序树的建立过程

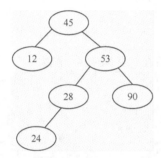

图 6-7 输入顺序不同所建立的不同二叉排序树

在删除操作之前，首先要查找确定被删节点是否在二叉排序树中，如果不在则不需要做任何操作。假设要删除的节点是 p，节点 p 的双亲节点是 f，如果节点 p 是节点 f 的左孩子。在删除时需要分如下 3 种情况来讨论。

（1）如果 p 为叶节点，则可以直接将其删除，具体代码如下所示。

```
f->lchild=NULL；
free(p)；
```

（2）如果 p 节点只有左子树，或只有右子树，则可将 p 的左子树或右子树，直接改为其双亲节点 f 的左子树或右子树，具体代码如下所示。

```
f->lchild=p->lchild
```

或：

```
f->lchild=p->rchild)；
free(p)；
```

（3）如果 p 既有左子树，也有右子树，如图 6-8（a）所示。此时有如下两种处理方法。

❑ 方法 1：首先找到 p 节点在中序序列中的直接前驱 s 节点，如图 6-8（b）所示，然后将 p 的左子树改为 f 的左子树，而将 p 的右子树改为 s 的右子树：f->lchild=p->lchild；s->rchild= p->rchild；free(p)，结果如图 6-8（c）所示。

❑ 方法 2：首先找到 p 节点在中序序列中的直接前驱 s 节点，如图 6-8（b）所示，然后用 s 节点的值，替代 p 节点的值，再将 s 节点删除，原 s 节点的左子树改为 s 的双亲节点 q 的右子树：p->data=s->data；q->rchild= s->lchild；free(s)，结果如图 6-8（d）所示。

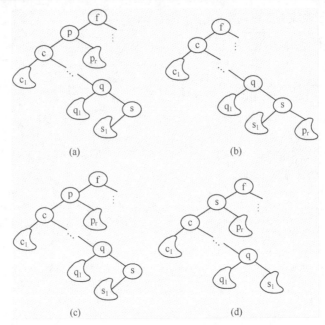

图 6-8　二叉排序树删除过程

经过上面的分析可以得到如下在二叉排序树中删去一个节点的算法。

```
BSTNode  * DelBST(BSTree t, KeyType   k) /*在二叉排序树t中删去关键字为k的节点*/
{
BSTNode   *p, *f,*s ,*q;
  p=t;f=NULL;
  while(p)  /*查找关键字为k的待删节点p*/
{ if(p->key==k ) break;/*找到，则跳出查找循环*/
     f=p;    /*f指向p节点的双亲节点*/
 if（p->key>k) p=p->lchild;
 else p=p->rchild;
}
if(p==NULL) return t;/*若找不到，返回原来的二叉排序树*/
if(p->lchild==NULL)/*p无左子树*/
{if(f==NULL) t=p->rchild;/*p是原二叉排序树的根*/
  else if(f->lchild==p)/*p是f的左孩子*/
        f->lchild=p->rchild;   /*将p的右子树连到f的左链上*/
          else /*p是f的右孩子*/
             f->rchild=p->rchild ;/*将p的右子树连到f的右链上*/
  free(p);/*释放被删除的节点p*/
}
else /*p有左子树*/
{ q=p;s=p->lchild;
  while(s->rchild)/*在p的左子树中查找最右下节点*/
   {q=s;s=s->rchild;}
  if(q==p) q->lchild=s->lchild ;/*将s的左子树连到q上*/
   else q->rchild=s->lchild;
   p->key=s->key;/*将s的值赋给p*/
  free(s);
}
return t;
} /*DelBST*/
```

如果节点 p 是节点 f 的右孩子，具体算法过程也和上述情况类似。

3．查找操作

可以将二叉排序树看作是一个有序表，在这棵二叉排序树上可以进行查找操作。二叉排序树的查找过程是一个逐步缩小查找范围的过程，可以根据二叉排序树的特点，首先将待查关键字 k 与根节点关键字 t 进行比较，如果 $k=t$ 则返回根节点地址，如果 $k<t$ 则进一步查左子树，如果 $k>t$ 则进一步查右子树。

二叉排序树的查找过程是一个递归过程，可以使用如下递归算法实现。

```
BSTree   SearchBST(BSTree bst, KeyType key)
/*在根指针bst所指二叉排序树中，递归查找某关键字等于key的元素，若查找成功，返回指向该元素节点指针，否则返
回空指针*/
{
   if (!bst) return NULL;
   else if (bst-> key==key) return bst;/*查找成功*/
   else
    if (key < bst-> key)
        return SearchBST(bst->lchild, key);/*在左子树继续查找*/
    else
   return SearchBST(bst->rchild, key);/*在右子树继续查找*/
}
```

可使用循环的方式直接实现二叉排序树查找的递归算法，二叉排序树的非递归查找过程如下所示。

```
BSTree   SearchBST(BSTree bst, KeyType key)
/*在根指针bst所指二叉排序树bst上，查找关键字等于key的节点，若查找成功，返回指向该元素节点指针，否则返回空
指针*/
{ BSTree q;
     q=bst;
   while(q)
    {if (q->key==key)   return q;/*查找成功*/
     if (key < q-> key)   q=q->lchild;/*在左子树中查找*/
     else q=q->rchild; /*在右子树中查找*/
    }
return NULL;/*查找失败*/
  }/*SearchBST*/
```

6.3.2　实践演练——将数据插入到二叉树节点中

下面将通过一个实例的实现过程，详细讲解将数据插入到二叉树节点中的具体方法。

实例 6-5　　创建的二叉树，并将数据插入到节点中

源码路径　光盘\daima\6\ercha.c

实例文件 ercha.c 的功能是通过 C 语言创建一棵二叉树，并将数据插入到节点中。文件 ercha.c 的具体实现代码如下所示。

```
#include <stdio.h>
#define ARRAYLEN 10
int source[]={54,20,6,70,12,37,92,28,65,83};
typedef struct bst
{
    int data;
    struct bst *left;
    struct bst * right;
}BSTree;
void Inserter(BSTree *t,int key)     //在二叉排序树中插入查找关键字key
{
    BSTree *p,*parent,*head;
    if(!(p=(BSTree *)malloc(sizeof(BSTree *))))     //申请内存空间
    {
        printf("申请内存出错!\n");
        exit(0);
    }
    p->data=key;                 //保存节点数据
    p->left=p->right=NULL;       //左右子树置空
    head=t;
    while(head)                  //查找需要添加的父节点
    {
        parent=head;
        if(key<head->data)       //若关键字小于节点的数据
            head=head->left;     //在左子树上查找
        else                     //若关键字大于节点的数据
            head=head->right;    //在右子树上查找
    }
    //判断添加到左子树还是右子树
    if(key<parent->data)         //小于父节点
        parent->left=p;          //添加到左子树
    else                         //大于父节点
```

```
                parent->right=p;              //添加到右子树
    }
void Createer(BSTree *t,int data[],int n)//n个数据在数组data[]中
{
    int i;
    t->data=data[0];
    t->left=t->right=NULL;
    for(i=1;i<n;i++)
    {
        Inserter(t,data[i]);
    }
}
void BST_LDR(BSTree *t)    //中序遍历
{
    if(t)//树不为空，则执行如下操作
    {
        BST_LDR(t->left); //中序遍历左子树
        printf("%d ",t->data); //输出节点数据
        BST_LDR(t->right); //中序遍历右子树/
    }
    return;
}
int main()
{
    int i,key;
    BSTree bst,*pos; //保存二叉排序树根节点
    printf("原数据:");
    for(i=0;i<ARRAYLEN;i++)
        printf("%d ",source[i]);
    printf("\n");
    Createer(&bst,source,ARRAYLEN);
    printf("遍历二叉排序树:");
    BST_LDR(&bst);
    getch();
    return 0;
}
```

程序执行后会将原数据从小到大的排列，并输出排序结果。执行效果如图 6-9 所示。

图 6-9　数据插入到二叉树节点中的执行效果

6.3.3　实践演练——删除二叉树中一个节点

实例 6-5 中演示了创建二叉树的过程，其实在二叉树中还可以实现删除节点和查找等操作。接下来编写文件 erdel.c，用于在创建的二叉树中删除一个节点。

实例 6-6　**在创建的二叉树中删除一个节点**
源码路径　光盘\daima\6\erdel.c

文件 erdel.c 的具体实现代码如下所示。

```
#include <stdio.h>
#define ARRAYLEN 10
int source[]={55,94,6,65,11,38,91,29,67,82};
typedef struct bst
{
    int data;
    struct bst *left;
    struct bst * right;
}ercha;
void Inserter(ercha *t,int key)//在二叉排序树中插入查找关键字key
{
    ercha *p,*parent,*head;
    if(!(p=(ercha *)malloc(sizeof(ercha *)))) //申请内存空间
    {
        printf("申请内存出错!\n");
        exit(0);
```

```
    }
        p->data=key; //保存节点数据
        p->left=p->right=NULL; //左右子树置空
        head=t;
        while(head) //查找需要添加的父节点
        {
            parent=head;
            if(key<head->data) //若关键字小于节点的数据
                head=head->left; //在左子树上查找
            else                    //若关键字大于节点的数据
                head=head->right;   //在右子树上查找
        }
        //判断添加到左子树还是右子树
        if(key<parent->data) //小于父节点
            parent->left=p; //添加到左子树
        else                //大于父节点
            parent->right=p; //添加到右子树
}

void Createer(ercha *t,int data[],int n)//n个数据在数组data[]中
{
    int i;
    t->data=data[0];
    t->left=t->right=NULL;
    for(i=1;i<n;i++)
    {
        Inserter(t,data[i]);
    }
}
void BST_LDR(ercha *t)   //中序遍历
{
        if(t)//树不为空，则执行如下操作
        {
            BST_LDR(t->left); //中序遍历左子树
            printf("%d ",t->data); //输出节点数据
            BST_LDR(t->right); //中序遍历右子树/
        }
        return;
}
//删除节点
void Deleteer(ercha *t,int key)
{
    ercha *p,*parent,*l,*ll;
    int child=0;//0表示左子树，1表示右子树
    if(!t) return;        //二叉排序树为空，则退出
    p=t;
    parent=p;
    while(p)              //二叉排序树有效
    {
        if(p->data==key)
        {
            if(!p->left && !p->right) //叶节点(左右子树都为空)
            {
                if(p==t) //被删除的是根节点
                {
                    free(p);//释放被删除节点
                }
                else if(child==0) //父节点为左子树
                {
                    parent->left=NULL; //设置父节点左子树为空
                    free(p); //释放节点空间
                }
                else //父节点为右子树
                {
                    parent->right=NULL; //设置父节点右子树为空
                    free(p); //释放节点空间
                }
            }
            else if(!p->left) //左子树为空，右子树不为空
            {
                if(child==0) //是父节点的左子树
                    parent->left=p->right;
                else //是父节点的右子树
```

```
                    parent->left=p->left;
                    free(p); //释放被删除节点
                }
                else if(!p->right)//右子树为空，左子树不为空
                {
                    if(child==0) //是父节点的左子树
                        parent->right=p->right;
                    else //是父节点的右子树
                        parent->right=p->left;
                    free(p); //释放被删除节点
                }
                else   //左右子树都不为空
                {
                    l1=p; //保存左子树的父节点
                    l=p->right; //从当前节点的右子树进行查找
                    while(l->left) //左子树不为空
                    {
                        l1=l;
                        l=l->left; //查找左子树
                    }
                    p->data=l->data; //将左子树的数据保存到被删除节点
                    l1->left=NULL; //设置父节点的左子树指针为空
                    free(l1); //释放左子树占的内存空间
                }
                p=NULL;
            }
            else if(key<p->data) //需删除记录的关键字小于节点的数据
            {
                child=0;//标记在当前节点左子树查找
                parent=p; //保存当前节点作为父节点
                p=p->left; //查找左子树
            }
            else //需删除记录的关键字大于节点的数据
            {
                child=1;//标记在当前节点右子树查找
                parent=p;//保存当前节点作为父节点
                p=p->right; //查找右子树
            }
        }
    }
}
int main()
{
    int i,key;
    ercha bst,*pos; //保存二叉排序树根节点
    printf("原数据:");
    for(i=0;i<ARRAYLEN;i++)
        printf("%d ",source[i]);
    printf("\n");
    Createer(&bst,source,ARRAYLEN);
    printf("遍历二叉排序树:");
    BST_LDR(&bst);
    Deleteer(&bst,37);
    printf("\n删除节点后的节点:");
    BST_LDR(&bst);
    getch();
    return 0;
}
```

程序执行后会将原数据从小到大的排列，然后删除一个节点，最后输出运行结果。执行效果如图 6-10 所示。

图 6-10　删除二叉树节点的执行效果

6.3.4　平衡二叉排序树

在算法中有一个硬性规定，平衡二叉排序树要么是空树，要么是具有下列性质的二叉排序树。

① 左子树与右子树的高度之差的绝对值小于等于 1。

② 左子树和右子树也是平衡二叉排序树。

使用平衡二叉排序树的目的是为了提高查找效率，其平均查找长度为 $O(\log_2 n)$。

在一般情况下，只有祖先节点为根的子树才有可能失衡。当下层的祖先节点恢复平衡后，会使上层的祖先节点恢复平衡，所以应该调整最下面的失衡子树。因为平衡因子为 0 的祖先不可能失衡，所以从新插入节点开始向上遇到的第一个其平衡因子不等于 0 的祖先节点，是第一个可能失衡的节点。如果失衡，需要调整以该节点为根的子树。根据不同的失衡情况，对应的调整方法也不相同。具体的失衡类型及对应的调整方法可以分为如下 4 种。

（1）LL 型

假设最低层失衡节点为 A，在节点 A 的左子树的左子树插入新节点 S 后，导致失衡，如图 6-11 (a) 所示。由 A 和 B 的平衡因子可以推出和 B_L、B_R 以及 A_R 相同的深度。为了恢复平衡并保持二叉排序树特性，可以将 A 改为 B 的右子，将 B 原来的右子 B_R 改为 A 的左子，如图 6-11 (b) 所示。这相当于以 B 为轴，对 A 做了一次顺时针旋转。

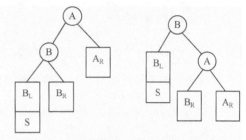

(a) 插入新节点S后失去平衡　　(b) 调整后恢复平衡

图 6-11　二叉排序树的 LL 型平衡旋转

在一般二叉排序树的节点中，可以增加一个存放平衡因子的域 bf，这样就可以用来表示平衡二叉排序树。打一个比方，表示节点的字母同时也用于表示指向该节点的指针，则 LL 型失衡的特点是：A->bf=2，B->bf=1，可以用如下语句来完成相应的调整操作。

```
B=A->Lchild;
A->Lchild=B->rchild;
B->rchild=A;
A->bf=0;    B->bf=0;
```

将调整后二叉树的根节点 B "接到" 原 A 处。令 A 原来的父指针为 FA，如果 FA 非空，则用 B 来代替 A，当作 FA 的左子或右子；否则原来 A 就是根节点，此时应令根指针 t 指向 B。

```
if  (FA==NULL)    t=B;
    else  if  (A==FA->Lchild)FA->Lchild=B;
    else  FA->rchild=B;
```

（2）LR 型

假设最低层失衡节点是 A，在节点 A 的左子树的右子树插入新节点 S 后会导致失衡，如图 6-12 (a) 所示。在图 6-12 (a) 中假设在 C_L 下插入 S，如果在 C_R 下插入 S，与对树的调整方法相同，不同的是调整后 A 和 B 的平衡因子。由 A、B、C 的平衡因子容易推知，C_L 与 C_R 深度相同，B_L 与 A_R 深度相同，并且 B_L、A_R 的深度比 C_L、C_R 的深度大 1。为了恢复平衡并保持二叉排序树特性，可以将 B 改为 C 的左子，将 C 原来的左子 C_L 改为 B 的右子。将 A 改为 C 的右子，将 C 原来的右子 C_R 改为 A 的左子，如图 6-12 (b) 所示。这相当于对 B 做了一次逆时针旋转，对 A 做了一次顺时针旋转。

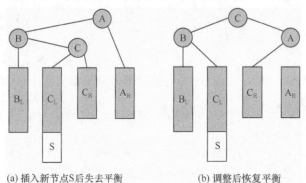

(a) 插入新节点S后失去平衡　　　　　　　　(b) 调整后恢复平衡

图 6-12　二叉排序树的 LR 型平衡旋转

在上面提到了在 C_L 下插入 S 和在 C_R 下插入 S 的两种情况。在现实应用中还有另外一种情况，即 B 的右子树为空，C 本身就是插入的新节点 S。此时 C_L、C_R、B_L 和 A_R 都为空。在这种情况下，对树的调整方法仍然相同，不同的是调整后的 A 和 B 的平衡因子都为 0。

LR 型失衡的特点是：A->bf=2，B->bf=-1。相应的调整操作可以用如下语句来完成。

```
B=A->lchild;         C=B->Rchild;
B->rchild=C->lchild;
A->lchild=C->rchild;
C->lchild=B;         C->rchild=A;
```

针对上述 3 种不同情况，可以修改 A、B、C 的平衡因子。

```
if (S->key <C->key)      /* 在C_L 下插入S  */
    {A->bf=-1;  B->bf=0;  C->bf=0; }
if (S->key >C->key)      /* 在C_R 下插入S  */
    {A->bf=0;  B->bf=1;  C->bf=0; }
if (S->key ==C->key)     /* C本身就是插入的新节点S */
    {A->bf=0;  B->bf=0; }
```

将调整后的二叉树的根节点 C "接到" 原 A 处，使 A 原来的父指针为 FA。如果 FA 非空，则用 C 代替 A 来当作 FA 的左子或右子；否则原来 A 就是根节点，此时应令根指针 t 指向 C。

```
if (FA==NULL)  t=C;
else  if (A==FA->lchild)    FA->lchild=C;
else  FA->rchild=C;
```

（3）RR 型

RR 型与 LL 型相互对称。假设最低层失衡节点为 A，如在节点 A 的右子树的右子树插入新节点 S 后会导致失衡，如图 6-13（a）所示。由 A 和 B 的平衡因子可知，B_L、B_R 以及 A_L 深度相同。为恢复平衡并保持二叉排序树特性，可以将 A 改为 B 的左子，将 B 原来的左子 B_L 改为 A 的右子，如图 6-13（b）所示。这相当于以 B 为轴，对 A 做了一次逆时针旋转。

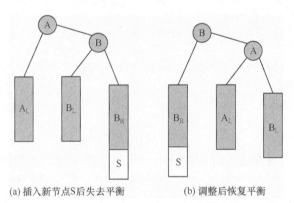

(a) 插入新节点S后失去平衡　　　　(b) 调整后恢复平衡

图 6-13　二叉排序树的 RR 型平衡旋转

RR 型失衡的特点是：A->bf=-2，B->bf=-1。相应的调整操作可以用如下代码来完成。

```
B=A->rchild;
A->rchild=B->lchild;
B->lchild=A;
A->bf=0;      B->bf=0;
```

最后将调整后二叉树的根节点 B "接到" 原 A 处，令 A 原来的父指针为 FA，如果 FA 非空，则用 B 代替 A 当作 FA 的左子或右子；否则原来 A 就是根节点，此时应使根指针 t 指向 B。

```
if (FA==NULL)  t=B;
else  if (A==FA->Lchild)    FA->Lchild=B;
else  FA->rchild=B;
```

（4）RL 型

RL 型与 LR 型相互对称。假设最低层的失衡节点是 A，在节点 A 的右子树的左子树插入新节点 S 后会导致失衡，如图 6-14（a）所示。假设在图中的 C_R 下插入 S，如果在 C_L 下插入 S，则对树的调整方法相同，不同的是调整后 A、B 的平衡因子。由 A、B、C 的平衡因子可知，

C_L 与 C_R 深度相同，A_L 与 B_R 深度相同，并且 A_L、B_R 的深度比 C_L、C_R 的深度大 1。为了恢复平衡并保持二叉排序树特性，可以先将 B 改为 C 的右子，将 C 原来的右子 C_R 改为 B 的左子；将 A 改为 C 的左子，将 C 原来的左子 C_L 改为 A 的右子，如图 6-14（b）所示。这相当于对 B 做了一次顺时针旋转，对 A 做了一次逆时针旋转。

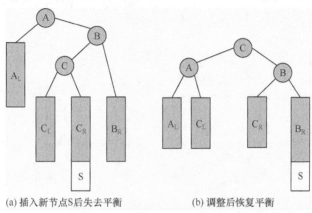

(a) 插入新节点S后失去平衡　　　　　(b) 调整后恢复平衡

图 6-14　二叉排序树的 RL 型平衡旋转

除了前面介绍的在 C_L 下插入 S 和在 CR 下插入 S 的两种情况外，还有 B 的左子树为空这一种情况。因为 C 是插入的新节点 S，所以 C_L、C_R、A_L、B_R 均为空。在这种情况下，对树的调整方法仍然相同，不同的是调整后的 A 和 B 的平衡因子均为 0。

RL 型失衡的特点是：A->bf=-2，B->bf=1。相应调整操作可用如下代码来完成。

```
B=A->rchild;          C=B->lchild;
B->lchild=C->rchild;
A->rchild=C->lchild;
C->lchild=A;  C->rchild=B;
```

然后针对上述 3 种不同情况，通过如下代码修改 A、B、C 的平衡因子。

```
if (S->key <C->key)     /* 在CL下插入S  */
   {A->bf=0;  B->bf=-1;  C->bf=0; }
if (S->key >C->key)     /* 在CR下插入S  */
   {A->bf=1;  B->bf=0;  C->bf=0; }
if (S->key ==C->key)    /* C本身就是插入的新节点S */
{A->bf=0;  B->bf=0; }
```

最后，将调整后的二叉树的根节点 C "接到" 原 A 处。令 A 原来的父指针为 FA，如果 FA 非空，则用 C 代替 A 当作 FA 的左子或右子；否则原来的 A 就是根节点，此时应令根指针 t 指向 C。

```
if (FA==NULL)    t=C;
else  if  (A==FA->lchild)   FA->lchild=C;
else   FA->rchild=C;
```

由此可以看出，在一个平衡二叉排序树上插入一个新节点 S 时，主要通过以下 3 个步骤实现。

① 查找应插的位置，同时记录离插入位置最近的可能失衡节点 A(A 的平衡因子不等于 0)。

② 插入新节点 S，并修改从 A 到 S 路径上各节点的平衡因子。

③ 根据 A、B 的平衡因子，判断是否失衡以及失衡类型，并做相应处理。

接下来给出完整的算法，其中 AVLTree 表示平衡二叉排序树类型，AVLTNode 表示平衡二叉排序树节点类型。

```
void  ins_AVLtree (AVLTree  *avlt,  KeyType  k)
/*在平衡二叉树中插入元素k,使之成为一棵新的平衡二叉排序树*/
{
    s=(AVLTree)malloc(sizeof(AVLTNode));
    s->key=k;   s->lchild=s->rchild=NULL;
    S->bf=0;
    if  (*avlt==NULL)  *avlt=S;
    else
      {
        /* 首先查找S的插入位置fp,同时记录距S的插入位置最近且
```

```
                平衡因子不等于0（等于-1或1）的节点A，A为可能的失衡节点*/
    A=*avlt;    fA=NULL;
    p=*avlt;    fp=NULL
    while  (p!=NULL)
    { if  (p->bf!=0)  {A=p; fA=fp};
        fp=p;
 if  (K < p->key)  p=p->lchild;
 else  p=p->rchild;
            }
            /*  插入S*/
            if (K < fP->key) fP->lchild=S;
else   fP->rchild=S;
            /*  确定节点B，并修改A的平衡因子  */
            if (K < A->key)  {B=A->lchild;  A->bf=A->bf+1}
 else {B=A->rchild;  A->bf=A->bf-1}
            /*  修改B到S路径上各节点的平衡因子（原值均为0）*/
            p=B;
while  (p!=S)
    if  (K < p->key)  {p->bf=1;  p=p->lchild}
    else    {p->bf=-1;  p=p->rchild}
            /*  判断失衡类型并做相应处理  */
        if  (A->bf==2 && B->bf==1)          /* LL型 */
            {
                B=A->Lchild;
                A->Lchild=B->rchild;
                B->rchild=A;
                A->bf=0;    B->bf=0;
                    if FA=NULL    *avlt=B
                        else  if  A=FA->Lchild      FA->Lchild=B
                            else  FA->rchild=B;
}
        else if   (A->bf==2 && B->bf==-1)       /* LR型 */
            {
                B=A->lchild;      C=B->rchild;
                B->rchild=C->lchild;
                A->lchild=C->rchild;
                C->lchild=B;      C->rchild=A;
if (S->key <C->key)
 {A->bf=-1;  B->bf=0;  C->bf=0; }
else if (S->key >C->key)
  {A->bf=0;  B->bf=1;  C->bf=0; }
else   {A->bf=0;  B->bf=0; }
    if  (FA==NULL)  *avlt=C;
      else  if (A==FA->lchild)  FA->lchild=C;
else   FA->rchild=C;
}
        else if   (A->bf==-2 && B->bf==1)       /* RL型 */
            {
                B=A->rchild;    C=B->lchild;
                B->lchild=C->rchild;
                A->rchild=C->lchild;
                C->lchild=A;      C->rchild=B;
if (S->key <C->key)
 {A->bf=0;  B->bf=-1;  C->bf=0; }
else if (S->key >C->key)
 {A->bf=1;  B->bf=0;  C->bf=0; }
else   {A->bf=0;  B->bf=0; }
  if (FA==NULL)   *avlt=C;
   else  if (A==FA->lchild)  FA->lchild=C;
   else   FA->rchild=C;
}
        else if   (A->bf==-2 && B->bf==-1)        /* RR型 */
            {
                B=A->rchild;
                A->rchild=B->lchild;
                B->lchild=A;
                A->bf=0;    B->bf=0;
                    if (FA==NULL)  *avlt=B;
                        else  if  (A==FA->Lchild)  FA->Lchild=B;
                            else   FA->rchild=B;
}
    }
}
```

6.4　哈希法

🎬 知识点讲解：光盘:视频讲解\第 6 章\哈希法.avi

　　哈希法也被称为 Hashing，它定义了一种将字符组成的字符串转换为固定长度（一般是更短长度）的数值或索引值的方法。由于通过更短的哈希值比用原始值进行数据库搜索更快，这种方法一般用来在数据库中建立索引并进行搜索，同时还用在各种解密算法中。哈希法又被称为散列法或关键字地址计算法等，相应的表被称为哈希表。

6.4.1　哈希法的基本思想

　　（1）在元素关键字 k 和元素存储位置 p 之间建立对应关系 f，使得 $p=f(k)$，f 称为哈希函数。

　　（2）在创建哈希表时，把关键字为 k 的元素直接存入地址为 $f(k)$ 的单元。

　　（3）当查找关键字为 k 的元素时，利用哈希函数计算出该元素的存储位置 $p=f(k)$，从而达到按关键字直接存取元素的目的。

　　❀ 注意：如果关键字集合很大，则关键字值中不同的元素可能会映象到与哈希表相同的地址上，即 $k_1 \neq k_2$，但是 $H(k_1)=H(k_2)$，上述现象称为冲突。在这种情况下，通常称 k_1 和 k_2 是同义词。在实际应用中，不能避免上述冲突的情形，只能通过改进哈希函数的性能来减少冲突。

　　哈希法主要包括以下两方面的内容：①如何构造哈希函数；②如何处理冲突。

6.4.2　构造哈希函数

　　在构造哈希函数时需要遵循如下原则。

　　① 函数本身便于计算。

　　② 计算出来的地址分布均匀，即对任一关键字 k，$f(k)$ 对应不同地址的概率相等，目的是尽可能减少冲突。

　　构造哈希函数的方法有多种，其中最为常用的有如下 5 种。

　　（1）数字分析法

　　如果预先知道关键字集合，当每个关键字的位数比哈希表的地址码位数多时，可以从关键字中选出分布较均匀的若干位来构成哈希地址。假设有 80 个记录，关键字是一个 8 位的十进制整数：$m_1m_2m_3\cdots m_7m_8$，如哈希表长度取值 100，则哈希表的地址空间为：00～99。如果经过分析之后，各关键字中 m_4 和 m_7 的取值分布比较均匀，则哈希函数为：$h(\text{key})=h(m_1m_2m_3\cdots m_7m_8)=m_4m_7$。反之，如果经过分析之后，各关键字中 m_1 和 m_8 的取值分布很不均匀，例如 m_1 都等于 5，m_8 都等于 2，则哈希函数为：$h(\text{key})=h(m_1m_2m_3\cdots m_7m_8)=m_1m_8$，这种用不均匀的取值构造函数的算法误差会比较大，所以不可取。

　　（2）平方取中法

　　如果无法确定关键字中哪几位分布比较均匀，可以以先求出关键字的平方值，然后按照需要取平方值的中间几位作为哈希地址。因为平方后的中间几位和关键字中的每一位都相关，所以不同的关键字会以较高的概率产生不同的哈希地址。

　　假设把英文字母在字母表中的位置序号作为该英文字母的内部编码，例如 K 的内部编码为 11，E 的内部编码为 05，Y 的内部编码为 25，A 的内部编码为 01，B 的内部编码为 02，由此可以得出关键字"KEYA"的内部代码为 11052501。同理，也可以得到关键字"KYAB""AKEY""BKEY"的内部编码。对关键字进行平方运算之后，取出第 7～9 位作为该关键字哈希地址，如表 6-1 所示。

表 6-1　　　　　　　　　　　　　　　　　　平方取中法求得的哈希地址

关键字	内部编码	内部编码的平方值	$H(k)$关键字的哈希地址
KEYA	11050201	122157778355001	778
KYAB	11250102	126564795010404	795
AKEY	01110525	001233265775625	265
BKEY	02110525	004454315775625	315

（3）分段叠加法

分段叠加法是指按照哈希表地址位数将关键字分成位数相等的几部分，其中最后一部分可以比较短。然后将这几部分相加，舍弃最高进位后的结果就是该关键字的哈希地址。分段叠加有折叠法与移位法两种。移位法是指将分割后的每部分低位对齐相加，折叠法是指从一端向另一端沿分割边界来回折叠，用奇数段表示正序，用偶数段表示倒序，然后将各段相加。

（4）除留余数法

为了更加直观地了解除留余数法，在此举一个例子。假设哈希表长为 n，p 为小于等于 n 的最大素数，则哈希函数为。

h（k）=k % p，

其中%为模 p 的取余运算。

假设待散列元素为（18，75，60，43，54，90，46），表长 $n=10$，$p=7$，则有。

h(18)=18 % 7=4　　h(75)=75 % 7=5　　h(60)=60 % 7=4
h(43)=43 % 7=1　　h(54)=54 % 7=5　　h(90)=90 % 7=6
h(46)=46 % 7=4

此时冲突较多，为减少冲突，可以取较大的 n 值和 p 值，例如 $n=p=13$，此时结果如下。

h(18)=18 % 13=5　　h(75)=75 % 13=10　　h(60)=60 % 13=8
h(43)=43 % 13=4　　h(54)=54 % 13=2　　h(90)=90 % 13=12
h(46)=46 % 13=7

此时没有冲突，如图 6-15 所示。

0	1	2	3	4	5	6	7	8	9	10	11	12
		54		43	18		46	60		75		90

图 6-15　除留余数法求哈希地址

（5）伪随机数法

伪随机数法是指采用一个伪随机函数当作哈希函数，即 $h(key)=random(key)$。

在实际应用中，应根据具体情况灵活采用不同的方法，并使用实际数据来测试它的性能，以便做出正确判定。在判断时通常需要考虑如下 5 个因素。

- ❑ 计算哈希函数所需时间（简单）。
- ❑ 关键字的长度。
- ❑ 哈希表大小。
- ❑ 关键字分布情况。
- ❑ 记录查找频率。

6.4.3　处理冲突

使用性能良好的哈希函数可以减少冲突，但是通常不可能完全避免冲突，所以解决冲突是哈希法的另一个关键问题。无论是在创建哈希表时，还是在查找哈希表时都会遇到冲突，在这两种情况下解决冲突的方法是一致的。以创建哈希表为例，有以下 4 种常用的解决冲突的方法。

1．开放定址法

开放定址法也被称为再散列法，基本思想如下所示。

当关键字 key 的哈希地址 $m=H$（key）出现冲突时，以 m 为基础产生另一个哈希地址 m_1，

如果 m_1 还是冲突，再以 m 为基础产生另一个哈希地址 m_2……如此继续，一直到找出一个不冲突的哈希地址 m_i 为止，此时将相应元素存入其中。

开放定址法遵循如下通用的再散列函数形式。

$H_i=(H(key)+d_i) \% m$ $i=1, 2, \cdots, n$

其中，H（key）为哈希函数，m 为表长，d_i 为增量序列。增量序列的取值方式不同，相应的再散列方式也不同。主要有如下 3 种再散列方式。

（1）线性探测再散列，其特点是发生冲突时，顺序查看表中下一单元，直到找出一个空单元或查遍全表，格式如下。

$di=1, 2, 3, \cdots, m-1$

（2）二次探测再散列。其特点是当发生冲突时，在表的左右进行跳跃式探测，比较灵活，格式如下。

$di=1^2, -1^2, 2^2, -2^2, \cdots, k^2, -k^2$ （k<=m/2）

（3）伪随机探测再散列。在具体实现时需要先建立一个伪随机数发生器，例如 i=(i+p) % m，并设置一个随机数做起点。其格式如下。

di=伪随机数序列。

2．再哈希法

再哈希法能够同时构造多个不同的哈希函数，具体格式如下所示。

$Hi=RH_i$（key） $i=1, 2, \cdots, k$

当哈希地址 $H_i=RH_i$（key）发生冲突时计算另一个哈希函数地址，直到冲突不再产生为止。这种方法不易产生聚集，但增加了计算时间。

3．链地址法

链地址法的基本思想是：将所有哈希地址为 i 的元素构成一个同义词链的单链表，并将单链表的头指针存在哈希表的第 i 个单元中。链地址法适用于经常进行插入和删除的情况，其中的查找、插入和删除操作主要在同义词链中进行。

假设有如下一组关键字：

32，40，36，53，16，46，71，27，42，24，49，64

哈希表长度为 13，哈希函数为：H(key)=key % 13，则用链地址法处理冲突的结果如图 6-16 所示。

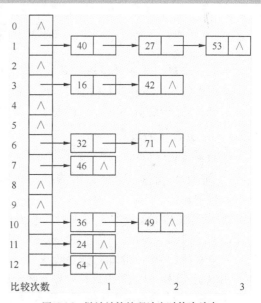

图 6-16　链地址法处理冲突时的哈希表

上组关键字的平均查找长度 ASL=(1×7+2×4+3×1)/12=1.5。

4．建立公共溢出区

建立公共溢出区的基本思想是将哈希表分为基本表和溢出表两部分，凡是和基本表发生冲突的元素，一律填入溢出表。

6.4.4　哈希表的查找过程

哈希表的查找过程与哈希表的创建过程一样。当想查找关键字为 K 的元素时，首先计算 p0=hash（K），然后根据计算结果来进行处理。

① 如果单元 p0 为空，则不存在所查的元素。

② 如果单元 p0 中元素的关键字为 K，则找到所查元素。

否则重复下述操作来解决冲突过程：按解决冲突的方法，找出下一个哈希地址 pi，如果单元 pi 为空，则不存在所查的元素；如果单元 pi 中元素的关键字为 *K*，则找到所查元素。

下面的代码使用了线性探测再哈希方法，给出了哈希表的具体查找算法。

```
#define   m      <哈希表长度>
#define   NULLKEY   <代表空记录的关键字值>
typedef   int    KeyType;
typedef   struct
              {
                KeyType   key;
              } RecordType ;
typedef   RecordType   HashTable[m] ;
int  HashSearch( HashTable  ht,  KeyType  K)
{
  p0=hash(K);
  if  (ht[p0].key==NULLKEY)  return (-1);
  else  if  (ht[p0].key==K)  return (p0);
  else    /*  用线性探测再哈希解决冲突  */
  {
for (i=1; i<=m-1;  i++)
{
     pi=(p0+i) % m;
     if  (ht[pi ].key==NULLKEY)  return (-1);
        else if  (ht[pi].key==K)  return (pi);
           }
        return (-1);
      }
}
```

6.5   索引查找

知识点讲解：光盘:视频讲解\第 6 章\索引查找.avi

索引查找是指在索引表和主表（线性表的索引存储结构）上进行的查找。在本节将简要介绍索引查找算法的基本知识，为读者学习本书后面的知识打下基础。

6.5.1   索引查找的过程

索引查找的过程如下。

① 根据指定的索引值 K_1，在索引表中查找索引值等于 K_1 的索引项，以确定在主表中对应的开始位置和长度。

② 根据给定的关键字 K_2，在对应的子表中查找出关键字等于 K_2 的元素（节点）。

③ 在查找索引表或子表时，如果表是顺序存储的有序表，则既可以进行顺序查找，也可以进行二分查找。否则只能进行顺序查找。

由以上流程可知，索引查找分如下两步进行。

① 将外存上含有索引区的页块送入内存，查找所需记录的物理地址。

② 将含有该记录的页块送入内存。

当索引表不大时，可以一次读入内存。在索引文件中检索时只需两次访问外存，一次实现读索引，另一次实现读记录。另外，因为索引表是有序的，所以可以用顺序查找或二分查找等方法来查找索引表。

6.5.2   实践演练——索引查找法查找指定的关键字

下面将通过一个实例的实现过程，详细讲解使用索引查找法查找出指定关键字的方法。

实例 6-7 使用索引查找法查找出指定的关键字
源码路径   光盘\daima\6\suo.c

实例文件 suo.c 的功能是创建一个索引查找程序，然后使用查找程序在数据结构中查找出相应的关键字。文件 suo.c 的具体代码如下所示。

```c
#include <stdio.h>
#define INDEXTABLE_LEN 3
#define TABLE_LEN 30
typedef struct item
{
    int index;      //索引值
    int start;      //开始位置
    int length;     //子表长度
}SUOJIE;
//定义主表数据
long zhu[TABLE_LEN]={
    1080101,1080102,1080103,1080104,1080105,1080106,0,0,0,0,
    1080201,1080202,1080203,1080204,0,0,0,0,0,0,
    1080301,1080302,1080303,1080304,0,0,0,0,0,0};
//定义索引表
SUOJIE indextable[INDEXTABLE_LEN]={
    {10801,0,6},
    {10802,10,4},
    {10803,20,4}};
int IndexSearch(int key) //按索引查找
{
    int i,index1,start,length;
    index1=key/100;//计算索引值
    for(i=0;i<INDEXTABLE_LEN;i++) //在索引表中查找索引值
    {
        if(indextable[i].index==index1) //找到索引值
        {
            start=indextable[i].start; //获取数组开始序号
            length=indextable[i].length; //获取元素长度
            break; //跳出循环
        }
    }
    if(i>=INDEXTABLE_LEN)
        return -1;//索引表中查找失败
    for(i=start;i<start+length;i++)
    {
        if(zhu[i]==key) //找到关键字
            return i; //返回序号
    }
    return -1; //查找失败，返回-1
}
int main()
{
    long key;
    int i,pos;
    printf("原数据:");
    for(i=0;i<TABLE_LEN;i++)
        printf("%ld ",zhu[i]);
    printf("\n");
    printf("输入查找关键字:");
    scanf("%ld",&key);
    pos=IndexSearch(key);
    if(pos>0)
        printf("查找成功,该关键字位于数组的第%d个位置。\n",pos);
    else
        printf("查找失败!\n");
    getch();
    return 0;
}
```

执行后会创建一个索引查找程序，然后使用查找程序在数据结构中查找出相应的关键字。执行效果如图 6-17 所示。

图 6-17 索引查找法查找指定关键字的执行效果

6.5.3 实践演练——实现索引查找并插入一个新关键字

为了展示索引查找的强大功能，接下来编写文件 juyi.c，此文件的功能是创建一个索引查找程序，然后使用查找程序在数据结构中查找出相应的关键字，并向表中插入一个新的元素。

实例 6-8 **实现索引查找并插入一个新关键字**

源码路径　光盘\daima\6\juyi.c

文件 juyi.c 的具体实现代码如下所示。

```c
#include <stdio.h>
#define INDEXTABLE_LEN 3
#define TABLE_LEN 30
typedef struct item
{
    int index;      //索引值
    int start;      //开始位置
    int length;     //子表长度
}suoyin;
//定义主表数据
long zhu[TABLE_LEN]={
        1080101,1080102,1080103,1080104,1080105,1080106,0,0,0,0,
        1080201,1080202,1080203,1080204,0,0,0,0,0,0,
        1080301,1080302,1080303,1080304,0,0,0,0,0,0};
//定义索引表
suoyin indextable[INDEXTABLE_LEN]={
    {10801,0,6},
    {10802,10,4},
    {10803,20,4}};
int IndexSearch(int key) //按索引查找
{
    int i,index1,start,length;
    index1=key/100;//计算索引值
    for(i=0;i<INDEXTABLE_LEN;i++) //在索引表中查找索引值
    {
        if(indextable[i].index==index1) //找到索引值
        {
            start=indextable[i].start; //获取数组开始序号
            length=indextable[i].length; //获取元素长度
            break; //跳出循环
        }
    }
    if(i>=INDEXTABLE_LEN)
        return -1;//索引表中查找失败
    for(i=start;i<start+length;i++)
    {
        if(zhu[i]==key) //找到关键字
            return i; //返回序号
    }
    return -1; //查找失败，返回-1
}
int InsertNode(key)
{
    int i,index1,start,length;
    index1=key/100;//计算索引值
    for(i=0;i<INDEXTABLE_LEN;i++) //在索引表中查找索引值
    {
        if(indextable[i].index==index1) //找到索引值
        {
            start=indextable[i].start; //获取数组开始序号
            length=indextable[i].length; //获取元素长度
            break; //跳出循环
        }
    }
    for(i=0;i<INDEXTABLE_LEN;i++) //在索引表中查找索引值
    {
        if(indextable[i].index==index1) //找到索引值
        {
            start=indextable[i].start; //获取数组开始序号
```

```
                length=indextable[i].length; //获取元素长度
                break; //跳出循环
            }
        }
        if(i>=INDEXTABLE_LEN)
            return -1;//索引表中查找失败
        zhu[start+length]=key;//保存关键字到主表
        indextable[i].length++;//修改索引表中的子表长度
        return 0;
    }

    int main()
    {
        long key;
        int i,pos;
        printf("原数据:");
        for(i=0;i<TABLE_LEN;i++)
            printf("%ld ",zhu[i]);
        printf("\n");
        printf("输入查找关键字:");
        scanf("%ld",&key);
        pos=IndexSearch(key);
        if(pos>0)
            printf("查找成功,该关键字位于数组的第%d个位置。\n",pos);
        else
            printf("查找失败!\n");
        printf("输入插入关键字:");
        scanf("%ld",&key);
        if(InsertNode(key)==-1)
            printf("插入数据失败!\n");
        else
        {
            for(i=0;i<TABLE_LEN;i++)
                printf("%ld ",zhu[i]);
            printf("\n");
        }
        getch();
        return 0;
    }
```

执行后的效果如图 6-18 所示。

图 6-18　索引查找并插入一个新关键字的执行效果

6.6　技术解惑

6.6.1　分析查找算法的性能

　　如果在二叉排序树上查找成功，则从根节点出发走了一条从根节点到待查节点的路径。如果查找不成功，则从根节点出发走一条从根到某个叶节点的路径，所以二叉排序树的查找与折半查找过程类似。当在二叉排序树中查找一个记录时，比较次数不会超过树的深度。对长度为 n 的表来说，无论排列顺序如何，折半查找对应唯一的的判定树。但是含有 n 个节点的二叉排序树不是唯一的，所以对于含有同样关键字序列的一组节点，插入节点的先后顺序不同，所构成的二叉排序树的形态和深度也不同。

　　二叉排序树的平均查找长度（ASL）和二叉排序树的形态有关。如果二叉排序树的各个分支越均衡，则树的深度越浅，其平均查找长度就越小。假设有两棵二叉排序树，它们对应同一元素集合，但排列顺序不同，其关键字序列分别为（45，24，53，12，37，93）和

（12，24，37，45，53，93）如图 6-19 所示。假设每个元素的查找概率相等，则它们的平均查找长度分别是：

$$ASL_1 = 1/6 \times (1+2+2+3+3+3) = 14/6, \quad ASL_2 = 1/6 \times (1+2+3+4+5+6) = 21/6$$

由此可见，在二叉排序树上进行查找时操作的，平均查找长度和二叉排序树的形态有关，接下来将针对不同情况进行详细分析。

（1）在最坏的情况下

通过把一个有序表的 n 个节点一次插入来生成二叉排序树，这样得到的二叉排序树蜕化为一棵深度为 n 的单支树，其平均查找长度和单链表上的顺序查找相同，都是（$n+1$）/2。

（2）在最好的情况下

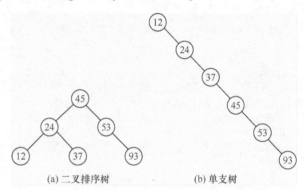

（a）二叉排序树　　　（b）单支树

图 6-19　二叉查找树的不同形态

在生成二叉排序树的过程中，树的形态比较均匀，最终得到的是一棵形态与二分查找的判定树相似的二叉排序树，此时它的平均查找长度大约为 $O(\log_2 n)$。

如果考虑把 n 个节点按各种可能的次序插入到二叉排序树中，则有 $n!$ 棵二叉排序树（其中有的形态相同），这证明对这些二叉排序树进行平均后得到的平均查找长度仍然是 $\log_2 n$。

从平均性能方面看，在二叉排序树上的查找和二分查找的区别并不大，并且可以十分方便地在二叉排序树上插入和删除节点，而无需移动大量节点。所以对于那些需要经常做插入、删除、查找运算的表，宜采用二叉排序树结构。所以，人们也常常将二叉排序树称为二叉查找树。

6.6.2　演示对二叉树的完整操作

可以将二叉树的创建、删除和查找功能集于一个实例文件中，接下来编写文件 zonghe.c，其功能是通过 C 语言创建一颗二叉树，然后分别删除树中的一个节点和查找一个节点。文件 zonghe.c 的具体实现代码如下所示。

```c
#include <stdio.h>
#define ARRAYLEN 10
int source[]={55,94,6,65,11,38,91,29,67,82};
typedef struct bst
{
    int data;
    struct bst *left;
    struct bst * right;
}ercha;
void Insertercha(ercha *t,int key)//在二叉排序树中插入查找关键字key
{
    ercha *p,*parent,*head;
    if(!(p=(ercha *)malloc(sizeof(ercha)))) //申请内存空间
    {
        printf("申请内存出错!\n");
        exit(0);
    }
    p->data=key; //保存节点数据
    p->left=p->right=NULL; //左右子树置空
    head=t;
    while(head) //查找需要添加的父节点
    {
        parent=head;
        if(key<head->data) //若关键字小于节点的数据
            head=head->left; //在左子树上查找
        else                 //若关键字大于节点的数据
            head=head->right;   //在右子树上查找
    }
    //判断添加到左子树还是右子树
```

```
        if(key<parent->data) //小于父节点
            parent->left=p; //添加到左子树
        else              //大于父节点
            parent->right=p; //添加到右子树
}
ercha *Searchercha(ercha *t,int key)
{
        if(!t || t->data==key) //节点为空，或关键字相等
            return t;              //返回节点指针
        else if(key>t->data) //关键字大于节点数据
            return(Searchercha(t->right,key));
        else
            return(Searchercha(t->left,key));
}
void Createer(ercha *t,int data[],int n)//n个数据在数组data[]中
{
        int i;
        t->data=data[0];
        t->left=t->right=NULL;
        for(i=1;i<n;i++)
        {
            Insertercha(t,data[i]);
        }
}
void BST_LDR(ercha *t)    //中序遍历
{
        if(t)//树不为空，则执行如下操作
        {
            BST_LDR(t->left); //中序遍历左子树
            printf("%d ",t->data); //输出节点数据
            BST_LDR(t->right); //中序遍历右子树/
        }
        return;
}
//删除节点
void Deleteer(ercha *t,int key)
{
        ercha *p,*parent,*l,*ll;
        int child=0;//0表示左子树，1表示右子树
        if(!t) return;      //二叉排序树为空，则退出
        p=t;
        parent=p;
        while(p)            //二叉排序树有效
        {
            if(p->data==key)
            {
                if(!p->left && !p->right) //叶节点(左右子树都为空)
                {
                    if(p==t) //被删除的是根节点
                    {
                        free(p);//释放被删除节点
                    }
                    else if(child==0) //父节点为左子树
                    {
                        parent->left=NULL; //设置父节点左子树为空
                        free(p); //释放节点空间
                    }
                    else //父节点为右子树
                    {
                        parent->right=NULL; //设置父节点右子树为空
                        free(p); //释放节点空间
                    }
                }
                else if(!p->left) //左子树为空，右子树不为空
                {
                    if(child==0) //是父节点的左子树
                        parent->left=p->right;
                    else //是父节点的右子树
                        parent->left=p->left;
                    free(p); //释放被删除节点
                }
                else if(!p->right)//右子树为空，左子树不为空
                {
                    if(child==0) //是父节点的左子树
                        parent->right=p->right;
```

163

```
                else //是父节点的右子树
                    parent->right=p->left;
                free(p); //释放被删除节点
        }
        else   //左右子树都不为空
        {
            l1=p; //保存左子树的父节点
            l=p->right; //从当前节点的右子树进行查找
            while(l->left) //左子树不为空
            {
                l1=l;
                l=l->left; //查找左子树
            }
            p->data=l->data; //将左子树的数据保存到被删除节点
            l1->left=NULL; //设置父节点的左子树指针为空
            free(l1); //释放左子树占的内存空间
        }
        p=NULL;
    }
    else if(key<p->data) //需删除记录的关键字小于节点的数据
    {
        child=0;//标记在当前节点左子树查找
        parent=p; //保存当前节点作为父节点
        p=p->left; //查找左子树
    }
    else //需删除记录的关键字大于节点的数据
    {
        child=1;//标记在当前节点右子树查找
        parent=p;//保存当前节点作为父节点
        p=p->right; //查找右子树
    }
    }
}
int main()
{
    int i,key;
    ercha bst,*pos; //保存二叉排序树根节点
    printf("原数据:");
    for(i=0;i<ARRAYLEN;i++)
        printf("%d ",source[i]);
    printf("\n");
    Createer(&bst,source,ARRAYLEN);
    printf("遍历二叉排序树:");
    BST_LDR(&bst);
    Deleteer(&bst,37);
    printf("\n删除节点后的节点:");
    BST_LDR(&bst);
    printf("\n请输入关键字:");
    scanf("%d",&key);
    pos=Searchercha(&bst,key);
    if(pos)
        printf("查找成功, 该节点的地址: %x\n",pos);
    else
        printf("查找失败!\n");
    getch();
    return 0;
}
```

执行后会将原数据进行从小到大的排列，然后删除一个节点，接着查找一个节点，最后输出运行结果。执行效果如图 6-20 所示。

图 6-20　创建、查找、删除，二叉树的执行效果

6.6.3　分析哈希法的性能

因为冲突的存在，哈希法仍然需要比较关键字，然后用平均查找长度来评价哈希法的查找

性能。在哈希法中，影响关键字比较次数的因素有 3 个，分别是哈希函数、处理冲突的方法以及哈希表的装填因子。定义哈希表的装填因子 α 的格式为

$$\alpha = \text{哈希表中元素个数／哈希表的长度}$$

α 能够描述哈希表的装满程度。如果 α 越小，发生冲突的可能性就越小；如果 α 越大，发生冲突的可能性就越大。假设哈希函数是均匀的，则只有两个影响平均查找长度的因素，分别是处理冲突的方法和 α。

为了说明哈希法的具体算法，接下来将通过一个代码文件来演示创建哈希法查找程序的方法。此演示文件名为 haxi.c，具体代码如下所示。

```c
#include <stdio.h>
#define haxi_LEN 13
#define TABLE_LEN 8
int data[TABLE_LEN]={56,68,92,39,95,62,29,55}; //原始数据
int hash[haxi_LEN]={0};//哈希表，初始化为0
void Inserthaxi(int hash[],int m,int data) //将关键字data插入哈希表hash中
{
    int i;
    i=data % 13;//计算哈希地址
    while(hash[i]) //元素位置已被占用
        i=(++i) % m; //线性探测法解决冲突
    hash[i]=data;
}
void Createhaxi(int hash[],int m,int data[],int n)
{
    int i;
    for(i=0;i<n;i++) //循环将原始数据保存到哈希表中
        Inserthaxi(hash,m,data[i]);
}
int haxisou(int hash[],int m,int key)
{
    int i;
    i=key % 13;//计算哈希地址
    while(hash[i] && hash[i]!=key) //判断是否冲突
        i=(++i) % m; //线性探测法解决冲突
    if(hash[i]==0) //查找到开放单元，表示查找失败
        return -1;//返回失败值
    else//查找成功
        return i;//返回对应元素的下标
}
int main()
{
    int key,i,pos;
    Createhaxi(hash,haxi_LEN,data,TABLE_LEN);//调用函数创建哈希表
    printf("哈希表中各元素的值:");
    for(i=0;i<haxi_LEN;i++)
        printf("%ld ",hash[i]);
    printf("\n");
    printf("输入查找关键字:");
    scanf("%ld",&key);
    pos=haxisou(hash,haxi_LEN,key); //调用函数在哈希表中查找
    if(pos>0)
        printf("查找成功,该关键字位于数组的第%d个位置。\n",pos);
    else
        printf("查找失败!\n");
    getch();
    return 0;
}
```

上述代码使用 C 语言创建了一个哈希查找程序，然后使用查找程序查找出相应的关键字。执行效果如图 6-21 所示。

图 6-21　创建并应用哈希查找程序的执行效果

第 7 章

内部排序算法

通过排序（sorting）可以重新排列一个数据元素集合或序列，其目的是将无序序列按数据元素某个项值调整为有序序列。排序是计算机程序设计中的一种重要操作，作为排序依据的数据项被称为"排序码"，即数据元素的关键码。本章将详细讲解内部排序的基本知识，并通过具体实例的实现过程来讲解其使用流程。

7.1 排序基础

知识点讲解: 光盘:视频讲解\第 7 章\排序基础.avi

本章所要讲的排序也是一种选择的过程，在排序过程中需要选择一个元素放在靠前的位置还是靠后的位置。排序是计算机内经常进行的一种操作，其目的是将一组无序的记录序列调整为有序的记录序列，可分为内部排序和外部排序。若整个排序过程不需要访问外存便能完成，则称此类排序问题为内部排序。反之，若参加排序的记录数量很大，整个序列的排序过程不可能在内存中完成，则称此类排序问题为外部排序。内部排序的过程是一个逐步扩大记录的有序序列长度的过程。

7.1.1 排序的目的和过程

为了便于查找，人们很希望计算机中的数据表是按关键码进行有序排列的，例如使用有序表的折半查找会提高查找效率。另外，二叉排序树、B-树和 B+树的构造过程也都是一个排序过程。如果关键码是主关键码，则对于任意待排序序列，排序后会得到唯一的结果。如果关键码是次关键码，则排序结果可能会不唯一。造成不唯一的原因是存在具有相同关键码的数据元素，这些元素在排序结果中，它们之间的位置关系与排序前不能保持一致。

如果使用某个排序方法对任意的数据元素进行序列，例如对它按关键码进行排序，如果相同关键码元素间的位置关系在排序前与排序后保持一致，则这个排序方法是稳定的；如果不能保持一致，则称这种排序方法是不稳定的。

先看排序的过程：如果有 n 个记录的序列 $\{R_1, R_2, \cdots, R_n\}$，其相应关键字的序列是 $\{K_1, K_2, \cdots, K_n\}$，相应的下标序列为 $1, 2, \cdots, n$。通过排序，要求找出当前下标序列 $1, 2, \cdots, n$ 的一种排列 $p1, p2, \cdots, pn$，使得相应关键字满足如下的非递减（或非递增）关系，即 $K_{p1} \leqslant K_{p2} \leqslant \cdots \leqslant K_{pn}$，这样就得到一个按关键字排列的"有序"记录序列：$\{R_{p1}, R_{p2}, \cdots, R_{pn}\}$。

7.1.2 内部排序与外部排序

根据排序时数据所占用存储器的不同，可将排序分为如下两类。

① 内部排序整个排序过程完全在内存中进行。

② 外部排序因为待排序记录数据量太大，内存无法容纳全部数据，需要借助外部存储设备才能完成排序工作。

7.1.3 稳定排序与不稳定排序

在 7.1.1 节介绍的排序过程中，关键字 K_n 可以是记录 R_n 的主关键字，也可以是次关键字，甚至可以是记录中若干数据项的组合。如果 K_i 是主关键字，则任何一个无序的记录序列经排序后得到的有序序列是唯一的；如果 K_i 是次关键字或是记录中若干数据项的组合，则得到的排序结果是不唯一的，因为待排序记录的序列中存在两个或两个以上关键字相等的记录。

无论是稳定的排序方法还是不稳定的排序方法，都能实现排序功能。在应用排序的某些场合，如选举和比赛等，对排序的稳定性是有特殊要求的。究竟应该怎样证明一种排序方法是稳定的呢？这得从算法本身的步骤中加以证明。证明排序方法是不稳定的，只需给出一个反例说明即可。在排序过程中，一般进行如下两种基本操作。

① 比较两个关键字的大小。

② 将记录从一个位置移动到另一个位置。

其中操作①对于大多数排序方法来说是必要的，而操作②则可以通过采用适当的存储方式予以避免。对于待排序的记录序列，有如下 3 种常见的存储表示方法。

① 向量结构：将待排序记录存放在一组地址连续的存储单元中。因为在这种存储方式中，存储位置决定了记录之间的次序关系，所以在排序过程中一定要移动记录才能实现。

② 链表结构：采用链表结构时，通过指针来维持记录之间逻辑上的相邻性，这样在排序时，就不需要移动记录元素，只需要修改指针即可。这种排序方式被称为链表排序。

③ 记录向量与地址向量结合：将待排序记录存放在一组地址连续的存储单元中，同时另设一个指示各个记录位置的地址向量。这样在排序过程中不需要移动记录本身，只需修改地址向量中记录的"地址"。当排序结束后，按照地址向量中的值来调整记录的存储位置。这种排序方式被称为地址排序。

7.2 插入排序算法

📹 知识点讲解：光盘:视频讲解\第 7 章\插入排序算法.avi

插入排序建立在一个已排好序的记录子集基础上，其基本思想是：每一步将下一个待排序的记录有序插入到已排好序的记录子集中，直到将所有待排记录全部插入完毕为止。例如打扑克牌时的抓牌过程就是一个典型的插入排序，每抓一张牌，都需要将这张牌插入到合适位置，一直到抓完牌为止，从而得到一个有序序列。

7.2.1 直接插入排序

直接插入排序是一种最基本的插入排序方法，能够将第 i 个记录插入到前面 $i-1$ 个已排好序的记录中，具体插入过程如下所示。

将第 i 个记录的关键字 K_i 顺序与其前面记录的关键字 $K_{i-1}, K_{i-2}, \cdots, K_1$ 进行比较，将所有关键字大于 K_i 的记录依次向后移动一个位置，直到遇见关键字小于或者等于 K_i 的记录 K_j。此时 K_j 后面必为空位置，将第 i 个记录插入空位置即可。完整的直接插入排序是从 $i=2$ 开始，也就是说，将第 1 个记录作为已排好序的单元素子集合，然后将第二个记录插入到单元素子集合中。将 i 从 2 循环到 n，即可实现完整的直接插入排序。图 7-1 给出了一个完整的直接插入排序实例。图中大括号内为当前已排好序的记录子集合。

```
A: {48} 62  35  77  55  14  35  98
B: {48  62} 35  77  55  14  35  98
C: {35  48  62} 77  55  14  35  98
D: {35  48  62  77} 55  14  35  98
E: {35  48  55  62  77} 14  35  98
F: {14  35  48  55  62  77} 35  98
G: {14  35  35  48  55  62  77} 98
H: {14  35  35  48  55  62  77  98}
```

图 7-1 直接插入排序示例

假设待排序记录保存在 r 中，需要设置一个监视哨 r[0]，使得 r[0] 始终保存待插入的记录，其目的是能够提高效率。此处设置监视哨有如下两个作用。

① 备份待插入的记录，以便前面关键字较大的记录后移；

② 防止越界，这一点与顺序查找法中监视哨的作用相同。

使用 C 语言实现直接插入排序的算法代码如下所示。

```
void   InsSort(RecordType   r[],int length)
/*对记录数组r做直接插入排序，length为数组的长度*/
{
for (   i=2 ;  i< length ;  i++   )
{
r[0]=r[i];    j=i-1;              /*将待插入记录存放到监视哨r[0]中*/
while (r[0].key< r[j].key )    /* 寻找插入位置 */
{
r[j+1]= r[j];   j=j-1;
}
r[j+1]=r[0];                     /*将待插入记录插入到已排序的序列中*/
}
} /*   InsSort   */
```

针对上述算法的实现代码，有如下 3 点需要说明。

① 使用监视哨 r[0] 临时保存待插入的记录。

② 从后往前查找应插入的位置。

③ 查找与移动用同一循环完成。

从空间角度来看，直接插入排序算法只需要通过设置 r[0]来帮助实现即可。从时间耗费角度来看，主要将时间耗费在关键字比较和移动元素这两种操作上。对于一趟插入排序，插入的记录与前 $i-1$ 个记录的关键字的关系决定了算法中 while 循环的次数。

直接插入排序算法并不是任意使用的，它比较适用于待排序记录数目较少且基本有序的情形。当待排记录数目较大时，直接使用插入排序会降低性能。针对上述情形，如果非要使用插入排序算法，可以对直接插入排序进行改进。具体改进方法是在直接插入排序法的基础上，减少关键字比较和移动记录这两种操作的次数。

7.2.2 实践演练——编写直接插入排序算法

下面将通过一个实例的实现过程，详细讲解编写直接插入排序算法的具体方法。

实例 7-1 | 编写直接插入排序算法
源码路径　光盘\daima\7\Create.c

实例文件 Create.c 的功能是通过 C 语言编写直接插入排序算法，具体实现代码如下所示。

```c
#include <stdlib.h>
int Create(int arr[],int n,int min,int max) //创建一个随机数组，arr[]保存生成的数据，n
                                             //为数组元素的数量

{
    int i,j,flag;
    srand(time(NULL));
    if((max-min+1)<n) return 0; //最大数与最小数之差小于产生数组的数量，生成数据不成功
    for(i=0;i<n;i++)
    {
        do
        {
            arr[i]=(max-min+1)*rand()/(RAND_MAX+1)+min;
            flag=0;
            for(j=0;j<i;j++)
            {
                if(arr[i]==arr[j])
                    flag=1;
            }
        }while(flag);
    }
    return 1;
}
```

7.2.3 实践演练——插入排序算法对数据进行排序处理

实例 7-1 文件实现了一个直接插入排序算法，为了验证上述算法的功能，接下来编写文件 InserSort.c 来调用实例 7-1 中的插入排序算法函数，从而实现对随机数组的排序处理。

实例 7-2 | 使用插入排序算法对数据进行排序处理
源码路径　光盘\daima\7\InserSort.c

文件 Insert.c 的具体代码如下所示。

```c
#include <stdio.h>
#include "Create.c"    //生成随机数的函数
#define ARRAYLEN 10    //需要排序的数据元素数量
void InserSort(int a[],int n)//直接插入排序
{
    int i,j,t;
    for(i=1;i<n;i++)
    {
        t=a[i];    //取出一个未排序的数据
        for(j=i-1;j>=0 && t<a[j];--j)    //在排序序列中查找位置
            a[j+1]=a[j]; //向后移动数据
        a[j+1]=t; //插入数据到序列
    }
}
```

```
    }
int main()
{
    int i,a[ARRAYLEN];    //定义数组
    for(i=0;i<ARRAYLEN;i++)   //清空数组
        a[i]=0;
    if(!Create(a,ARRAYLEN,1,100))    //判断生成随机数是否成功
    {
        printf("生成随机数不成功!\n");
        getch();
        return 1;
    }
    printf("原数据:");        //输出生成的随机数
    for(i=0;i<ARRAYLEN;i++)
        printf("%d ",a[i]);
    printf("\n");
    InserSort(a,ARRAYLEN);    //调用插入排序函数
    printf("排序后:");
    for(i=0;i<ARRAYLEN;i++)    //输出排序后的结果
        printf("%d ",a[i]);
    printf("\n");
    getch();
    return 0;
}
```

执行后的效果如图 7-2 所示。

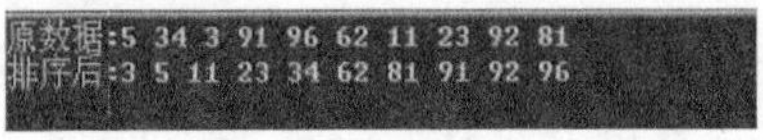

图 7-2　用插入排序法对数据进行排序的执行效果

7.2.4　折半插入排序

因为对有序表进行折半查找的性能要优于顺序查找，所以可以将折半查找用在有序记录 r[1…i-1]中来确定应该插入的插入位置，这种排序法被称为折半插入排序算法。使用 C 语言实现折半插入排序算法的代码如下所示。

```
void BinSort (RecordType   r[],int length)
/*对记录数组r进行折半插入排序，length为数组的长度*/
{
for (   i=2   ; i<=length ; ++i )
{
    x= r[i];
    low=1;   high=i-1;
 while (low<=high )                   /* 确定插入位置*/
       {mid=(low+high) / 2;
        if (   x.key< r[mid].key   )     high=mid-1;
else    low=mid+1;
}
for (   j=i-1; j>= low; --j )    r[j+1]= r[j];          /*  记录依次向后移动 */
r[low]=x;                                      /*  插入记录 */
}
}/*BinSort*/
```

使用折半插入排序法的好处是减少了关键字的比较次数。在插入每一个元素的时候，需要比较的最大次数是折半判定树的深度。假如正在插入第 i 个元素，设 $i=2^j$，则需进行 $\log_2 i$ 次比较，所以插入 $n-1$ 个元素的平均关键字的比较次数为 $O(n\log_2 n)$。

与直接插入排序法相比，虽然折半插入排序法改善了算法中比较次数的数量级大的问题，但是仍然没有改变移动元素的时间耗费，所以折半插入排序的总的时间复杂度仍然是 $O(n^2)$。

7.2.5　表插入排序

表插入排序是指使用链表存储结构实现插入排序，这种排序的基本思想是：先在待插入记录之前的有序子链表中查找应插入位置，然后将待插入记录插入到链表。因为链表的插入操作只修改指针域，而不移动记录，所以使用表插入排序能够提高排序效率。在具体算法实现上，

可以采用静态链表作为存储结构。首先给出如下类型说明。

```
typedef int KeyType;
typedef struct {
            KeyType key;
            OtherType other_data;
            int    next;
            } RecordType1;
```

假设 r[]是用 RecordType1 类型数组表示的静态链表，可以用 r[0]作为表头节点，这样做是为了便于插入。然后构成循环链表，即 r[0].next 指向静态循环链表的第一个节点。使用 C 语言实现表插入排序算法的代码如下所示。

```
void    SLinkListSort(RecordType1 r[],int length)
{
   int n=length;
   r[0].next=n；  r[n].next=0;

for ( i=n-1 ; i>= 1; --i)
{    p= r[0].next；  q=0;
     while(   p>0 && r[p].key< r[i].key   )   /* 寻找插入位置 */
            {q=p；    p= r[p].next; }
     r[q].next=i；   r[i].next=p;          /* 修改指针，完成插入 */
}
} /*    SLinkListSort   */
```

从上述算法的实现代码可以看出，在插入每一条记录时，最大的比较次数等于已排好序的记录个数，即当前循环链表长度，所以总的比较次数为 $\sum_{i=1}^{n-1}i=\dfrac{n(n-1)}{2}\approx\dfrac{n^2}{2}$，表插入排序的时间复杂度为 $T(n)=O(n^2)$。表插入排序中移动记录的次数为零，但移动记录时间耗费的减少是以增加 n 个 next 域为代价的。

7.2.6　希尔排序

希尔排序（谢尔排序）又被称为缩小增量排序法，这是一种基于插入思想的排序方法。希尔排序利用了直接插入排序的最佳性质，首先将待排序的关键字序列分成若干个较小的子序列，然后对子序列进行直接插入排序操作。经过上述粗略调整，整个序列中的记录已经基本有序，最后再对全部记录进行一次直接插入排序。在时间耗费上，与直接插入排序相比，希尔排序极大地改进了排序性能。

在进行直接插入排序时，如果待排序记录序列已经有序，直接插入排序的时间复杂度可以提高到 $O(n)$。因为希尔排序对直接插入排序进行了改进，所以会大大提高排序的效率。

希尔排序在具体实现时，首先选定两个记录间的距离 d_1，在整个待排序记录序列中将所有间隔为 d_1 的记录分成一组，然后在组内进行直接插入排序。接下来取两个记录间的距离 $d_2<d_1$，在整个待排序记录序列中，将所有间隔为 d_2 的记录分成一组，进行组内直接插入排序，一直到选定两个记录间的距离 $d_t=1$ 为止。此时只有一个子序列，即整个待排序记录序列。

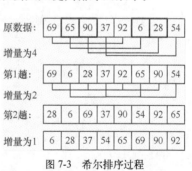

图 7-3　希尔排序过程

图 7-3 给出了一个希尔排序的具体实现过程。

使用 C 语言实现希尔排序算法的代码如下所示。

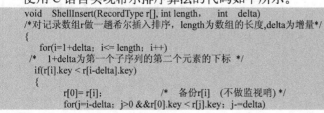

```
void    ShellInsert(RecordType r[], int length,    int  delta)
/*对记录数组r做一趟希尔插入排序，length为数组的长度,delta为增量*/
{
   for(i=1+delta；i<= length；i++)
  /*  1+delta为第一个子序列的第二个元素的下标 */
   if(r[i].key < r[i-delta].key)
   {
        r[0]= r[i];                /*  备份r[i]  (不做监视哨) */
        for(j=i-delta；j>0 &&r[0].key < r[j].key；j-=delta)
```

```
                r[j+delta]= r[j];
                    r[j+delta]= r[0];
        }
    }/*ShellInsert*/
    void   ShellSort(RecordType r[], int length)
    /*对记录数组r做希尔排序，length为数组r的长度,delta为增量数组，n为delta[]的长度  */
    {
            for(i=0;  i<=n-1;  ++i)
            ShellInsert(r,  Length, delta[i]);
    }
```

在上述希尔排序代码中，虽然排序的各个子序列的过程是相对独立的，但是在具体实现时，并不是先完全排序一个子序列，然后再排序另一个子序列。当顺序扫描整个待排序记录序列时，各个子序列的元素将会反复轮流出现。根据上述特点，希尔排序从第一个子序列的第二个元素开始，顺序扫描待排序记录序列。如果是首先出现的各子序列的第二个元素，则分别在各子序列中进行插入处理。然后对随后出现的各子序列的第三个元素，分别在各子序列中进行插入处理，直到处理完各子序列的最后一个元素为止。

为了分析希尔排序的优越性，在此引出逆转数的概念。在待排序序列中，某个记录关键字的逆转数是指在它之前比此关键字大的关键字的个数。

7.2.7　实践演练——使用希尔排序算法对数据进行排序处理

下面将通过一个实例的实现过程，详细讲解使用希尔排序算法对数据进行排序处理的具体方法。

实例 7-3　**使用希尔排序算法对数据进行排序处理**
源码路径　　光盘\daima\7\xier.c

实例文件 xier.c 通过 C 语言编写希尔排序算法，然后实现对设置数据的排序处理。具体实现代码如下所示。

```
#include <stdio.h>
#include "Create.c"      //生成随机数的函数
#define ARRAYLEN 10      //需要排序的数据元素数量
void xier(int a[],int n)//希尔排序
{
    int d,i,j,x;
    d=n/2;
    while(d>=1) //循环至增量为1时结束
    {
        for(i=d;i<n;i++)
        {
            x=a[i]; //获取序列中的下一个数据
            j=i-d; //序列中前一个数据的序号
            while(j>=0 && a[j]>x) //下一个数大于前一个数
            {
                a[j+d]=a[j]; //将后一个数向前移动
                j=j-d; //修改序号，继续向前比较
            }
            a[j+d]=x; //保存数据
        }
        d/=2;  //缩小增量
    }
}
int main()
{
    int i,a[ARRAYLEN];      //定义数组
    for(i=0;i<ARRAYLEN;i++)  //清空数组
        a[i]=0;
    if(!Create(a,ARRAYLEN,1,100))   //判断生成随机数是否成功
    {
        printf("生成随机数不成功!\n");
        getch();
        return 1;
    }
    printf("原数据:");       //输出生成的随机数
```

```
        for(i=0;i<ARRAYLEN;i++)
             printf("%d ",a[i]);
        printf("\n");
        xier(a,ARRAYLEN);      //调用希尔排序函数
        printf("排序后:");
        for(i=0;i<ARRAYLEN;i++)    //输出排序后的结果
             printf("%d ",a[i]);
        printf("\n");
        getch();
        return 0;
}
```

执行后的效果如图 7-4 所示。

图 7-4　使用希尔排序算法对数据进行排序的执行效果

7.2.8　实践演练——使用希尔排序处理数组

下面将通过一个实例的实现过程，详细讲解使用希尔排序处理数组的具体方法。

实例 7-4　使用希尔排序处理数组
源码路径　光盘\daima\7\xier1.c

实例文件 xier1.c 的具体实现代码如下所示。

```
#include <stdio.h>
#define max 100//数组大小
void shellsort(int* a,int n) {
 int delta,i,j;
 for(delta=n/2;delta>0;delta /= 2) {
     for(i=delta;i<n;i++) {
          int temp = a[i];
          for(j=i-delta;j>=0;j -= delta) {
               if(temp<a[j]) {
                    a[j+delta] = a[j];
          }
        else {
            break;
        }
      }
    a[j+delta] = temp;
   }
  }
}

//////////////////////////////
//输出排序之后的数据序列
//////////////////////////////
void print(int* a,int n) {
 int i;
 for(i=0;i<n;i++) {
  printf("%d ",a[i]);
 }
 printf("\n");
}

//////////////////////////////
//主函数
//////////////////////////////
int main() {
 int a[max];
 int n;//输入的数据个数
 scanf("%d",&n);
 int i;
 for(i=0;i<n;i++)
  scanf("%d",&a[i]);
 shellsort(a,n);
 print(a,n);
```

```
    return 0;
}
```

7.3　交换类排序法

📹 知识点讲解：光盘:视频讲解\第 7 章\交换类排序法.avi

看名字就知道，交换类排序法是一种基于交换的排序法，能够通过交换逆序元素进行排序。在本节中将详细介绍使用交换思想实现的冒泡排序的方法，并在此基础上给出了改进方法——快速排序法的实现流程。

7.3.1　冒泡排序（相邻比序法）

冒泡排序是一种简单的交换类排序方法，能够将相邻的数据元素进行交换，从而逐步将待排序序列变成有序序列。冒泡排序的基本思想是：从头扫描待排序记录序列，在扫描的过程中顺次比较相邻的两个元素的大小。下面以升序为例介绍排序过程。

（1）在第一趟排序中，对 n 个记录进行如下操作。

① 对相邻的两个记录的关键字进行比较，如果逆序就交换位置。

② 在扫描的过程中，不断向后移动相邻两个记录中关键字较大的记录。

③ 将待排序记录序列中的最大关键字记录交换到待排序记录序列的末尾，这也是最大关键字记录应在的位置。

（2）然后进行第二趟冒泡排序，对前 $n-1$ 个记录进行同样的操作，其结果是使次大的记录被放在第 $n-1$ 个记录的位置上。

（3）继续进行排序工作，在后面几趟的升序处理也反复遵循了上述过程，直到排好顺序为止。如果在某一趟冒泡过程中没有发现一个逆序，就可以马上结束冒泡排序。整个冒泡过程最多可以进行 $n-1$ 趟，图 7-5 演示了一个完整冒泡排序过程。

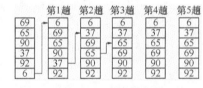

图 7-5　冒泡排序过程

使用 C 语言实现冒泡排序的算法代码如下所示。

```
void    BubbleSort(RecordType r[], int length )
/*对记录数组r做冒泡排序，length为数组的长度*/
{
n=length;        change=TRUE;
for ( i=1 ; i<= n-1 && change ;++i )
{
        change=FALSE;
        for ( j=1 ; j<= n-i ; ++j)
        if (r[j].key> r[j+1].key )
{
            x= r[j];
            r[j]= r[j+1];
            r[j+1]= x;
            change=TRUE;
        }
}
} /*   BubbleSort   */
```

7.3.2　快速排序

在冒泡排序中，在扫描过程中只比较相邻的两个元素，所以在互换两个相邻元素时只能消除一个逆序。其实也可以对两个不相邻的元素进行交换，这样做的好处是消除待排序记录中的多个逆序，这样会加快排序的速度。由此可见，快速排序方法就是通过一次交换消除多个逆序的过程。

快速排序的基本思想如下所示。

① 从待排序记录序列中选取一个记录，通常选取第一个记录，将其关键字设为 K_1。

② 将关键字小于 K_1 的记录移到前面，将关键字大于 K_1 的记录移到后面，结果会将待排序记录序列分成两个子表。

③ 将关键字为 K_1 的记录插到其分界线的位置。

通常将上述排序过程称作一趟快速排序，通过一次划分之后，会以关键字 K_1 这个记录作为分界线，将待排序序列分成了两个子表，前面子表中所有记录的关键字都不能大于 K_1，后面子表中所有记录的关键字都不能小于 K_1。可以对分割后的子表继续按上述原则进行分割，直到所有子表的表长不超过 1 为止，此时待排序记录序列就变成了一个有序表。

快速排序算法基于分治策略，可以把待排序数据序列分为两个子序列，具体步骤如下所示。

① 从数列中挑出一个元素，将该元素称为"基准"。

② 扫描一遍数列，将所有比"基准"小的元素排在基准前面，所有比"基准"大的元素排在基准后面。

③ 使用递归将各子序列划分为更小的序列，直到把小于基准值元素的子数列和大于基准值元素的子数列排序。

例如有一个数组 69，65，90，37，92，6，28，54，其排序过程如图 7-6 所示。

使用 C 语言实现快速排序的算法代码如下所示。

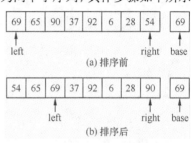

图 7-6 排序过程

```
void QKSort(RecordType r[],int low, int high )
/*对记录数组r[low..high]用快速排序算法进行排序*/
{
        if(1ow<high)
        {
                pos=QKPass(r, low, high);
                QKSort(r, low, pos-1);
                QKSort(r, pos+1, high);
        }
}
```

实现一趟快速排序的算法代码如下所示。

```
int QKPass(RecordType r[],int left，int right)
/*对记录数组r中的r[left]至r[right]部分进行一趟排序，并得到基准的位置，使得排序后的结果满足其之后（前）的记录的
关键字均不小于（大于）基准记录*/
    {
        x= r[left];                     /* 选择基准记录*/
        low=left ;   high=right;
    while ( low<high )
    {
    while (low< high && r[high].key>=x.key )
     /* high从右到左找小于x.key的记录 */
        high--;
    if ( low <high )  { r[low]= r[high]；low++;}
    /* 找到小于x.key的记录，则进行交换*/
    while (low<high && r[low].key<x.key  )      /* low从左到右找大于x.key的记录 */
            low++;
    if (   low<high  ) { r[high]= r[low]；high--; } /* 找到大于x.key的记录，则交换*/
    }
    r[low]=x;                       /*将基准记录保存到low=high的位置*/
    return low;                     /*返回基准记录的位置*/
    } /* QKPass */
```

7.3.3 实践演练——用冒泡排序算法实现对数据的排序处理

下面将通过一个实例的实现过程，详细讲解用冒泡排序算法实现对数据排序处理的具体方法。

实例 7-5 **用冒泡排序算法实现对数据的排序处理**
源码路径 光盘\daima\7\mao.c

实例文件 mao.c 的功能是通过 C 语言编写冒泡排序算法，然后实现对设置数据的排序处理。文件 mao.c 的具体实现代码如下所示。

```c
#include <stdio.h>
#include "Create.c"
#define ARRAYLEN 6
void mao(int a[],int n)
{
    int i,j,t;
    for(i=0;i<n-1;i++)
    {
        for(j=n-1;j>i;j--)
        {
            if(a[j-1]>a[j])
            {
                t=a[j-1];
                a[j-1]=a[j];
                a[j]=t;
            }
        }
        printf("第%2d遍:",i+1);
        for(j=0;j<n;j++)
            printf("%d ",a[j]);
        printf("\n");
    }
}
void mao1(int a[],int n)
{
    int i,j,t,flag=0;            //flag用来标记是否发生交换
    for(i=0;i<n-1;i++)
    {
        for(j=n-1;j>i;j--)
            if(a[j-1]>a[j])//交换数据
            {
                t=a[j-1];
                a[j-1]=a[j];
                a[j]=t;
                flag=1;
            }
        printf("第%2d遍:",i+1);
        for(j=0;j<n;j++)
            printf("%d ",a[j]);
        printf("\n");
        if(flag==0)        //没发生交换,直接跳出循环
            break;
        else
            flag=0;
    }
}
int main()
{
    int i,a[ARRAYLEN];
    for(i=0;i<ARRAYLEN;i++)
        a[i]=0;
    if(!Create(a,ARRAYLEN,1,100))
    {
        printf("生成随机数不成功!\n");
        getch();
        return 1;
    }
    printf("原数据:");
    for(i=0;i<ARRAYLEN;i++)
        printf("%d ",a[i]);
    printf("\n");
    mao1(a,ARRAYLEN);
    printf("排序后:");
    for(i=0;i<ARRAYLEN;i++)
        printf("%d ",a[i]);
    printf("\n");
    getch();
    return 0;
}
```

在上述代码中，函数 mao(int a[],int n)有 2 个参数，其中 a[]是一个数组，表示需要传入排序的

数组；n 表示数组中元素的数量，并通过循环对数组实现 $n-1$ 遍扫描。执行效果如图 7-7 所示。

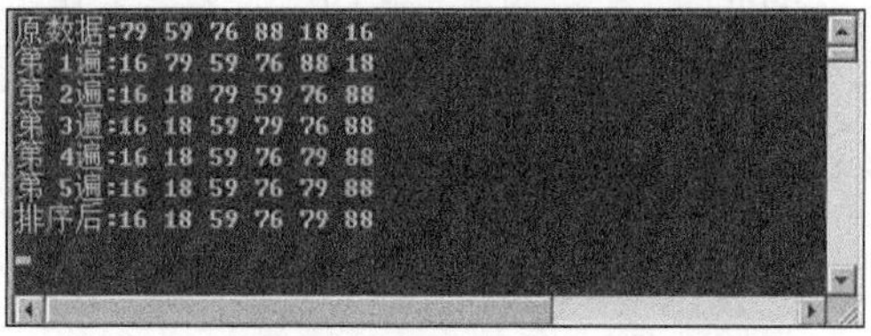

图 7-7 用冒泡排序算法排序的执行效果

7.3.4 实践演练——使用快速排序算法

下面将通过一个实例的实现过程，详细讲解使用快速排序算法的具体方法。

实例 7-6 | 演示快速排序算法的用法
源码路径 光盘\daima\7\kuaisu.c

编写文件 kuaisu.c 来演示快速排序算法的创建和使用方法，具体实现代码如下所示。

```c
#include <stdio.h>
#include "Create.c"
#define ARRAYLEN 10
int Division(int a[],int left, int right) //分割
{
    int base=a[left];        //基准元素
    while(left<right)
    {
        while(left<right && a[right]>base)
            --right;         //从右向左找第一个比基准小的元素
        a[left]=a[right];
        while(left<right && a[left]<base )
            ++left;          //从左向右找第一个比基准大的元素
        a[right]=a[left];
    }
    a[left]=base;
    return left;
}
void kuai(int a[],int left,int right)
{
    int i,j;
    if(left<right)
    {
        i=Division(a,left,right);   //分割
        kuai(a,left,i-1);           //将两部分分别排序
        kuai(a,i+1,right);
    }
}
int main()
{
    int i,a[ARRAYLEN];
    for(i=0;i<ARRAYLEN;i++)
        a[i]=0;
    if(!Create(a,ARRAYLEN,1,100))
    {
        printf("生成随机数不成功!\n");
        getch();
        return 1;
    }
    printf("原数据:");
    for(i=0;i<ARRAYLEN;i++)
        printf("%d ",a[i]);
    printf("\n");
    kuai(a,0,ARRAYLEN-1);
    printf("排序后:");
    for(i=0;i<ARRAYLEN;i++)
        printf("%d ",a[i]);
    printf("\n");
    getch();
```

```
        return 0;
}
```

在上述代码中，函数 Division()有 3 个参数，其中 a 表示要处理的数组，left 和 right 分别表示要分隔数组的左右序号。执行效果如图 7-8 所示。

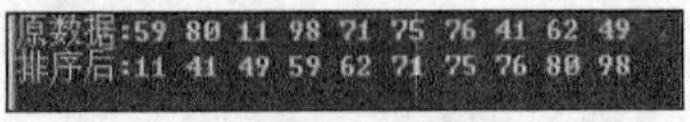

```
原数据:59 80 11 98 71 75 76 41 62 49
排序后:11 41 49 59 62 71 75 76 80 98
```

图 7-8　使用快速排序算法的执行效果

7.4　选择类排序法

知识点讲解：光盘:视频讲解\第 7 章\选择类排序法.avi

在排序时可以有选择地进行，但是不能随便选择，只能选择关键字最小的数据。在选择排序法中，每一趟从待排序的记录中选出关键字最小的记录，顺序放在已排好序的子文件的最后，直到排序完全部记录为止。常用的选择排序方法有两种，分别是直接选择排序和堆排序。

7.4.1　直接选择排序

直接选择排序又被称为简单选择排序，第 i 趟简单选择排序是指通过 $n-i$ 次关键字的比较，从 $n-i+1$ 个记录中选出关键字最小的记录，并与第 i 个记录进行交换。这样共需进行 $i-1$ 趟比较，直到排序完成所有记录为止。例如当进行第 i 趟选择时，从当前候选记录中选出关键字最小的 k 号记录，并与第 i 个记录进行交换。

对拥有 n 个记录的文件进行直接选择排序，其经过 $n-1$ 趟直接选择排序可以得到一个有序地结果。具体排序流程如下所示。

① 在初始状态，无序区为 $R[1\cdots n]$，有序区为空。

② 实现第 1 趟排序。在无序区 $R[1\cdots n]$ 中选出关键字最小的记录 $R[k]$，将它与无序区的第 1 个记录 $R[1]$ 交换，使 $R[1..n]$ 和 $R[2\cdots n]$ 分别变为记录个数增加 1 个的新有序区和记录个数减少 1 个的新无序区。

③ 实现第 i 趟排序。

在开始第 i 趟排序时，当前有序区和无序区分别是 $R[1\cdots i-1]$ 和 $R[i\cdots n](1\leqslant i\leqslant n-1)$。该趟排序会从当前无序区中选出关键字最小的记录 $R[k]$，将它与无序区的第 1 个记录 $R[i]$ 进行交换，使 $R[1\cdots i]$ 和 $R[i+1\cdots n]$ 分别变为记录个数增加 1 个的新有序区和记录个数减少 1 个的新无序区。

这样，n 个记录文件经过 $n-1$ 趟直接选择排序后，会得到有序结果。

1. 算法描述

使用 C 语言实现直接选择排序的具体算法如下所示。

```
void SelectSort(SeqList R)
{
    int i, j, k;
    for(i=1;i<n;i++){//做第i趟排序(1≤i≤n-1)
      k=i;
      for(j=i+1;j<=n;j++) //在当前无序区R[i..n]中选key最小的记录R[k]
        if(R[j].key<R[k].key)
          k=j; //k记下目前找到的最小关键字所在的位置
        if(k!=i){ //交换R[i]和R[k]
          R[0]=R[i];  R[i]=R[k];  R[k]=R[0];   //R[0]作暂存单元
        } //endif
    } //endfor
} //SeleetSort
```

2. 分析算法

（1）关键字比较次数。

无论文件初始状态怎么样，在第 i 趟排序中选出最小关键字的记录，需要做 $n-i$ 次比较，所以总的比较次数为：

$n(n-1)/2=O(n^2)$

通过上述公式可以得到移动次数，具体说明如下所示。

① 当初始文件为正序时，移动次数为 0。

② 文件初态为反序时，每趟排序均要执行交换操作，总的移动次数取最大值 $3(n-1)$。

③ 直接选择排序的平均时间复杂度为 $O(n^2)$。

（2）直接选择排序是一个就地排序。

（3）稳定性分析：直接选择排序是不稳定的。

7.4.2 树形选择排序

在简单选择排序中，首先从 n 个记录中选择关键字最小的记录进行 $n-1$ 次比较，在 $n-1$ 个记录中选择关键字最小的记录进行 $n-2$ 次比较……每次都没有利用上次比较的结果，所以比较操作的时间复杂度为 $O(n^2)$。如果想降低比较的次数，需要保存比较过程中的大小关系。

树形选择排序也被称为锦标赛排序，其基本思想如下。

（1）两两比较待排序的 n 个记录的关键字，并取出较小者。

（2）在 $n/2$ 个较小者中，采用同样的方法比较选出每两个中的较小者。

如此反复上述过程，直至选出最小关键字记录为止。可以用一棵有 n 个节点的树来表示，选出的最小关键字记录就是这棵树的根节点。当输出最小关键字之后，为了选出次小关键字，可以设置根节点（即最小关键字记录所对应的叶节点）的关键字值为∞，然后再进行上述的过程，直到所有的记录全部输出为止。

例如存在如下数据：49，38，65，97，76，13，27，49。如果想从上述 8 个数据中选出最小数据，具体实现过程如图 7-9 所示。

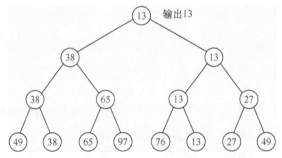

图 7-9　选出最小数据的过程

在树形选择排序中，被选中的关键字都是走了一条由叶节点到根节点的比较过程，因为含有 n 个叶节点的完全二叉树的深度为 $[\log_2 n]+1$，所以在树形选择排序中，每当选择一个关键字都需要进行 $\log_2 n$ 次比较，其时间复杂度为 $O(\log_2 n)$。因为移动记录次数不超过比较次数，所以总的算法时间复杂度为 $O(n\log_2 n)$。与简单选择排序相比，树形选择排序降低了比较次数的数量级，增加了 $n-1$ 个存放中间比较结果的额外存储空间，并同时附加了与∞进行比较的时间耗费。为了弥补上述缺陷，威廉姆斯在 1964 年提出了进一步的改进方法，即另外一种形式的选择排序方法——堆排序。

7.4.3 堆排序

堆排序是指在排序过程中，将向量中存储的数据看成一棵完全二叉树，利用完全二叉树中双亲节点和孩子节点之间的内在关系，以选择关键字最小的记录的过程。待排序记录仍采用向量数组方式存储，并非采用树的存储结构，而仅仅是采用完全二叉树的顺序结构的特征进行分析而已。

堆排序是对树形选择排序的改进。当采用堆排序时，需要一个能够记录大小的辅助空间。

堆排序的具体做法是：将待排序的记录的关键字存放在数组 r[1…n] 之中，将 r 用一棵完全二叉树的顺序来表示。每个节点表示一个记录，第一个记录 r[1] 作为二叉树的根，后面的各个记录 r[2…n] 依次逐层从左到右顺序排列，任意节点 r[i] 的左孩子是 r[2i]，右孩子是 r[2i+1]，双亲是 r[r/2]。调整这棵完全二叉树，使各节点的关键字值满足下列条件。

r[i].key≥r[2i].key 并且 r[i].key≥r[2i+1].key(i=1,2,…[n/2])

将满足上述条件的完全二叉树称为堆，将此堆中根节点的最大关键字称为大根堆。反之，如果此完全二叉树中任意节点的关键字大于或等于其左孩子和右孩子的关键字（当有左孩子或右孩子时），则对应的堆为小根堆。

假如存在如下两个关键字序列都满足上述条件：

（10，15，56，25，30，70）

（70，56，30，25，15，10）

上述两个关键字序列都是堆，（10，15，56，25，30，70）对应的完全二叉树的小根堆如图 7-10（a）所示，（70，56，30，25，15，10）对应的完全二叉树的大根堆如图 7-10（b）所示。

堆排序的过程主要需要解决如下几个问题。

① 如何重建堆？

② 如何由一个任意序列建初堆？

③ 如何利用堆进行排序？

1．重建堆

重建堆的过程非常简单，只需要如下两个移动步骤即可实现。

① 移出完全二叉树根节点中的记录，该记录称为待调整记录，此时的根节点接近于空节点。

② 从空节点的左子、右子中选出一个关键字较小的记录，如果该记录的关键字小于待调整记录的关键字，则将该记录上移至空节点中。此时，原来那个关键字较小的子节点相当于空节点。

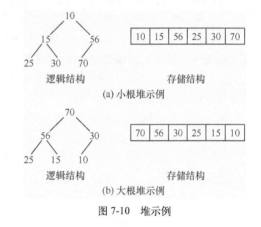

图 7-10　堆示例

重复上述移动步骤，直到空节点左子、右子的关键字均不小于待调整记录的关键字为止，此时将待调整记录放入空节点即可完成重建。通过上述调整方法，实际上是使待调整记录实现了逐步向下"筛"处理，所以上述过程一般被称为"筛选"法。使用 C 语言实现"筛选"算法的代码如下所示。

```
void    sift（RecordType  r[]，int k，int  m）
/*  假设 r [k…m] 是以 r [k] 为根的完全二叉树，且分别以 r [2k] 和 r [2k+1] 为根的左、右子树为大根堆，调整r[k]，使整个序列r[k…m]满足堆的性质 */
    {
    t= r[k];    /*  暂存"根"记录r[k] */
    x=r[k].key；
    i=k；
    j=2*i  ；
    finished=FALSE；
    while( j<=m && ! finished   )
        {
    if (j<m  && r[j].key< r[j+1].key)  j=j+1;
    /*  若存在右子树，且右子树根的关键字大，则沿右分支"筛选"  */
     if ( x>= r[j].key)  finished=TRUE;    /*  筛选完毕 */
      else {
    r[i] = r[j];
    i=j；
    j=2*i；
                                        /*  继续筛选 */
        }
    }
```

```
    r[i] =t ;                                    /* r[i]填入到恰当的位置 */
}    /* sift */
```

2. 用任意序列建初堆

可以将一个任意序列看作是对应的完全二叉树，因为可以将叶节点视为单元素的堆，所以可以反复利用"筛选"法，自底向上逐层把所有子树调整为堆，直到将整个完全二叉树调整为堆。可以确定最后一个非叶节点位于[n/2]个元素，n 为二叉树节点数目。所以"筛选"必须从第[n/2]个元素开始，逐层向上倒退，直到根节点为止。

使用 C 语言建堆的实现算法如下所示。

```
void    crt_heap(RecordType r[], int length )
/*对记录数组r建堆，length为数组的长度*/
{
    n= length;
    for ( i=n/2 ; i>= 1 ; --i)              /*  自第n个记录开始进行筛选建堆  */
        sift(r, i, n) ;
}
```

3. 堆排序

使用堆进行排序的具体步骤如下所示。

① 将待排序记录按照堆的定义建立一个初堆，并输出堆顶元素。

② 调整剩余的记录序列，使用筛选法将前 n-i 个元素重新筛选，以便建成为一个新堆，然后再输出堆顶元素。

③ 重复执行步骤②，实现 n-1 次筛选，这样新筛选成的堆会越来越小，而新堆后面的有序关键字会越来越多，最后使待排序记录序列成为一个有序的序列，这个过程称之为堆排序。

使用 C 语言实现堆排序算法的代码如下所示。

```
void   HeapSort（RecordType   r[],int length）
 /*  对r[1…n]进行堆排序，执行本算法后，r中记录按关键字由大到小有序排列  */
{
    crt_heap（r, length);
    n= length;
for (    i=n    ; i>= 2 ; --i)
{
    b=r[1];                          /*  将堆顶记录和堆中的最后一个记录互换  */
    r[1]= r[i]
    r[i]=b;
    sift(r,  1,  i-1)  ;     /*  进行调整，使r[1…i-1]变成堆  */
}
} /* HeapSort */
```

7.4.4 实践演练——直接选择排序算法对数据的排序处理

下面将通过一个实例的实现过程，详细讲解用直接选择排序算法实现对数据的排序处理的具体方法。

实例 7-7	用直接选择排序算法实现对数据的排序处理
	源码路径 光盘\daima\7\zhijie.c

实例文件 zhijie.c 是用 C 语言编写的直接选择排序算法，然后实现对设置数据的排序处理。文件 zhijie.c 的具体实现代码如下所示。

```
#include <stdio.h>
#include "Create.c"
#define ARRAYLEN 10
void xuanze(int a[],int n)
{
    int i,j,t,k;
    for(i=0;i<n-1;i++)
    {
        k=i;
        for(j=i+1;j<n;j++)
            if(a[k]>a[j]) k=j;
        t=a[i];
        a[i]=a[k];
```

```
            a[k]=t;
        }
    }
    int main()
    {
        int i,a[ARRAYLEN];
        for(i=0;i<ARRAYLEN;i++)
            a[i]=0;
        if(!Create(a,ARRAYLEN,1,100))
        {
            printf("生成随机数失败!\n");
            getch();
            return 1;
        }
        printf("原数据:");
        for(i=0;i<ARRAYLEN;i++)
            printf("%d ",a[i]);
        printf("\n");
        xuanze(a,ARRAYLEN);
        printf("排序后:");
        for(i=0;i<ARRAYLEN;i++)
            printf("%d ",a[i]);
        printf("\n");
        getch();
        return 0;
    }
```

执行后的效果如图 7-11 所示。

原数据:69 26 49 65 4 52 77 58 19 63
排序后:4 19 26 49 52 58 63 65 69 77

图 7-11　用直接选择算法对数据排序的执行效果

7.4.5　实践演练——堆排序算法实现排序处理

下面将通过一个实例的实现过程，详细讲解用堆排序算法实现对数据的排序处理的具体方法。

实例 7-8　**用堆排序算法实现对数据的排序处理**

源码路径　　光盘\daima\7\dui.c

实例 7-1 展示了创建并使用直接选择排序算法的用法，接下来编写文件 dui.c 来创建一个堆排序算法，然后实现对指定数据的排序处理。实例文件 dui.c 的具体实现代码如下所示。

```
#include <stdio.h>
#include "Create.c"
#define ARRAYLEN 10
void goudui(int a[],int s,int n)//构成堆
{
    int j,t;
    while(2*s+1<n) //第s个节点有右子树
    {
        j=2*s+1 ;
        if((j+1)<n)
        {
            if(a[j]<a[j+1])//如果左子树小于右子树，则需要比较右子树
                j++; //序号增加1，指向右子树
        }
        if(a[s]<a[j])//比较以s与j为序号的数据
        {
            t=a[s];    //交换数据
            a[s]=a[j];
            a[j]=t;
            s=j ;//堆被破坏，需要重新调整
        }
        else //比较左右孩子，如果堆未被破坏，则不再需要调整
            break;
    }
}
void paidui(int a[],int n)//堆排序
{
```

```
        int t,i;
        int j;
        for(i=n/2-1;i>=0;i--)        //将a[0,n-1]建成大根堆
            goudui(a, i, n);
        for(i=n-1;i>0;i--)
        {
            t=a[0];//与第i个记录交换
            a[0] =a[i];
            a[i] =t;
            goudui(a,0,i);           //将a[0]至a[i]重新调整为堆
        }
    }
    int main()
    {
        int i,a[ARRAYLEN];
        for(i=0;i<ARRAYLEN;i++)
            a[i]=0;
        if(!Create(a,ARRAYLEN,1,100))
        {
            printf("生成随机数失败!\n");
            getch();
            return 1;
        }
        printf("原数据:");
        for(i=0;i<ARRAYLEN;i++)
            printf("%d ",a[i]);
        printf("\n");
        paidui(a,ARRAYLEN);
        printf("排序后:");
        for(i=0;i<ARRAYLEN;i++)
            printf("%d ",a[i]);
        printf("\n");
        getch();
        return 0;
    }
```

在上述代码中，函数 goudui(int a[],int s,int n)有 3 个参数，其中参数 a[]是一个数组，用于保存以线性方式保存的二叉树，参数 s 表示需要构成堆的根节点序号，参数 n 表示数组的长度。执行效果如图 7-12 所示。

图 7-12　用堆排序算法对数据排序的执行效果

7.5　归并排序

知识点讲解：光盘:视频讲解\第 7 章\归并排序.avi

在使用归并排序法时，将两个或两个以上有序表合并成一个新的有序表。假设初始序列含有 k 个记录，首先将这 k 个记录看成 k 个有序的子序列，每个子序列的长度为 1，然后两两进行归并，得到 $k/2$ 个长度为 2（k 为奇数时，最后一个序列的长度为 1）的有序子序列。最后在此基础上再进行两两归并，如此重复下去，直到得到一个长度为 k 的有序序列为止。上述排序方法被称作二路归并排序法。

7.5.1　归并排序思想

归并排序就是利用归并过程，开始时先将 k 个数据看成 k 个长度为 1 的已排好序的表，将相邻的表成对合并，得到长度为 2 的（$k/2$）个有序表，每个表含有 2 个数据；进一步再将相邻表成对合并，得到长度为 4 的（$k/4$）个有序表……如此重复做下去，直到将所有数据均合并到

一个长度为 k 的有序表为止，从而完成了排序。图 7-13 显示了二路归并排序的过程。

初始值	[6]	[14]	[12]	[10]	[2]	[18]	[16]	[8]
第一趟归并	[6	14]	[10	12]	[2	18]	[8	16]
第二趟归并	[6	10	12	14]	[2	8	16	18]
第三趟归并	[2	6	8	10	12	14	16	18]

图 7-13　二路归并排序过程

在图 7-14 中，假设使用函数 Merge()将两个有序表进行归并处理，假设将两个待归并的表分别保存在数组 A 和 B 中，将其中一个的数据安排在下标从 m 到 n 单元中，另一个安排在下标从 $(n+1)$ 到 h 单元中，将归并后得到的有序表存入到辅助数组 C 中。归并过程是依次比较这两个有序表中相应的数据，按照"取小"原则复制到 C 中。

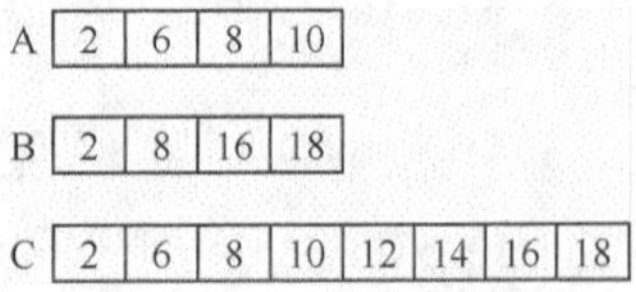

图 7-14　两个有序表的归并图

函数 Merge()的功能只是归并两个有序表，在进行二路归并的每一趟归并过程中，能够将多对相邻的表进行归并处理。接下来开始讨论一趟的归并，假设已经将数组 r 中的 n 个数据分成对长度为 s 的有序表，要求将这些表两两归并，归并成一些长度为 $2s$ 的有序表，并把结果置入辅助数组 r2 中。如果 n 不是 $2s$ 的整数倍，虽然前面进行归并的表长度均为 s，但是最后还是能再剩下一对长度都是 s 的表。在这个时候，需要考虑如下两种情况。

① 剩下一个长度为 s 的表和一个长度小于 s 的表，由于上述的归并函数 merge()并不要求待归并的两个表必须长度相同，仍可将二者归并，只是归并后的表的长度小于其他表的长度 $2s$。

② 只剩下一个表，它的长度小于或等于 s，由于没有另一个表与它归并，只能将它直接复制到数组 r2 中，准备参加下一趟的归并。

7.5.2　两路归并算法的思路

假设将两个有序的子文件（相当于输入堆）放在同一向量中的相邻位置上，位置是 r[low…m]和 r[m+1…high]。可以先将它们合并到一个局部的暂存向量 r1（相当于输出堆）中，当合并完成后将 r1 复制回 r[low…high]中。

（1）合并过程

① 预先设置 3 个指针 i、j 和 p，其初始值分别指向这 3 个记录区的起始位置。

② 在合并时依次比较 r[i]和 r[j]的关键字，将关键字较小的记录复制到 r1[p]中，然后将被复制记录的指针 i 或 j 加 1，以及指向复制位置的指针 p 加 1。

③ 重复上述过程，直到两个输入的子文件中有一个已全部复制完毕为止，此时将另一非空的子文件中剩余记录依次复制到 r1 中。

（2）动态申请 r1

在两路归并过程中，r1 是动态申请的，因为申请的空间会很大，所以需要判断加入申请空间是否成功。二路归并排序法的操作目的非常简单，只是将待排序列中相邻的两个有序子序列合并成一个有序序列。二路归并排序法的具体算法描述如下所示。

```
/* 已知r1[low…mid]和r1[mid+1…high]分别按关键字有序排列*/
/*将它们合并成一个有序序列，存放在r[low…high] */
void Merge ( RecordType r1[],  int low,   int mid,   int high,  RecordType  r[]){
i=low; j=mid+1; k=low;
while ( (i<=mid)&&(j<=high)  )
{
if ( r1[i].key<=r1[j].key )
{
    r[k]=r1[i];   ++i;
```

```
        }
        else   {
            r[k]=r1[j];   ++j;
        }
    }
    ++k;
    }
while( i<=mid ){
    r[k]=r1[i];k++,i++;
    }
while( j<=high); {
    r[k]=r1[j];k++;j++;
    }
    }
}
```

在合并过程中，两个有序的子表被遍历了一遍，表中的每一项均被复制了一次。因此，合并的代价与两个有序子表的长度之和成正比，该算法的时间复杂度为 $O(n)$。

可以采用递归方法实现二路归并排序，具体描述如下所示。

```
/* r1[low…high]经过排序后放在r[low…high]中，r2[low…high]为辅助空间 */
void   MergeSort (RecordType  r1[],  int  low,  int  high,  RecordType  r[])
{ RecordType   *r2;
    r2=(RecordType*)malloc(sizeof(RecordType)*(hight-low+1));
if ( low==high )   r[low]=r1[low];
else{
        mid=(low+high)/2;
        MergeSort(r1, low, mid,  r2);
        MergeSort(r1, mid+1, high,  r2);
        Merge (r2, low，mid，high，r);
    }
    free(r2);
}
```

7.5.3 实现归并排序

实现归并排序的方法有两种，分别是自底向上和自顶向下，具体说明如下所示。

1. 自底向上的方法

（1）自底向上的基本思想

自底向上的基本思想是，当第 1 趟归并排序时，将待排序的文件 R[1…n]看作是 n 个长度为 1 的有序子文件，然后将这些子文件两两归并。

❑ 如果 n 为偶数，则得到 $n/2$ 个长度为 2 的有序子文件；

❑ 如果 n 为奇数，则最后一个子文件轮空（不参与归并）。

所以当完成本趟归并后，前[lg$n$]个有序子文件长度为 2，最后一个子文件长度仍为 1。

第 2 趟归并的功能是，将第 1 趟归并所得到的[lg$n$]个有序的子文件实现两两归并。如此反复操作，直到最后得到一个长度为 n 的有序文件为止。

上述每次归并操作，都是将两个有序的子文件合并成一个有序的子文件，所以称其为"二路归并排序"。类似地还有 $k(k>2)$ 路归并排序。

（2）一趟归并算法

在某趟归并中，设各子文件长度为 length（最后一个子文件的长度可能小于 length），则归并前 R[1…n]中共有 n 个有序的子文件：R[1…length]，R[length+1…2length]，…，R[([n/length]−1)*length+1…n]。

❀ 注意：调用归并操作将相邻的一对子文件进行归并时，必须对子文件的个数可能是奇数、以及最后一个子文件的长度小于 length 这两种特殊情况进行特殊处理。

❑ 如果子文件个数为奇数，则最后一个子文件无须和其他子文件归并（即本趟轮空）。

❑ 如果子文件个数为偶数，则要注意最后一对子文件中后一子文件的区间上界是 n。

使用 C 语言实现一趟归并算法的具体代码如下所示。

```
    void MergePass(SeqList R，int length)
    { //对R[1…n]做一趟归并排序
      int i;
```

```
for(i=1;i+2*length-1<=n;i=i+2*length)
    Merge(R, i, i+length-1, i+2*length-1);
    //归并长度为length的两个相邻子文件
if(i+length-1<n) //尚有两个子文件，其中后一个长度小于length
    Merge(R, i, i+length-1, n); //归并最后两个子文件
//注意：若i≤n且i+length-1≥n时，则剩余一个子文件轮空，无须归并
} //MergePass
```

（3）二路归并排序算法

二路归并排序具体代码的算法如下。

```
void MergeSort(SeqList R)
{//采用自底向上的方法，对R[1…n]进行二路归并排序
    int length;
    for(length=1; length<n; length*=2) //做两趟归并
        MergePass(R, length); //有序段长度≥n时终止
}
```

自底向上的归并排序算法虽然效率较高，但可读性较差。

2. 自顶向下的方法

用分治法进行自顶向下的算法设计，这种形式更为简洁。

（1）分治法的 3 个步骤

设归并排序的当前区间是 R[low…high]，分治法的 3 个步骤如下。

① 分解：将当前区间一分为二，即求分裂点。

② 求解：递归地对两个子区间 R[low..mid]和 R[mid+1…high]进行归并排序。

③ 组合：将已排序的两个子区间 R[low..mid]和 R[mid+1…high]归并为一个有序的区间 R[low…high]。

递归的终结条件：子区间长度为 1。

（2）具体算法

```
void MergeSortDC(SeqList R, int low, int high)
{//用分治法对R[low…high]进行二路归并排序
    int mid;
    if(low<high){//区间长度大于1
        mid=(low+high)/2; //分解
        MergeSortDC(R, low, mid); //递归地对R[low…mid]排序
        MergeSortDC(R, mid+1, high); //递归地对R[mid+1…high]排序
        Merge(R, low, mid, high); //组合，将两个有序区归并为一个有序区
    }
}//MergeSortDC
```

例如，已知序列{26,5,77,1,61,11,59,15,48,19}写出采用归并排序算法排序的每一趟的结果。归并排序各趟的结果如下所示。

[26]　[5]　[77]　[1]　[61]　[11]　[59]　[15]　[48]　[19]

[5　26]　[1　77]　[11　61]　[15　59]　[19　48]

[1　5　26　77]　[11　15　59　61]　[19　48]

[1　5　11　15　26　59　61　77]　[19　48]

[1　5　11　15　19　26　48　59　61　77]

7.5.4　实践演练——用归并算法实现排序处理

下面将通过一个实例的实现过程，详细讲解用归并算法实现对数据的排序处理的具体方法。

实例 7-9　用归并算法实现对数据的排序处理

源码路径　光盘\daima\7\gui.c

实例文件 gui.c 的功能是通过归并算法排序处理指定的数据，具体实现代码如下所示。

```
#include <stdio.h>

#define LEN 8
int a[LEN] = { 1, 3, 5, 7, 9, 11, 13, 15 };
```

```
void merge(int start, int mid, int end)
{
      int n1 = mid - start + 1;
      int n2 = end - mid;
      int left[n1], right[n2];
      int i, j, k;

      for (i = 0; i < n1; i++) /* left holds a[start..mid] */
            left[i] = a[start+i];
      for (j = 0; j < n2; j++) /* right holds a[mid+1..end] */
            right[j] = a[mid+1+j];

      i = j = 0;
      k = start;
      while (i < n1 && j < n2)
            if (left[i] < right[j])
                  a[k++] = left[i++];
            else
                  a[k++] = right[j++];

      while (i < n1) /* left[] is not exhausted */
            a[k++] = left[i++];
      while (j < n2) /* right[] is not exhausted */
            a[k++] = right[j++];
}

void sort(int start, int end)
{
      int mid;
      if (start < end) {
            mid = (start + end) / 2;
            printf("sort (%d-%d, %d-%d) %d %d %d %d %d %d %d %d\n",
                  start, mid, mid+1, end,
                  a[0], a[1], a[2], a[3], a[4], a[5], a[6], a[7]);
            sort(start, mid);
            sort(mid+1, end);
            merge(start, mid, end);
            printf("merge (%d-%d, %d-%d) to %d %d %d %d %d %d %d %d\n",
                  start, mid, mid+1, end,
                  a[0], a[1], a[2], a[3], a[4], a[5], a[6], a[7]);
      }
}
int main(void)
{
      sort(0, LEN-1);
      getch();
      return 0;
}
```

在上述代码中，函数 sort()能够把 a[start..end]平均分成两个子序列，分别是 a[start…mid]和 a[mid+1…end]，对这两个子序列分别递归调用函数 sort()进行排序，然后调用函数 merge()将排好序的两个子序列合并起来。由于两个子序列都已经排好序了，合并的过程很简单，每次循环取两个子序列中最小的元素进行比较，将较小的元素取出放到最终的排序序列中，如果其中一个子序列的元素已取完，就把另一个子序列剩下的元素都放到最终的排序序列中。执行效果如图 7-15 所示。

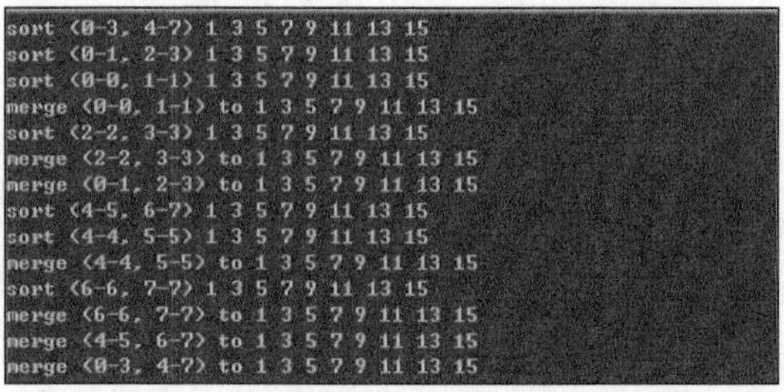

图 7-15　用归并算法进行排序的执行效果

7.5.5　实践演练——使用归并排序算法求逆序对

下面将通过一个实例的实现过程，详细讲解使用归并排序算法求逆序对的具体方法。

实例 7-10　**使用归并排序算法求逆序对**

源码路径　光盘\daima\7\gui1.c

编写文件 gui1.c 继续演示归并算法的具体使用方法，此文件的功能是使用归并排序算法求逆序对。文件 gui1.c 的具体实现代码如下所示。

```c
#include <stdio.h>
#include <stdlib.h>

#define MAX 32767

int merge(int *array, int p,int q,int r) {
    //归并array[p···q]与array[q+1···r]

    int tempSum=0;
    int n1 = q-p+1;
    int n2 = r-q;
    int* left = NULL;
    int* right = NULL;
    int i,j,k;

    left = ( int *)malloc(sizeof(int) * (n1+1));
    right = ( int *)malloc(sizeof(int) * (n2+1));

    for(i=0; i<n1; i++)
        left[i] = array[p+i];

    for(j=0; j<n2; j++)
        right[j] = array[q+1+j];

    left[n1] = MAX; //避免检查每一部分是否为空
    right[n2] = MAX;

    i=0;
    j=0;

    for(k=p; k<=r; k++) {
        if( left[i] <= right[j]) {
            array[k] = left[i];
            i++;
        } else {
            array[k] = right[j];
            j++;
            tempSum += n1 - i;
            printf("tempSum = %d\n", tempSum);
        }
    }
    //释放内存
    free(left);
    free(right);
    left = NULL;
    right = NULL;
    return tempSum;

}

int mergeSort(int *array, int start, int end ) {
    int sum=0;
    if(start < end) {
        int mid = (start + end) /2;
        sum += mergeSort(array, start, mid);
        sum += mergeSort(array, mid+1, end);
        sum += merge(array,start,mid,end);
    }
    return sum;
}
```

```
int main(int argc, char** argv) {
    int array[5] = {9,1,0,5,4};
    int inversePairNum;

    int i;

    inversePairNum = mergeSort(array,0,4);
    for( i=0; i<5; i++)
        printf("%d ", array[i]);
    printf("\nInverse pair num = %d\n", inversePairNum);
    getch();
    return 0;
}
```

执行效果如图 7-16 所示。

图 7-16　用归并算法求逆序对的执行效果

7.6　基数排序

知识点讲解：光盘:视频讲解\第 7 章\基数排序.avi

前面所述的各种排序方法使用的基本操作主要是比较与交换，而基数排序则利用分配和收集这两种基本操作，基数类排序就是典型的分配类排序。在介绍分配类排序之前，先介绍关于多关键字排序的问题。

7.6.1　多关键字排序

关于多关键字排序问题，可以通过一个例子来了解。例如：可以将一副扑克牌的排序过程看成是对花色和面值两个关键字进行排序的问题。若规定花色和面值的顺序如下。

❑　花色：梅花<方块<红桃<黑桃。

❑　面值：A<2<3<…<10<J<Q<K。

并进一步规定花色的优先级高于面值，则一副扑克牌从小到大的顺序为：梅花 A，梅花 2，……，梅花 K；方块 A，方块 2，……，方块 K；红桃 A，红桃 2，……，红桃 K；黑桃 A，黑桃 2，……，黑桃 K。进行排序时有两种做法：其中一种是先按花色分成有序的四类，然后再按面值对每一类从小到大排序，该方法称为"高位优先"排序法。另一种做法是分配与收集交替进行，即首先按面值从小到大把牌摆成 13 叠（每叠 4 张牌），然后将每叠牌按面值的次序收集到一起，再对这些牌按花色摆成 4 叠，每叠有 13 张牌，最后把这 4 叠牌按花色的次序收集到一起，于是就得到了上述有序序列。该方法称为"低位优先"排序法。

7.6.2　链式基数排序

基数排序属于上述"低位优先"排序法，通过反复进行分配与收集操作完成排序。假设记录 r[i] 的关键字为 $keyi$，$keyi$ 是由 d 位十进制数字构成的，即 $keyi=Ki^1 Ki^2 \cdots Ki^d$，则每一位可以视为一个子关键字，其中 Ki^1 是最高位，Ki^d 是最低位，每一位的值都在 $0 \leqslant Ki^j \leqslant 9$ 的范围内，此时基数 $rd=10$。如果 $keyi$ 是由 d 个英文字母构成的，即 $keyi=Ki^1 Ki^2 \cdots Ki^d$，其中 $'a' \leqslant Ki^j \leqslant 'z'$，则基数 $rd=26$。

排序时先按最低位的值对记录进行初步排序,在此基础上再按次低位的值进行进一步排序。依此类推，由低位到高位，每一趟都是在前一趟的基础上，根据关键字的某一位对所有记录进行排序，直至最高位，这样就完成了基数排序的全过程。

例如，某关键字 K 是数值型，取值范围为 $0 \leqslant K \leqslant 999$。则可把每一位数字看成一个关键字，即可认为 K 是由 3 个关键字（K^1，…，K^d）组成，其中 K^1 是百位数，K^2 是十位数，K^3 是个位数。此时基数 rd 为 10。

例如，有关键字 K 是由五位大写字母组成的单词，则可把此关键字看成是由五个关键字（K^1，K^2，K^3，K^4，K^5）组成的。此时基数 rd 为 26。

链式基数排序的实现步骤如下。

① 以静态链表存储 n 个待排记录。

② 按最低位关键字进行分配，把 n 个记录分配到 rd 个链队列中，每个队列中记录关键字的最低位值相等，然后再改变所有非空队列的队尾指针，令其指向下一个非空队列的队头记录，重新将 rd 个队列中的记录收集成一个链表。

③ 对第二低位关键字进行分配、收集，依次进行，直到对最高位关键字进行分配、收集，便可得到一个有序序列。

例如，对关键字序(278,109,063,930,589,184,505,269,008,083)进行基数排序，其过程如图 7-17 所示。

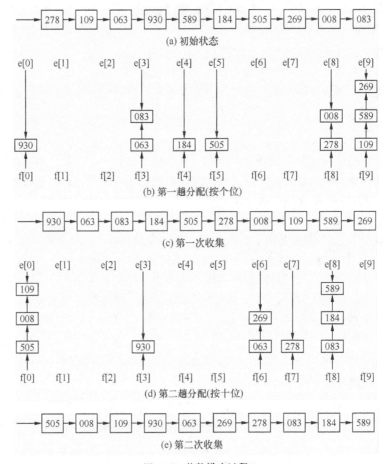

图 7-17　基数排序过程

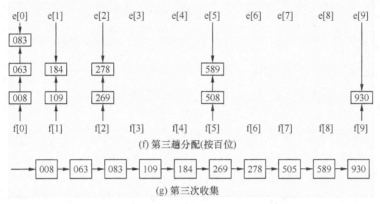

(f) 第三趟分配(按百位)

(g) 第三次收集

图 7-17 基数排序过程（续）

为了有效地存储和重排记录，算法采用静态链表。有关数据类型的定义如下。

```
#define RADIX 10
#define KEY_SIZE 6
#define LIST_SIZE 20
typedef int KeyType;
typedef struct {
        KeyType keys[KEY_SIZE];        /* 子关键字数组 */
        OtherType other_data;          /* 其他数据项 */
int   next;                            /* 静态链域 */
        } RecordType1;
typedef struct {
        RecordType1  r[LIST_SIZE+1];   /* r[0]为头节点 */
        int length;
        int keynum;
        } SLinkList;                   /* 静态链表 */
typedef int PVector[RADIX];
```

链式基数排序的有关算法描述如下。

```
void    Distribute(RecordType1 r[],  int  i,  PVector head,  PVector tail)
/*  记录数组r中记录已按低位关键字key[i+1], …, key[d]进行过"低位优先"排序。本算法按第i位关键字key[i]建立
RADIX个队列,同一个队列中记录的key[i]相同。head[j]和tail[j]分别指向各队列中第个和最后一个记录(j=0,1,2,…,RADIX-1)。
head[j]=0表示相应队列为空队列*/
    {
    for ( j=0 ; j<=RADIX-1 ; ++j)
        head[j]=0;                     /*  将RADIX个队列初始化为空队列 */
    p= r[0].next;                      /* p指向链表中的第一个记录 */
    while(   p!=0   )
        {
        j=Order(r[p].key[i]);          /* 用记录中第i位关键字求相应队列号 */
        if  ( head[j]==0 )    head[j]=p ;    /* 将p所指向的结点加入第j个队列中 */
    else      r[tail[j]].next=p;
        tail[j]=p;
    p= r[p].next;
    }
    } /*  Distribute  */
void   Collect (RecordType  r[],  PVector head,  PVector tail)
/*  本算法从0到RADIX-1扫描各队列,将所有非空队列首尾相接,重新链接成一个链表 */
    {
    j=0;
    while (head[j]==0 )                            /*  找第一个非空队列 */
      ++j;
      r[0].next =head[j];  t=tail[j];
    while ( j<RADIX-1 )                            /*  寻找并串接所有非空队列 */
    {
      ++j;
      while ( (j<RADIX-1 ) && (head[j]==0 ) )      /*  找下一个非空队列 */
        ++j;
    if ( head[j]!=0 )        /* 链接非空队列 */
    {
      r[t].next =head[j];  t=tail[j];
    }
    }
    r[t].next =0;                /*  t指向最后一个非空队列中的最后一个节点 */
```

```
}    /* Collect */
void    RadixSort (RecordType r[],int length )
  /* length个记录存放在数组r中，执行本算法进行基数排序后，链表中的记录将按关键字从小到大的顺序相链接  */
{
    n= length;
    for ( i=0 ; i<= n-1 ; ++i)    r[i].next=i+1;    /* 构造静态链表 */
    r[n].next =0;
    d= keynum;
    for ( i =d-1  ; i>= 0; --i )    /* 从最低位子关键字开始，进行d趟分配和收集*/
{   Distribute(r,  i,  head,  tail);   /* 第i趟分配 */
    Collect(r,  head,  tail)          /* 第i趟收集 */
}
}    /* RadixSort */
```

从算法中容易看出，对于 n 个记录（每个记录含 d 个子关键字，每个子关键字的取值范围为 RADIX 个值）进行链式排序的时间复杂度为 O（d（n + RADIX）），其中每一趟分配算法的时间复杂度为 O（n），每一趟收集算法的时间复杂度为 O（RADIX），整个排序进行 d 趟分配和收集，所需辅助空间为 2 × RADIX 个队列指针。当然，由于需要链表作为存储结构，则相对于其他以顺序结构存储记录的排序方法而言，还增加了 n 个指针域空间。

7.7　技术解惑

算法的功能强大，但是比较难学。作为一名初学者，在学习过程中肯定会遇到很多疑问和困惑。为此在本节的内容中，笔者将自己的心得和体会告诉大家，帮助读者朋友们解决困惑问题和一些深层次性的问题。

7.7.1　插入排序算法的描述是什么

一般来说，插入排序都采用 in-place（即只需用到 $O(1)$ 的额外空间的排序）在数组上实现。具体算法描述如下所示。

① 从第一个元素开始，该元素可以认为已经被排序。

② 取出下一个元素，在已经排序的元素序列中从后向前扫描。

③ 如果该元素（已排序）大于新元素，将该元素移到下一位置。

④ 重复步骤③，直到找到已排序的元素小于或者等于新元素的位置。

⑤ 将新元素插入到该位置中。

⑥ 重复步骤②～步骤⑤。

7.7.2　希尔排序和插入排序谁更快

说到谁更快，本来应该是希尔排序快一点，它是在插入排序的基础上处理的，减少了数据移动次数，但是笔者编写无数个程序测试后，发现插入排序总是比希尔更快一些，这是为什么呢？其实希尔排序实际上是对插入排序的一种优化，主要是为了节省数组移动的次数。希尔排序在数字比较少的情况下显得并不是十分优秀，但是对于大数据量来说，它要比插入排效率高得多。后来编写大型程序进行测试后，发现希尔排序更快。由此可以建议读者，简单程序用插入排序，大型程序用希尔排序。

7.7.3　快速排序的时间耗费是多少

快速排序的时间耗费和共需要使用递归调用深度的趟数有关。具体来说，快速排序的时间耗费分为如下最好情况、最坏情况和一般情况。其中一般情况介于最好情况和最坏情况之间，没有讨论的必要，接下来将重点讲解最好和最坏这两种情况。

① 最好情况：每趟将序列一分两半，正好在表中间，将表分成两个大小相等的子表。这类似于折半查找，此时 $T(n) \approx O(n\log_{2}n)$；

② 最坏情况：当待排序记录已经排序时，算法的执行时间最长。第一趟经过 $n-1$ 次比较，将第一个记录定位在原来的位置上，并得到一个包括 $n-1$ 个记录的子文件；第二趟经过 $n-2$ 次比较，将第二个记录定位在原来的位置上，并得到一个包括 $n-2$ 个记录的子文件。这样最坏情况总比较次数为：

$$\sum_{i=1}^{n-1}(n-i)+(n-2)+\cdots+1=\frac{n(n-1)}{2}\approx\frac{n^2}{2}$$

快速排序所需时间的平均值是 $T_{\mathrm{arg}}(n)\leqslant K_n\ln(n)$，这是当前内部排序方法中所能达到的最好平均时间复杂度。如果初始记录按照关键字的有序或基本有序排成序列时，快速排序就变为了冒泡排序，其时间复杂度为 $O(n^2)$。为了改进它，可以使用其他方法选取枢轴元素。如采用三者值取中的方法来选取，例如：{46，94，80}取80，即

$$k_r=\mathrm{mid}(r[\mathrm{low}]\mathrm{key},r\left[\frac{\mathrm{low}+\mathrm{high}}{2}\right]key,r\left[high\right]key)$$

或者取表中间位置的值作为枢轴的值，例如上例中取位置序号为 2 的记录 94 为枢轴元素。

7.7.4　堆排序与直接选择排序的区别是什么

在直接选择排序中，为了从 $R[1\cdots n]$ 中选出关键字最小的记录，必须经过 n-1 次比较，然后在 $R[2\cdots n]$ 中选出关键字最小的记录，最后做 n-2 次比较。事实上，在后面的 n-2 次比较中，有许多比较可能在前面的 n-1 次比较中已经实现过。但是由于前一趟排序时未保留这些比较结果，所以后一趟排序时又重复执行了这些比较操作。

堆排序可通过树形结构保存部分比较结果，可减少比较次数。

7.7.5　归并排序的效率如何，应该如何选择

归并排序中一趟归并要多次用到二路归并算法，一趟归并排序的操作是调用 $(n/2h)$ 次 merge 算法，将 $r1[1\cdots n]$ 中前后相邻且长度为 h 的有序段进行两两归并，得到前后相邻、长度为 $2h$ 的有序段，并存放在 $r[1\cdots n]$ 中，其时间复杂度为 $O(n)$。整个归并排序需进行 m（$m=\log_2n$）趟二路归并，所以归并排序总的时间复杂度为 $O(n\log_2n)$。在实现归并排序时，需要和待排记录等数量的辅助空间，空间复杂度为 $O(n)$。

与快速排序和堆排序相比，归并排序的最大特点是，它是一种稳定的排序方法。在一般情况下，因为要求附加和待排记录等数量的辅助空间，所以很少利用二路归并排序进行内部排序。

根据二路归并排序思想，可实现多路归并排序法，归并的思想主要用于外部排序。可以将外部排序过程分如下两步。

① 将待排序记录分批读入内存，用某种方法在内存排序，组成有序的子文件，再按某种策略存入外存。

② 子文件多路归并，成为较长有序子文件，再记入外存，如此反复，直到整个待排序文件有序。

外部排序可使用外存、磁带、磁盘等设备，内存所能提供排序区大小和最初排序策略决定了最初形成的有序子文件的长度。

7.7.6　综合比较各种排序方法

从算法的平均时间复杂度、最坏时间复杂度、以及算法的空间复杂度三方面，对各种排序方法加以比较，如表 7-1 所示。其中简单排序包括除希尔排序以外的其他插入排序、冒泡排序和简单选择排序。

表 7-1   各种排序方法的性能比较

排序方法	平均时间复杂度	最坏时间复杂度	空间复杂度
简单排序	$O(n^2)$	$O(n^2)$	$O(1)$
快速排序	$O(n\log^2 n)$	$O(n^2)$	$O(n\log^2 \cdot n)$
堆排序	$O(n\log^2 n)$	$O(n\log^2 n)$	$O(1)$
归并排序	$O(n\log^2 n)$	$O(n\log^2 n)$	$O(n)$
基数排序	$O(d(n+rd))$	$O(d(n+rd))$	$O(n+rd)$

综合分析并比较各种排序方法后，可得出如下结论。

❑ 简单排序一般只用于 n 较小的情况。当序列中的记录"基本有序"时，直接插入排序是最佳的排序方法，常与快速排序、归并排序等其他排序方法结合使用。

❑ 快速排序、堆排序和归并排序的平均时间复杂度均为 $O(n\log^2 \cdot n)$，但实验结果表明，就平均时间性能而言，快速排序是所有排序方法中最好的。遗憾的是，快速排序在最坏情况下的时间性能为 $O(n^2)$。堆排序和归并排序的最坏时间复杂度仍为 $O(n\log^2 \cdot n)$，当 n 较大时，归并排序的时间性能优于堆排序，但是它所需的辅助空间更多。

❑ 基数排序的时间复杂度可以写成 $O(d \times n)$。因此，它最适用于 n 值很大而关键字的位数 d 较小的序列。

❑ 从排序的稳定性上来看，基数排序是稳定的，除了简单选择排序，其他各种简单排序法也是稳定的。然而，快速排序、堆排序、希尔排序等时间性能较好的排序方法，以及简单选择排序都是不稳定的。多数情况下，排序是按记录的主关键字进行的，此时不用考虑排序方法的稳定性。如果排序是按记录的次关键字进行的，则应充分考虑排序方法的稳定性。

综上所述，每一种排序方法都各有特点，没有哪一种方法是绝对最优的，应根据具体情况选择合适的排序方法，也可以将多种方法结合起来使用。

第 8 章

外部排序算法

当前，很多实际应用在处理数据时需要长期存储海量的数据，这些海量数据通常以文件的方式组织并存储在外部存储器中。这时候应该如何有效地管理这些数据就成为了一个重要的话题，科学的管理能够为使用者提供方便并高效地使用数据的方法。上述管理文件过程被称为文件管理。在本章中，将简要介绍外部排序和文件管理的基本知识。

8.1 外部信息概览

知识点讲解: 光盘:视频讲解\第 8 章\外部信息概览.avi

数字化时代已经不知不觉地来到我们身边,数字化工具已经成为我们生活的一部分。原来的莘莘学子是抱着一大堆的书籍学习,而现在的学子们十分幸福,一个 U 盘能保存我们的学习资料,一个平板计算机使我们随时随地都可以学习。这些功能丰富的电子产品不但丰富了我们的生活,而且给我们的生活带来了巨大的便利。

通常,计算机中提供了两种存储器,分别是内部存储器(内存)和外部存储器(外存)。其中内存方式的特点是存储容量小但工作速度高;外存方式的特点是容量大但速度较低。另外外存一般分为两类,分别是顺序存取设备(如磁带存储器)和直接存取设备(如磁盘存储器)。为了便于存取海量数据,人们通常将数据以某种顺序排序后,再存储在诸如 U 盘等外存设备上,这种排序被称为外部排序。因为在排序时一次不能将数据文件中的所有数据同时装入内存中,所以必须研究如何对外存上的数据进行排序的技术。

8.1.1 磁带存储器

磁带存储器有着悠久的历史,在 20 世纪 50 年代初就开始被广泛使用。对大家印象最为深刻的应该是录音机的磁带,还有能够播放电影的录像带。磁带存储器是一种典型的顺序存取设备,其优点是存储容量大,使用方便,价格便宜。

1. 磁带存储器的特性

磁带存储器主要由磁带、读/写磁头和磁带驱动器组成,运行示意图如图 8-1 所示。磁带卷在带盘上,带盘安装在磁带驱动器的转轴上,当转轴正向转动时,磁带通过读/写磁头,就可进行磁带信息的读写操作。

平常所使用的磁带长度一般为 2400ft,宽度一般为 0.5in,厚度一般为 0.002in,并且在磁带表面涂有磁性材料。磁带一般分为七道磁带或九道磁带,七道磁带的每一横排中有 6 个二进制数据位和一个奇偶校验位。九道磁带的每一横排中有 8 个二进制数据位和一个奇偶校验位。这样的一排二进制数据位组成 1B。磁带的存储密度(即每英寸带面上存放的字节数)通常有两种,分别为 800B/in 和 1600B/in,走带速度为 200in/s。

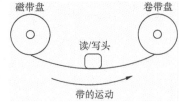

图 8-1 磁带运行示意图

磁带存储器是一种非常典型的顺序存取设备。顺序存取是指将记录在存储器上一个接一个地依次存放,如果想得到第 i 个记录,必须先读第 $i-1$ 个记录。磁带的存取时间主要用在定位上,也就是把磁带转到待读/写信息所在的物理位置上。读/写头与所需信息的距离越远,定位时间就越长。在一般情况下,定位时间为 20 毫秒至数分钟。当磁带转到信息所在位置上时,才开始真正进行数据读写工作。走带速度和存储密度决定了磁带读写速度,对于存储密度为 800B/in 的磁带来说,每秒钟大约可以读/写 $800 \times 200 = 160000$B。

因为磁带机是一种启停设备,不是连续运转的设备,所以磁带需要一定的时间从静止到达正常的走带速度以及从正常运转到停止。

2. 页块存储方法

当使用磁带存储信息时,需要注意每段信息之间的空隙,这些空隙会占用大量的存储空间。为了减少存储空间的浪费,通常把若干个记录组合成页块进行存储,通过这个方法将记录间的间隙变成页块间的间隙。在一般情况下,把记录称为逻辑记录,把逻辑记录组合成的页块称为物理记录。当采用分页块存储法后,可以节省存储空间。页块越大,浪费间隙的空间就越小。

但是这并不等于说页块越大越好，原因是采用分页块存储后，内外存数据交换的基本单位为页块，而不是记录，因此需要在内存中开辟一个数据缓冲区来暂存一个页块的内容，以便进行输入输出操作。页块越大则要求缓冲区越大，这势必会过多地占用内存空间，造成读写时间过长、出错概率过大等一系列的问题，所以应适当地选择页块的大小。通常一个页块取 1～8 KB 为宜。

8.1.2 磁盘存储器

磁盘是一种直接存取的外部存储设备。磁盘与磁带存储器相比，不但能顺序存取，而且也能直接存取（随机存取），并且拥有更快的存取速度。磁盘存储器由磁盘组和磁盘驱动器组成，具体说明如下。

① 磁盘组：由若干个盘片组成，每个盘片有上下两个面，在盘面上涂有光滑的磁性物质。以 6 片盘组为例，由于不能使用最顶和最底盘片的外侧面，所以只有 10 个面可以保存信息，将能够存储信息的盘面称为记录面。在记录盘面上有许多称为磁道的圆圈，信息就记载在磁道上。

② 磁盘驱动器：由主轴和读/写磁头组成，每个盘面都配有一个读/写磁头。

常用的磁盘有两种，分别是固定臂盘和活动臂盘，具体说明如下所示。

❑ 固定臂盘：每个盘面的每一磁道上都有独立的磁头，它是固定不动的，专门负责读写某一磁道上的信息。

❑ 活动臂盘：磁头是安装在一个可活动臂上，随着活动臂的移动，磁头可在盘面上做同步的径向移动，从一个磁道移到另一个磁道，当盘面高速旋转，磁道在读/写头下通过时，便可进行信息的读写。目前使用较多的是活动臂磁盘，如图 8-2 所示。

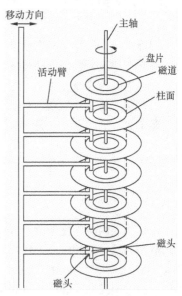

图 8-2 活动臂示意图

各记录盘面上半径相同的磁道合在一起称为一个柱面，柱面上各磁道在同一磁头位置下，即活动臂移动时，实际上是把这些磁头从一个柱面移到另一个柱面。一个磁道内还可以分为若干段，称为扇段。因此，对磁盘存储来说，由大到小的存储单位是：盘片组、柱面、磁道、扇段。以 IBM2314 型磁盘为例，其参数为：20 个记录面/磁盘组，200 个磁道/记录面，7294B/磁道。因此，整个盘片组的容量为：$7294 \times 200 \times 200 \approx 29$ MB。

下面分析一下对磁盘存储器进行一次存取所要执行的步骤及所需的时间。当有多个磁盘组时，要首先选定某个磁盘组，这是由电子线路实现的，因而很快；确定磁盘组后，要确定信息所在的柱面，这需要使活动臂做机械动作，将磁头移到所需位置，由于是机械动作，因此较慢，一般称这段时间为磁头定位时间或寻查时间；选定柱面后，要进一步确定数据所在的记录面，这实际上是选定哪个磁头的问题，也是由电子线路实现，所以很快；在确定了柱面和记录面之后，信息所在地磁道位置也就随之确定下来，接下来要确定的就是所要读/写的数据所在磁盘上的准确位置（例如在哪一扇段），这时最好的情况是刚好要读/写的信息位置就在磁头下，这样立即可读，最坏的情况是所需的信息刚刚从磁头下转过去，则需要等待一圈后才能读/写，平均来讲需等待半圈，通常将这段时间称为等待时间；最后才开始真正进行读/写操作。由于电信号传输速度远比磁盘的旋转速度快得多，因此在磁道旋转一周的时间内，总能够完成对数据的读/写。

由以上分析可知，磁盘的存取时间主要取决于寻查时间和等待时间。磁盘以 2400～3600 r/min 的速度旋转，因此平均等待时间为 10～20 ms，而平均寻查时间为几毫秒至几十毫秒，这与 CPU 的处理速度相比仍是很慢的。因此，在讨论外存的数据结构及其上的操作时，要尽量设法减少访问外存的次数，以提高磁盘存取效率。

分页块存储法

通常采用把记录组合成页块的方式来进行内外存数据的交换，这样可以减少访问外存的次数。一个页块（简称块）是磁盘上的一个物理记录，通常可以容纳多个逻辑记录，内存中设置的缓冲区应该与页块的大小相等。当每次访问记录时，需要把一个页块读入一个缓冲区，或者把一个缓冲区的数据写到一个页块。因为在这种方式下仅当一个页块中的记录已处理完，接着将处理下一页的记录时才需要再次访问外存，从而大大提高了处理效率。

8.2 外部排序的基本方法

📹 知识点讲解：光盘:视频讲解\第 8 章\外部排序的基本方法.avi

归并排序法是最为常用的外部排序方法，这种方法需要经过如下两个阶段。

① 把文件逐段输入到内存，用有效的内部排序（与外部排序相对，通常保存到内存和硬盘等内部设备）方法来排序文件的各个段，经排序的文件段称为顺串（或归并段），当它们生成串后立即写到外存上，这样在外存上就形成了许多初始顺串。

② 用某种归并方法（如二路归并法）对这些顺串进行多边归并，使顺串的长度逐渐由小至大，直至变成一个顺串，即整个文件有序为止。

8.2.1 磁盘排序

1. 排序处理

假设磁盘上保存了一个文件，这个文件共有 3600 个记录（A_1，A_2，…，A_{3600}），其中页块长为 200 个记录，供排序使用的缓冲区可提供容纳 600 个记录的空间，此时需要按照如下步骤对该文件进行排序处理。

（1）每次将 3 个页块（600 个记录）由外存读到内存，进行内排序，整个文件共得到 6 个初始顺串 R_1～R_6（每一个顺串占 3 个页块），然后把它们写回到磁盘上去，如图 8-3 所示。

图 8-3 内排序后得到的初始顺串

（2）将供内排序使用的内存缓冲区分为相等的三块，这样每块可容纳 200 个记录。将其中的两块作为输入缓冲区，一块作为输出缓冲区，然后对各顺串进行两路归并处理。首先归并 R_1 和 R_2 这两个顺串中各自的第一个页块，同时分别读入到两个缓冲区中，进行归并后送入输出缓冲区。当输出缓冲区装满 200 个记录时将其写回磁盘。如果在归并期间某个输入缓冲区为空，应该立即读入同一顺串中的下一个页块，然后继续进行归并。

上述过程不断进行，直到将顺串 R_1 和顺串 R_2 归并为一个新的顺串为止。这个经归并后的新的顺串含有 1200 个记录。当归并完成 R_1 和 R_2 后，接着归并 R_3 和 R_4，最后归并 R_5 和 R_6。至此，就完成了一遍对整个文件的完整扫描，这意味着文件中的每一个记录都被读写一次，即从磁盘上读入内存一次，并从内存写到磁盘一次。

经过一遍扫描后会形成了 3 个顺串，每个顺串含有 6 个页块，总计 1200 个记录。利用上述方法来归并这 3 个顺串，即先归并其中的两个顺串，会得到一个含有 2400 个记录的顺串；然后再归并该顺串和剩下的另一个含有 1200 个记录的顺串，这样会得到一个最终顺串，即为所要求排序的文件。图 8-4 给出了这个归并过程。

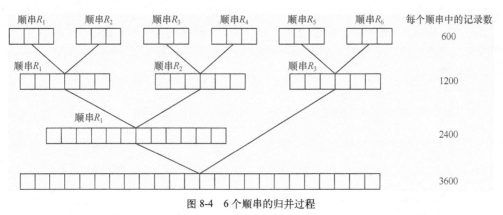

图 8-4　6 个顺串的归并过程

从以上归并过程可知，扫描遍数对归并过程所需要的时间起了非常关键的作用。在上例中，除了在内排序形成初始顺串时需做一遍扫描外，各顺串的归并还需经过 3 次扫描。

① 把 6 个长为 600 个记录的顺串归并为 3 个长为 1200 个记录的顺串，然后扫描一遍。

② 把 2 个长为 1200 个记录的顺串归并为一个长为 2400 个记录的顺串，然后扫描 2/3 遍。

③ 把 1 个长为 2400 个记录的顺串与另一个长为 1200 个记录的顺串归并在一起，也需要扫描一遍。

由此可见，磁盘排序过程主要是先产生初始顺串，然后对这些顺串进行归并。可从以下两个方面来考虑提高排序速度：

① 减少对数据的扫描遍数，采用多路归并可以达到这个目的，从而减少了输入/输出量。

② 通过增大初始顺串的大小来减少初始顺串的个数，以便有利于在归并时减少对数据的扫描遍数。

2. 多路归并

图 8-4 所示的归并过程是二路归并算法。在大多数情况下，如果有 n 个初始顺串，则如图 8-4 所示的归并树有 $\log_2 n + 1$ 层，需要扫描 $\log_2 n$ 遍数据。通过多路归并可以减少扫描遍数，图 8-5 显示了四路归并的情况。

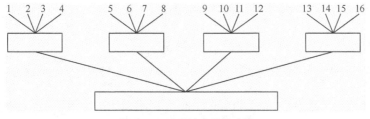

图 8-5　16 个顺串归并的示例

为了确定下一个要输出的记录，需要在 k 路归并时，在 k 个记录中寻找关键字值最小的记录，这比二路归并复杂。如果逐个比较每个顺串的待选记录来选出一个关键字值最小的记录，则需要进行 $k-1$ 次比较才能选取一个记录。为了减少上述步骤，可以使用下面的选择树来实现 k 路归并。

选择树是一种完全二叉树，在图 8-6 显示了八路归并选择树，其中叶节点是各顺串在归并过程中的当前记录，在图 8-6 中已经标出了它们各自的关键字值。其他各节点代表了其两个子节点中关键字值较小的一个。根节点是树中的最小节点，即下一个要输出的记录节点。在非叶节点中，可以只保存关键字值及指向相应记录的指针，而无需存放整个记录内容。由于非叶节点总是代表优胜者，所以可以把这种树称为胜方树。

在上述实例中选定一个记录后，胜方树与修改的过程如图 8-7 所示。反复按照上述方法选取记录的过程是归并一组顺串的完整过程。当取尽某个顺串的记录时，会把一个比任何实际关键字值都大的值写到对应的叶节点中，并参加比较。直到取尽全部顺串时，再读入下一组顺串，并重新建立胜方树。

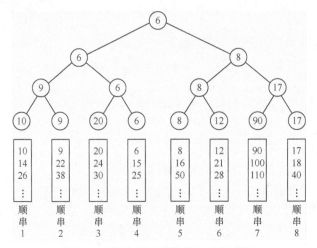
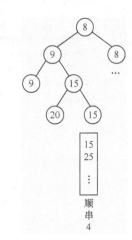

图 8-6　八路归并排序的选择树（胜方树）　　　图 8-7　胜方树的修改

要选取关键字值中的最小记录时，只有第一个记录需要进行 $m-1$ 次比较，即建立胜方树。以后的只要进行 $[\log_2 m]$ 次比较即可，这是因为树中保持了以前的比较结果。

胜方树有一个缺点，当选取一个记录后，重构选择树的修改工作比较麻烦。不但要查找兄弟节点，而且还要查找父节点。为了减少重构选择树的代价，可以使用败方树来简化重构的过程。

所谓败方树是指在比赛树（选择树）中，每个非叶节点均存放其两个子节点中的败方。建立败方树过程为：从叶节点开始两两比较兄弟节点，将败者（较大的关键字值）存放在父节点中，胜者继续参加下一轮的比较。最终结果是每个"选手"都停在自己失败的"比赛场"上。还有一个附加的节点在根节点之上，用于存放全局优胜者。图 8-6 的胜方树改为败方树后如图 8-8 所示。

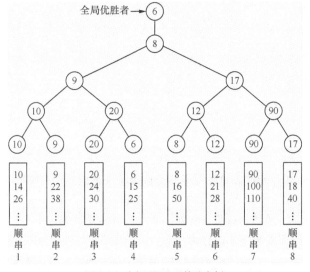

图 8-8　对应于图 8-6 的败方树

在败方树中，在输出全局优胜者记录后修改树的过程比修改胜方树的过程要简单。具体修改过程如下。

① 将新进入树的叶节点与父节点进行比较，大的存放在父节点，小的与上一级父节点再进行比较。

② 不断进行上述过程，直至到根为止。

③ 把新的全局优胜者存放到附加的节点。

例如在图 8-8 中，在输出关键字值的最小记录（顺串 4 中的 6）之后，修改败方树的过程如图 8-9 所示。

在修改败方树时只需要查找父节点即可，而不必查找兄弟节点。由此可见，修改败方树比修改胜方树更容易一些。

使用多路归并可以减少扫描数据的遍数，从而减少了输入/输出量。但是当归并的路数 k 增大时，设置的缓冲区会比较大。如果可供使用的内存空间是固定的，则路数 k 的递增会使每个缓冲区的容量压缩，这说明需要缩减内外存交换的数据页块长度。这样进行每遍数据扫描时，都要读写更多的数据块，从而增加了访问的次数和时间。由此可见，当 k 值过大时，虽然扫描遍数减少，但输入/输出时间仍可能增加，因此需选择适当的 k 值，k 的最优值与如下参数有关。

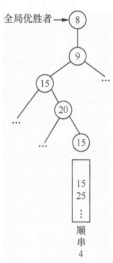

图 8-9 败方树的修改

❑ 可用缓冲区的内存空间大小。

❑ 磁盘的特性。

3．生成初始顺串

使用内排序可以生成初始顺串，但是生成的顺串的大小等于一次能放入内存中的记录个数。如果采用败方树方法，可以增大初始化顺串的长度。

假设内存中可以存放 k 个记录及在此基础上所构成的败方树，并且是通过输入/输出缓冲区实现输入/输出操作的。败方树方法的基本思路如下。

① 从输入文件中获取 k 个记录，并在此基础上建立败方树。

② 将全局优胜者送入到当前的初始顺串，并从输入文件中取出下一个记录，以进入败方树来替代刚输入的记录节点位置。

③ 如果新进入败方树的记录的关键字值小于已输出记录的关键字值，则该新进入的记录不属于当前初始顺串，而属于下一个初始顺串，这样就可以把它看作在比赛中始终为败方，从而不会将新记录送到当前的初始顺串中，其他（属于当前初始顺串）的记录继续进行比赛。

④ 如果新进入败方树的记录的关键字值，大于或等于已输出记录的关键字值，则该新进入的记录属于当前初始顺串。当新记录与其他记录继续进行比赛时，比赛持续进行，直到败方树中的 k 个记录都已不属于当前初始顺串位置。此时当前初始顺串生成结束，并开始生成下一个初始顺串，即把下一个初始顺串称为当前初始顺串。这时败方树中的 k 个记录重新开始比赛，这 k 个记录都属于新的当前初始顺串，因而都参加比赛，就这样一个初始顺串一个初始顺串地生成，直至输入文件的所有记录取完为止。

8.2.2 磁带排序

磁带排序过程与磁盘排序过程基本相同，具体过程如下所示。

① 对待排序文件的各段进行内排序，将会产生所有的初始顺串。

② 把初始顺串写回到磁带上，然后对这些顺串进行反复归并，直至成为一个顺串（即为有序文件）为止。

磁带排序和磁盘排序相比，主要不同之处在于磁带排序需充分考虑顺串的分布情况，因为磁带是顺序存取的，排序过程中寻找或等待的时间较长，所以各顺串分布在不同磁带和同一磁带的不同位置对排序效率影响极大。下面将通过一个二路归并磁带排序的例子，了解磁带排序所涉及的各种因素。

1. 磁带排序

假设有一个文件包含 3600 个记录，现在要对其进行排序，可供使用的磁带机有 4 台，分别为 T_1、T_2、T_3、T_4，可供排序用的内存空间包含存放 600 个记录的空间以及一些必要的工作区。设每个页块长为 200 个记录。为了简化讨论，假定初始顺串的生成是采用通常的内排序方法实现的。这样，一次可读入 3 个页块，对其进行排序并作为一个顺串输出。下面将采用二路归并的方法来实现顺串的归并，使用了两个输入缓冲区和一个输出缓冲区，每个缓冲区能容纳 200 个记录。排序过程的具体流程如下（假设必要的磁带反绕动作已经隐含，并设输入文件在磁带机 T_4 上）。

① 把输入文件分段（每段包含 600 个记录）读入内存并进行内排序，生成初始顺串，然后将这些顺串轮流写到磁带机 T_1 和 T_2 上。完成此步骤后的磁带机的状况如图 8-10（a）所示。

② 采用二路归并法，归并 T_1 上的各顺串与 T_2 上的各顺串，并把所产生的较大顺串轮流分布到 T_3 和 T_4 上（若输入文件带需要保留，则在第一步完成后把输入文件带从 T_4 上卸下来，换上工作带）。此步之后的磁带机状况如图 8-10（b）所示。其中 T_3 上的顺串 1 是 T_1 上的顺串 1 和 T_2 上的顺串 2 合并的结果，T_3 上的顺串 3 是 T_1 上的顺串 5 和 T_2 上的顺串 6 合并的结果，T_4 上的顺串 2 是 T_1 上的顺串 3 和 T_2 上的顺串 4 合并的结果。

③ 把 T_3 上的顺串 1 和 T_4 上的顺串 2 进行合并，并将结果放到 T_1 上。此步之后的磁带状况如图 8-10（c）所示。

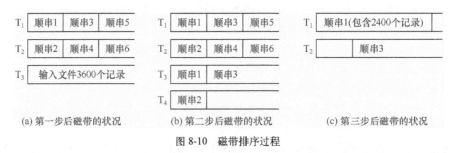

(a) 第一步后磁带的状况　　　　(b) 第二步后磁带的状况　　　　(c) 第三步后磁带的状况

图 8-10　磁带排序过程

④ 把 T_1 上的顺串 1 和 T_2 上的顺串 3 合并，并把结果放到 T_2 上，即为所要求的有序文件。

上述例子采用的是二路归并法，与磁盘排序的情况一样，排序的时间主要取决于对数据的扫描遍数。采用多路归并能减少扫描的遍数，如果使用磁带排序，则多路归并需要多台磁带机。为了避免耗费过多的磁带寻找时间，需要把归并的顺串放在不同的磁带上。所以 k 路归并至少需要 $k+1$ 台磁带机，其中 k 台作为输入带，另外一台用于归并后存放输出结果。但这样需要对输出带再做一遍扫描，把输出带上的各顺串重新分配到 k 台磁带上，以便作为下一级归并使用。如果使用 $2k$ 台磁带机，则可避免这种再分配扫描，把 k 台作为输入带，其余 k 台作为输出带，在下一级归并时，输入带与输出带的作用互相对换。上述例子就是用 4 台磁带机实现二路归并，T_1、T_2 和 T_3、T_4 轮流地用作输入带和输出带。

2. 非平衡归并

前面磁带排序过程采用了二路平衡归并。k 路平衡归并的特点是把要归并的顺串平衡均匀地分布到 k 台输入带上。为了避免对数据进行再分配的扫描，就需要 $2k$ 台磁带机，现采用非平衡归并，即不同输入带上的顺串个数不同，适当地对顺串进行非均匀分配，就可以用不到 $2k$

台磁带机来实现 k 路归并。下面要介绍的方法就是只用 $k+1$ 台磁带机便可取得 k 路归并的效果,以 3 台磁带机 T_1、T_2、T_3 实现二路归并为例来说明这个方法。

假设初始顺串的长度为度量单位,即规定初始顺串的长度为 1,用 S^n 表示某台磁带上有 n 个顺串,每个顺串的长度为 S。假设初始顺串有 8 个,则。

① 在 T_1 上分配 5 个顺串,在 T_2 上分配 3 个顺串,然后把 T_2 上的 3 个顺串与 T_1 中的 3 个顺串相归并,得到 3 个长度为 2 的顺串,将它们写到 T_3 上。

② 把 T_1 中的 2 个顺串与 T_3 中的 2 个顺串相归并,得到 2 个长度为 3 的顺串,把它们写到 T_2 上。

③ 把 T_3 上一个长度为 2 的顺串与 T_2 中的一个长度为 3 的顺串进行合并,得到一个长度为 5 的顺串,将其写到 T_1 上。

④ 把 T_1 上一个长度为 5 的顺串与 T_2 上一个长度为 3 的顺串进行归并,得到一个长度为 8 的顺串,把它写到 T_3 上。这样就完成了非平衡 2 路归并排序。

表 8-1 给出了该归并过程的示意图,其中上标数字表示个数,正常数字表示长度。

表 8-1 采用非平衡分布法用 3 台磁带机实现二路归并

步骤	T_1	T_2	T_3	说明
初始分布	1^5	1^3	—	
第一步后	1^2	—	2^3	归并到 T_3
第二步后	—	3^2	2^1	归并到 T_2
第三步后	5^1	3^1	—	归并到 T_1
第四步后	—	—	8^1	归并到 T_3

下面来讨论如何确定顺串初始分布的问题。为了确定初始分布,就得从最后一步往前推。假设有 n 步,希望 n 步之后在 T_1 上正好有一个顺串,而在 T_2 和 T_3 上没有顺串。要做到这点,则必须把 T_2 中的一个顺串与 T_3 中的一个顺串加以归并来得到这种顺串,并且 T_2 和 T_3 上没有别的顺串,所以在第 $n-1$ 步后,T_2 和 T_3 上应各有一个顺串,T_2 上的顺串是从 T_1 和 T_3 中各取一个顺串加以归并后得到,因此,在第 $n-2$ 步后,在 T_1 上应有一个顺串,在 T_3 上应有两个顺串,就这样一步一步往前推。表 8-2 显示了这个前推的过程。由表 8-2 可见,若有初始顺串 21 个,则可以分配 13 个顺串到 T_1 上,分配 8 个顺串到 T_2 上。

对于用 4 台磁带机实现三路归并,可用类似的方法进行。表 8-3 显示了三路归并的顺串分布情况,其中 n 表示 n 步。

表 8-2 3 台二路归并的顺串分布

步骤 n	T_1	T_2	T_3
0	1	0	0
1	0	1	1
2	1	0	2
3	3	2	0
4	0	5	3
5	5	0	8
6	13	8	0

表 8-3 4 台三路归并的顺串分布

步骤 n	T_1	T_2	T_3	T_4
0	1	0	0	0
1	0	1	1	1
2	1	0	2	2
3	3	2	0	4
4	7	6	4	0
5	0	13	11	7
6	13	0	24	20
7	7	24	0	44
8	81	68	44	0

8.3　文件的基础知识

知识点讲解：光盘:视频讲解\第 8 章\文件的基础知识.avi

1. 和文件相关的概念

在学习文件之前，需要先了解和文件相关的几个常用基本概念。

（1）数据项（Item 或 field）：是数据文件中最小的基本单位，是反映实体某一方面的特征和属性的数据表示。

（2）记录（Record）：是一个实体的所有数据项的集合，用来标识一个记录的数据项集合被称为关键字项（key），关键字项的值称为关键字。能唯一标识一个记录的关键字称为主关键字，其他的关键字称为次关键字（secondary key）。

通常所说的记录是指逻辑记录，是从用户角度所看到的对数据的表示和存取的方式。

文件存储在外存上，通常是以块（I/O 读写的基本单位，称为物理记录）存取。物理记录和逻辑记录之间的关系如下。

- ❏　一个物理记录存放一个逻辑记录。
- ❏　一个物理记录包含多个逻辑记录。
- ❏　多个物理记录存放一个逻辑记录。

（3）文件（file）：是大量性质相同的数据记录的集合。文件的所有记录是按某种排列顺序呈现在用户面前，这种排列顺序可以是按记录的关键字，也可以按记录进入文件的先后顺序进行排序。在记录之间形成一种线性结构被称为文件的逻辑结构，文件在外存上的组织方式被称为文件的物理结构。基本的物理结构有顺序结构、链接结构和索引结构。

（4）文件的分类

按记录类型，可以将文件分为如下两种。

- ❏　操作系统文件：即流式文件，连续的字符序列（串）的集合。
- ❏　数据库文件：有特定结构（所有记录的结构都相同）的数据记录的集合。

按记录长度，可以将文件分为如下两种。

- ❏　定长记录文件：文件中每个记录都由固定的数据项组成，每个数据项的长度都是固定的。
- ❏　不定长记录文件：与定长记录文件相反。

2. 文件操作

因为文件是由大量记录组成的线性表，所以对文件的操作主要是针对记录的操作，包括检索、插入、删除、修改和排序等。上述操作的具体说明如下所示。

（1）检索记录

根据用户的要求从文件中查找相应的记录。

① 查找下一个记录：查找当前记录的下一个逻辑记录。

② 查找第 k 个记录：给出记录的逻辑序号，根据该序号查找相应的记录。

③ 按关键字查找：给出指定的关键字值，查找和关键字值相同或满足条件的记录。针对数据库文件，有以下 4 种按关键字查找的方式。

- ❏　简单匹配：查找关键字的值与给定的值相等的记录。
- ❏　区域匹配：查找关键字的值在某个区域范围内的记录。
- ❏　函数匹配：给出关键字的某个函数，查找符合条件的记录。
- ❏　组合条件匹配：给出用布尔表达式表示的多个条件组合，查找符合条件的记录。

（2）插入记录

插入记录是指将给定的记录插入到文件的指定位置。插入时首先要确定插入点的位置（检索记录），然后才能插入。

（3）删除记录

当从文件中删除给定的记录时，可以分如下两种情况来删除。

❑　在文件中删除第 k 个记录。

❑　在文件中删除符合条件的记录。

（4）修改记录

修改记录是指对符合条件的记录更改其某些属性值。修改时首先要检索到所要修改的记录，然后才能修改。

（5）记录排序

根据指定的关键字，对文件中的记录按关键字值的大小以非递减或非递增的方式重新排列（或存储）。

8.4　文件组织方式

📹 知识点讲解：　光盘:视频讲解\第 8 章\文件组织方式.avi

文件的组织方式是指文件的物理结构，按照组织方式的不同可以将文件分为顺序文件、索引文件和 ISAM（Index Sequential Access Method，索引顺序存取方法）文件等。在本节中，将简要介绍上述文件组织方式的基本知识。

8.4.1　顺序文件

在顺序文件中，记录按其在文件中的逻辑顺序依次进入存储介质，即记录的逻辑顺序和存储顺序是一致的。下面看对顺序文件的分类。

① 根据记录是否按关键字排序：可分为排序顺序文件和一般顺序文件。

② 根据逻辑上相邻的记录的物理位置关系：可分为连续顺序文件和链接顺序文件。

顺序文件类似于线性表中的顺序存储结构，适合于顺序存取的外存介质，但不适合随机处理。

8.4.2　索引文件

索引技术是组织大型数据库的一种重要技术，索引是记录和记录存储地址之间的对照表。索引结构也被称为索引文件，由索引表和数据表两部分组成，如图 8-11 所示。

① 数据表：存储实际的数据记录。

② 索引表：存储记录的关键字和记录（存储）地址之间的对照表，每个元素称为一个索引项。

如果数据文件中的每一个记录都有一个索引项，这种索引被称为稠密索引，否则被称为非稠密索引。

❑　如果是非稠密索引：将文件记录划分为若干块，块内记录可以无序，但块间必须有序。如果块内的记录是有序的，则称为索引顺序文件，否则称为索引非顺序文件。

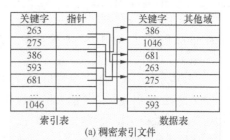

图 8-11　索引结构的基本形式

针对索引非顺序文件，只需对每一块建立一个索引项。索引项数目与数据表中记录数相同，当索引表很大时，检索记录需多次访问外存。

❑ 如果是稠密索引：根据索引项直接查找到记录的位置。如果在索引表中采用顺序查找，查找时间复杂度为 $O(n)$；如果采用折半查找，查找时间复杂度为 $O(\log_2 n)$。

非稠密索引的查找的基本流程如下。

① 首先根据索引找到记录所在块，再将该块读入到内存，然后再在块内顺序查找。

② 平均查找长度由两部分组成：块地址的平均查找长度 L_b 和块内记录的平均查找长度 L_w，即 $ASL_{bs} = L_b + L_w$。

③ 若将长度为 n 的文件分为 b 块，每块内有 s 个记录，则 $b = n/s$。设每块的查找概率为 $1/b$，块内每个的记录查找概率为 $1/b$，则采用顺序查找方法时有：

$$ASL_{bs} = L_b + L_w = (b+1)/2 + (s+1)/2 = (n/s+s)+1$$

显然，当 $s = n/2$ 时，ASL_{bs} 的值达到最小。

④ 如果在索引表中采用折半查找方法时，则有：

$$ASL_{bs} = L_b + L_w = \log 2(n/s+1) + s/2$$

如果文件中记录数很庞大，则非稠密索引也很大，此时可以将索引表再分块，建立索引的索引，形成树形结构的多级索引，如后面将要介绍的 ISAM 文件和 VSAM（Virtual Storage Access Method，虚拟存取方法）文件。

8.4.3　ISAM 文件

ISAM，（Indexed Sequential Access Method 顺序索引存取方法）是专为磁盘存取设计的一种文件组织方式。ISAM 文件采用了静态索引结构，是一种三级索引结构的顺序文件。图 8-12 所示的是一个磁盘组的结构图。

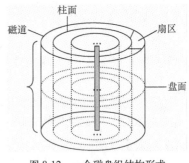

图 8-12　一个磁盘组结构形式

ISAM 文件由基本文件、磁道索引、柱面索引和主索引组成。其中基本文件按关键字的值顺序进行存放，首先集中存放在同一柱面上，然后再顺序存放在相邻柱面上。对于同一柱面，按照盘面的次序顺序存放。另外在每个柱面上还有一个溢出区，用于存放从该柱面的磁道上溢出的记录。同一磁道上溢出的记录通常由指针相链接。

通过 ISAM 文件，为每个磁道建立了一个索引项，相同柱面的磁道索引项组成一个索引表，称为磁道索引，由基本索引项和溢出索引项组成，其结构如图 8-13 所示。

① 基本索引项：是关键字域存放该磁道上的最大关键字，用指针域存放该磁道的首地址。

② 溢出索引项：是为插入记录设置的。用关键字域存放该磁道上溢出记录的最大关键字，用指针域存放溢出记录链表的头指针。

在磁道索引的基础上，可以为文件所占用的柱面建立一个柱面索引，其结构如图 8-4 所示。

图 8-13　结构　　　　　　　　　图 8-14　柱面索引结构

其中，关键字域是存放在该柱面上的最大关键字；指针域是指向该柱面的第 1 个磁道索引项。当柱面索引很大时，因为柱面索引本身占用很多磁道，所以可以为柱面索引建立一个主索引。则 ISAM 文件的 3 级索引结构如图 8-15 所示。

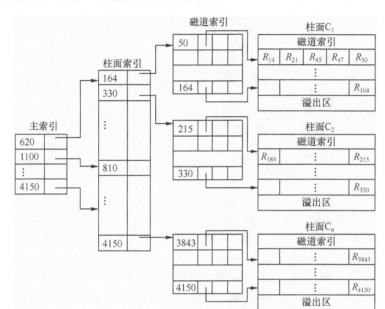

图 8-15　ISAM 文件结构示意图

1. 检索 ISAM 文件

在根据关键字查找时，首先从主索引中查找记录所在的柱面索引块的位置；再从柱面索引块中查找磁道索引块的位置；然后再从磁道索引块中查找出该记录所在的磁道位置；最后从磁道中顺序查找要检索的记录。

2. 插入记录

在文件中插入记录的过程如下所示。

① 根据待插入记录的关键字查找到相应位置。

② 将该磁道中插入位置及以后的记录后移一个位置，如果溢出，将该磁道中最后一个记录存入同一柱面的溢出区，并修改磁道索引。

③ 将记录插入到相应位置。

3. 删除记录

在删除记录时，只需找到要删除的记录，然后删除其标记即可，而无需移动记录。经过多次插入和删除操作后，基本区会有大量被删除的记录，而溢出区也可能有大量记录，周期性地整理 ISAM 文件后，会形成一个新的 ISAM 文件。

4. ISAM 文件的特点

（1）优点：节省存储空间，查找速度快。

（2）缺点：处理删除记录复杂，多次删除后存储空间的利用率和存取效率降低，需定期整理 ISAM 文件。

8.4.4　VSAM 文件

VSAM（Virtual Storage Access Method 是虚拟存取方法），也是一种索引顺序文件组织方式。VSAM 利用了 OS 的虚拟存储器功能，采用的是基于 B+树的动态索引结构。

文件存取不以柱面、磁道等物理空间为存取单位，而是以逻辑空间为存取单位，例如控制区间（control interval）和控制区域（control range）。

一个 VSAM 文件由索引集、顺序集和数据集组成，如图 8-16 所示。

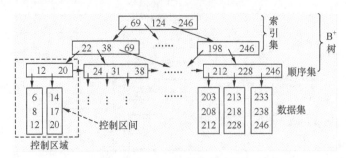

图 8-16　VSAM 文件结构示意图

（1）数据集

文件的记录均存放在数据集中。数据集中的一个节点称为控制区间，它是一个 I/O 操作的基本单位，每个控制区间含有一个或多个数据记录。

（2）顺序集和索引集

顺序集和索引集一起构成一棵 B+树，作为文件的索引部分。顺序集中存放的每个控制区间的索引项由两部分信息组成：该控制区间中的最大关键字和指向控制区间的指针。若干相邻的控制区间的索引项，形成顺序集中的一个节点。节点之间用指针相链接，而每个节点又在其上一层的节点中建有索引，且逐层向上建立索引，所有的索引项都由最大关键字和指针两部分信息组成。这些高层的索引项形成 B+树的非终端结点。

VSAM 文件既可在顺序集中进行顺序存取，又可从最高层的索引（B+树的根结点）出发，进行按关键字的随机存取。顺序集中一个节点连同其对应的所有控制区间形成一个整体，称做控制区域，它相当于 ISAM 文件中的一个柱面，而控制区间相当于一个磁道。

文件的记录都存放在数据集中，数据集又分成多个控制区间。控制区间是 VSAM 进行 I/O 操作的基本单位，它由一组连续的存储单元组成，同一文件的控制区间大小相同。每个控制区间存放一个或多个逻辑记录，记录是按关键字值顺序存放在控制区间的前端，尾端存放记录的控制信息和控制区间的控制信息，如图 8-17 所示。

R_1	R_2	…	R_n	未用的自由空间	R_n 的控制信息	…	R_1 的控制信息	控制区间的控制信息

图 8-17　控制区间的结构

顺序集是由 B+树索引结构的叶子节点组成。每个节点存放若干个相邻控制区间的索引项，每个索引项存放一个控制区间中记录的最大关键字值和指向该控制区间的指针。顺序集中的每个节点及与它所对应的全部控制区间组成一个控制区域。

顺序集中的节点之间按顺序链接成一个链表，每个节点又在其上层建立索引，并逐层向上按 B+树的形式建立多级索引。则顺序集中的每一个节点就是 B+树的叶子节点；在顺序集之上的索引部分称为索引集。

在 VSAM 文件上既可以按 B+树的方式查找记录，也可以利用顺序集索引查找记录顺序。VSAM 文件中没有溢出区，解决方法是通过如下两种方式留出空间。

① 每个控制区间中留出空间。

② 每个控制区域留出空的控制空间，并在顺序集的索引中指出。

（1）记录的插入

首先根据待插入记录的关键字查找到相应的位置，分为如下 3 种情况。

①　如果该控制区间有可用空间：将待插入记录的关键字大于待插入记录的关键字的记录全部后移一个位置，在空出的位置存放待插入记录。

②　如果控制区间没有可用空间：利用同一控制区域的一个空白控制空间进行区间分裂，将近一半记录移到新的控制区间中，并修改顺序集中相应的索引，插入新的记录。

③　如果控制区域中没有空白控制空间：则开辟一个新的控制区域，进行控制区间域分裂和相应的顺序集中的节点分裂。也可按B+树的分裂方法进行。

（2）记录的删除

在删除记录时，先找到要删除的记录，然后逐个前移同一控制区间中比删除记录关键字大的所有记录，这样就覆盖了要删除的记录。当全部删除一个控制区间的记录后，需要修改顺序集中相应的索引项。

（3）VSAM文件的特点

①　优点

❑　能动态地分配和释放空间。

❑　能保持较高的查询效率，无论是查询原有的还是后插入的记录，都有相同的查询速度。

❑　能保持较高的存储利用率（平均75%）。

❑　永远不需定期整理文件或对文件进行再组织。

②　缺点

❑　为保证具有较好的索引结构，在插入或删除时索引结构本身也在变化。

❑　控制信息和索引占用空间较多，因此，VSAM文件通常比较庞大。

基于B+树的VSAM文件通常被作为大型索引顺序文件的标准。

8.4.5　散列文件

散列文件即直接存取文件，是指利用散列存储方式组织的文件。散列文件类似于散列表，能够根据文件中记录关键字的特点，设计一个散列函数和冲突处理方法，将记录散列到存储介质上。

在散列文件中，成组存放磁盘上的记录，若干个记录组成一个存储单位，称为桶（bucket）。同一个桶中的记录都是同义词，可以看作是一样的信息。

假设在一个桶中能存放 n 个记录，当桶中已有 n 个同义词的记录时，要存放第 $n+1$ 个同义词就会发生"溢出"。一般使用拉链法处理冲突。

当检索记录时，先根据给定值求出散列桶的地址，将基桶的记录读入内存并进行顺序查找。如果找到的关键字等于给定值的记录，则表示查找成功；否则，依次读入各溢出桶中的记录继续进行查找。在散列文件中删除记录，是对记录加删除标记。

散列文件的特点如下。

（1）优点

❑　文件随机存取，记录不需进行排序。

❑　插入、删除方便，存取速度快。

❑　不需要索引区，节省存储空间。

（2）缺点

❑　不能进行顺序存取，只能按关键字随机存取。

❑　检索方式仅限于简单查询。

8.4.6　多关键字文件

数据库文件通常是多关键字文件，多关键字文件的特点是不仅可以对主关键字进行各种查询，而且可以对次关键字进行各种查询。所以对多关键字文件除了可按前面的方法组织主关键字索引外，还需要建立各个次关键字的索引。因为建立次关键字的索引的结构不同，所以多关键字文件有多重表文件和倒排文件。

1. 多重表文件

待插入记录的主索引一般是非稠密索引，其索引项一般有两项：主关键字值、头指针。

待插入记录的次索引一般是稠密索引，其索引项一般有 3 项：次关键字值、头指针、链表长度。头指针指向数据文件中具有该次关键字值的第 1 个记录，在数据文件中为各个次关键字增加一个指针域，指向具有相同次关键字值的下一个记录的地址。

对于任何次关键字的查询，都应首先查找对应的索引，然后顺着相应指针所指的方向查找属于本链表的记录。多重表文件的特点如下。

❑ 优点是易于构造和修改、查询方便。

❑ 缺点是当插入和删除一个记录时，需要修改多个次关键字的指针（在链表中插入或删除记录），同时还要修改各索引中的有关信息。

2. 倒排文件

倒排文件又称逆转表文件，用记录的非主属性值（也叫副键）来查找记录，而组织的文件叫倒排文件，即次索引。倒排文件与多重表文件类似，可以处理多关键字查询，它们的主要差别如下。

❑ 多重表文件：将具有相同关键字值的记录链接在一起，在数据文件中设有与各个关键字对应的指针域。

❑ 倒排文件：将具有相同关键字值的记录的地址收集在一起，并保存到相应的次关键字的索引项中，在数据文件中不设置对应的指针域。

次索引是次关键字倒排表，倒排表是一个表示次关键字值、记录指针（地址）和索引中保持次关键字的逻辑顺序。倒排表文件的特点如下。

❑ 优点：检索速度快，插入和删除操作比多重表文件简单。当插入一个记录时，只要将记录存入数据文件，并将其存储地址加入各倒排表中；删除也很方便。

❑ 缺点：倒排表维护比较困难。在同一索引表中，不同关键字值的记录数目不同，同一倒排表中的各项长度不等。

第 9 章

经典的数据结构问题

本书前面章节中曾经学习过数据结构的知识，并分别讲解了不同数据结构的具体算法问题。为了巩固读者业已掌握的编程技巧，加深读者对常用算法的理解程度，本章将列举一些经典的数据结构实例。这些题目生动有趣并充满挑战，希望读者能从中启迪思维，提高自身的编程水平。

9.1　约瑟夫环

📹 知识点讲解：光盘:视频讲解\第 9 章\约瑟夫环.avi

实例 9-1	解决约瑟夫环问题
	源码路径　光盘\daima\9\9-1.c

问题描述：几个人（以编号 1，2，3，…，n 分别表示）围坐在一张圆桌周围。从编号为 k 的人开始报数，数到 m 的那个人出列；他的下一个人又从 1 开始报数，数到 m 的那个人又出列；依此规律重复下去，直到圆桌周围的人全部出列。将每一次出列的人称为"出列者"，将最后一个出列的人称为"胜利者"。

算法分析：n 个人（编号 0～(n−1)），从 0 开始报数，报到 (m−1) 的退出，剩下的人继续从 1 开始报数。求胜利者的编号。

我们知道第一个人（编号一定是(m−1)%n）出列之后，剩下的 n-1 个人组成了一个新的约瑟夫环（以编号为 k=m%n 的人开始）：k,k+1,k+2,…，n-2,n-1,0,1,2,…，k-2。并且从 k 开始报 0，现在把他们的编号进行如下转换。

```
k→0
k+1→1
k+2→2
...
k-3→n-3
k-2→n-2
```

变换后就完全成为了 (n−1) 个人报数的子问题，假如知道这个子问题的解：例如 x 是最终的胜利者，那么根据上面这个表把这个 x 变回去不刚好就是 n 个人情况的解吗？变回去的公式很简单，相信大家都可以推出来，即 x'=(x+k)%n。

要想知道 (n-1) 个人报数问题的解，只要知道 (n-2) 个人的解即可。怎么样知道 (n-2) 个人的解呢，当然是先求 (n-3) 的情况，这显然就是一个倒推问题。假设用 f 表示第 i 个人玩游戏报出 m 退出最后胜利者的编号（报数），最后的结果自然是 f[n]。递推公式如下所示。

$$f[1]=0;$$
$$f=(f[i-1]+m)\%i; \ (i>1)$$

有了上述公式之后，要做的就是从 1 到 n 顺序算出 f 的数值，最后结果是 f[n]。因为实际生活中编号总是从 1 开始，输出 f[n]+1 由于是逐级递推，不需要保存每个 f，程序也是异常简单，具体代码如下所示。

```
int main(void)
{
  int n,m,i,s=0;
printf ("N M = ");
scanf("%d%d", &n, &m);
for (i=2;i<=n; i++)
s=(s+m)%i;
printf ("The winner is %d\n", s+1);
return 0;
}
```

上述算法的时间复杂度为 O(n)。例如有 10 个人编号 0～9，围坐一圈，报 3 的倍数的退出，然后余下的人接着报至最后 1 人。其图解过程如图 9-1 所示。

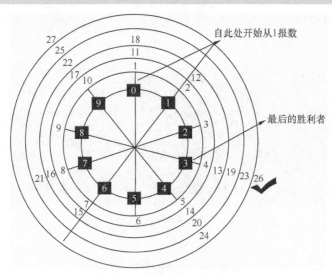

图 9-1 约瑟夫环图解过程

具体实现：编写实例文件 9-1.c 解决约瑟夫环的问题，首先显示出约瑟夫环的数列结果，第一个数据是最初的编号，后一个数据是约瑟夫环中的编号。接下来提示用户输入要剩下多少人，程序会显示指定数量的、排列在约瑟夫环中的最后位置的编号。文件 9-1.c 的具体代码如下所示。

```c
#include <stdio.h>
#include <stdlib.h>
#define N 41
#define M 3
int main()
{
    int man[N]={0};
    int count=1;
    int i=0,pos=-1;
    int alive=0;
    while(count<=N)
    {
        do{
            pos=(pos+1) % N;    //环状处理
            if(man[pos]==0)
                i++;
            if(i==M) //报数3的人
            {
                i=0;
                break;
            }
        }while(1);
        man[pos]=count;
        count++;
    }
    printf("\n约瑟夫排列(最初位置-约瑟夫环位置):\n");
    for(i=0;i<N;i++)
    {
        printf("%d-%d    ",i+1,man[i]);
        if(i!=0 && i%10==0) //每输出10个则换行
            printf("\n");
    }
    printf("\n\n准备剩下的人数？ ");
    scanf("%d", &alive);
    printf("这%d人初始位置应排在以下序号:\n",alive);
    alive=N-alive;
    for(i=0;i<N;i++)
        if(man[i]>alive)
            printf("初始序号:%d,约瑟夫环序号:%d\n",i+1,man[i]);
    printf("\n");
    getch();
```

```
    return 0;
}
```

执行后的效果如图 9-2 所示。

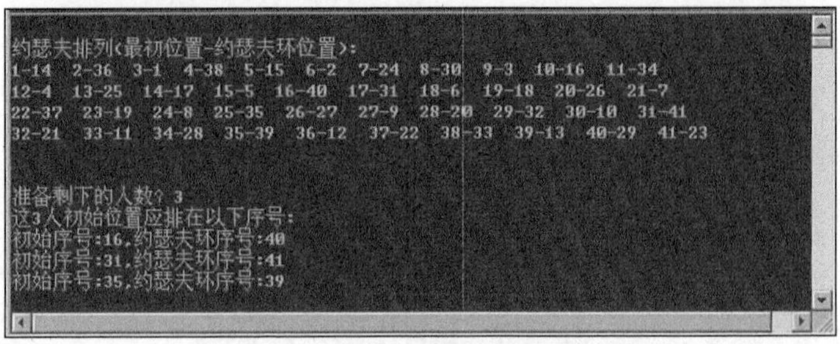

图 9-2　解决约瑟夫环问题的执行效果

9.2　大整数运算

知识点讲解：光盘:视频讲解\第 9 章\大整数运算.avi

问题描述：这里的大整数指大于 500 以上的整数，当然也可以更大。因为整数阶乘递增得很快，远远大于指数式递增。当整数较大时，阶乘的结果也很大，远非一个 int 或者 long 就能存下，比如 1000 的阶乘结果有上千位。所以大整数阶乘设计的关键点就是存储大整数，当选择了存储大整数，那么整数的乘法运算也不能再仅仅依靠乘号（*）来实现了，所以还要重新设计大整数的乘法运算才能计算出正确的结果。在本节中，将介绍大整数运算的基本知识。

9.2.1　数组实现大整数运算

实例 9-2　使用数组方法实现大整数运算
源码路径　光盘\daima\9\9-2.c

算法分析：对于大整数，可能是几百位，也可能是几千位甚至上万位。可以使用数组保存这些大整数，为了简化操作，用一个字节保存一位十进制数。如果要保存 100 位的整数，至少需要用具有 100 个元素的字符数组来保存该数。在大整数的运算过程中，因为其位数可能会发生变化，所以需要保存大整数的实际位数，并需要保存数据正负。

具体实现：编写实例文件 9-2.c，其具体实现流程如下所示。

（1）设计结构

首先定义一个字符指针变量指向大整数的实际内存地址；然后定义符号正负，当 zhengfu 为 1 时表示大整数是正数，当为-1 时表示为负整数；最后定义大整数的实际位数，这样省去了每次使用都需要对数组逐个元素进行扫描的工作。具体代码如下所示。

```
#include <stdio.h>
#include <string.h>
typedef struct bigint
{
    char *num;                        //指向长整数数组(序号0中保存着最低位)
    char zhengfu;                     //符号(1表示正数,-1表示负数)
    int digit;                        //保存该数的位数(实际位数)
}BIGINT, *pBIGINT;
```

（2）函数列表

在列表中罗列了本实例所需要的所有函数，具体代码如下所示。

```
void BigIntTrans(pBIGINT num);  //字符串转数字
void BigIntMul(pBIGINT num1, pBIGINT num2, pBIGINT result);  //乘法函数
void BigIntAdd1(pBIGINT num1, pBIGINT num2, pBIGINT result); //同号数相加
```

```
void BigIntAdd(pBIGINT num1, pBIGINT num2, pBIGINT result);    //加法函数
void BigIntSub1(pBIGINT num1, pBIGINT num2, pBIGINT result);   //异号相减函数
void BigIntSub(pBIGINT num1, pBIGINT num2, pBIGINT result);    //减法函数
//除法函数
void BigIntDiv(pBIGINT num1, pBIGINT num2, pBIGINT result, pBIGINT residue);
void BigIntPrint(pBIGINT result);                              //输出大整数
int BigIntEqual(pBIGINT num1, pBIGINT num2);                   //两数大小比较
```

（3）输入大整数

此外，还需要对输入的大整数进行特殊处理，不能直接使用一个整型变量去接收用户的输入。因为大整数可能很长，可以采用字符串方式来接收用户输入。但是字符串不能直接用于参与四则运算，所以需要将其转换为本程序中设计的结构，这样便于后续进行大整数运算。

对输入大整数的特殊处理功能是通过函数 BigIntTrans() 实现的，具体代码如下所示。

```
void BigIntTrans(pBIGINT num1) //将字符串转为数字表示
{
    char *temp;                 //临时数组
    int i, k, len;
    len = strlen(num1->num); //字符串长度
    if (!(temp = (char *) malloc(sizeof(char) * len))) //分配内存
    {
        printf("内存分配失败!\n");
        exit(0);
    }
    i = 0;
    num1->zhengfu = 1;          //保存为正数
    if (num1->num[0] == '-')    //判断是否为负数
    {
        num1->zhengfu = -1;     //保存为负数
        i++;
    }
    k = 0;    //数字位数计数器
    while (num1->num[i] != '\0') //字符串未结束
    {
        if (num1->num[i] >= '0' && num1->num[i] <= '9')    //为数字0~9
        {
            temp[k] = num1->num[i] - '0';    //将ASCII码转换为对应数字
            k++;
        }
        i++;
    }

    for (i = 0; i < num1->digit; i++) //清空数组各元素
        num1->num[i] = 0;
    num1->digit = k;    //转换后的数据位数
    for (i = 0, k--; k >= 0; k--, i++) //将临时数组各位倒置保存到数组num中
        num1->num[i] = temp[k];
    BigIntTrim(num1); //整理输入的大整数
}
```

（4）整理大整数

编写函数 BigIntTrim() 用于整理大整数，去掉前面多余的 0，并调整其位数。在具体实现时，需要循环处理大整数的各位，即从大整数的高位到低位查找 0 元素，如果遇到第一个非 0 元素，则表示该位是大整数的最高位。函数 BigIntTrim() 的具体代码如下所示。

```
void BigIntTrim(pBIGINT num1) //整理大整数，去掉前面多余的0，并使调整其位数
{
    int i;
    for (i = num1->digit - 1; i >= 0; i--)
    {
        if (num1->num[i] != 0)
            break;
    }
    if (i < 0)        //若余数全部为0
    {
        num1->digit = 1;    //设置余数位数为1
        num1->num[0] = 0;
    } else
        num1->digit = i + 1;    //余数位数
}
```

（5）输出大整数

编写函数 BigIntPrint() 来输出大整数。因为大整数被保存在一个结构 bigint 中，所以不能只使用函数 printf() 来直接输出，必须另外编写一个输出函数来输出大整数。在输出大整数时，根据结构中保存的位数循环输出数组 num 中的每一位数即可。对于全部为 0 的大整数，只需要输出一个 0。函数 BigIntPrint() 的具体代码如下所示。

```
void BigIntPrint(pBIGINT result) //输出大整数
{
    int j;
    if (result->zhengfu == -1) //是负数
        printf("-");       //输出负数
    if (result->digit == 1 && result->num[0] == 0)    //若大整数为0
        printf("0");
    else //不为0
    {
        for (j = result->digit - 1; j >= 0; j--) //从高位到低位输出
            printf("%d", result->num[j]);
    }
}
```

（6）比较大整数大小

编写函数 BigIntEqual() 来比较大整数。因为在比较时需要对两数的绝对值进行比较，所以很有必要编写一个比较大整数大小的函数。函数 BigIntEqual() 的具体实现代码如下所示。

```
int BigIntEqual(pBIGINT num1, pBIGINT num2) //比较绝对值大小
{
    int i;
    if (num1->digit > num2->digit) //num1的位数大于num2
        return 1;
    else if (num1->digit < num2->digit)   //num1的位数小于num2
        return -1;
    else    //两数位数相等
    {
        i = num1->digit - 1;//num1的数据位数
        while (i >= 0)    //从高位向低位比
        {
            if (num1->num[i] > num2->num[i])      //num1对应位大于num2
                return 1;
            else if (num1->num[i] < num2->num[i]) //num1对应位小于num2
                return -1;
            else
                i--; //比较下一位
        }
    }
    return 0;    //相等
}
```

（7）加法判断

在加法运算中，首先将被操作的两个数对齐，然后从低位向高位逐步相加。在对应位相加时，需要考虑是否有低位相加的进位。函数 BigIntAdd() 用于判断两数是同号相加还是异号相加，有 3 个参数，其中参数 num1 和 num2 是相加的两个大整数指针，参数 resulet 是返回结果的大整数指针。具体代码如下所示。

```
void BigIntAdd(pBIGINT num1, pBIGINT num2, pBIGINT result)
{
    int i;
    i = BigIntEqual(num1, num2); //比较两数绝对值大小
    if (i < 0)    //num1绝对值小于num2
    {
        pBIGINT temp;
        temp = num1;      //交换两数
        num1 = num2;
        num2 = temp;
    }
    if (num1->zhengfu * num2->zhengfu < 0)  //符号不同，则执行减法运算
    {
        if (i == 0)    //两数相等
        {
            result->digit = 1;     //结果长度为一位数，就是数值0
```

```
        result->num[0] = 0;    //结果值为0
        result->zhengfu = 1;   //结果设为正号
        return;                //返回
    }
    BigIntSub1(num1, num2, result);//调用相减函数完成异号相加的情况
} else
    BigIntAdd1(num1, num2, result);    //调用相加函数完成同号相加
}
```

（8）加法运算

编写函数 BigIntAdd1()实现大整数的加法运算。首先将被加数中的内容复制到结果中，然后从低位开始逐位加到结果中去，最后判断加数各位加完以后是否还有进位，如果有则要累加到高位中去。函数 BigIntAdd1()的具体代码如下所示。

```
void BigIntAdd1(pBIGINT num1, pBIGINT num2, pBIGINT result)
{
    int i, carry;
    carry = 0;
    result->zhengfu = num1->zhengfu;        //保存符号
    for (i = 0; i < num1->digit; i++)//将被加数复制到结果数组中
        result->num[i] = num1->num[i];
    for (i = 0; i < num2->digit; i++)//可能num2中的数小，位数也可能小一些
    {
        result->num[i] = result->num[i] + num2->num[i] + carry;   //将对应位的数与进位数相加
        carry = result->num[i] / 10; //计算进位数据
        result->num[i] = result->num[i] % 10;   //保留一位
    }
    if (carry)    //若最后还有进位
        result->num[i] = result->num[i] + carry;
    BigIntTrim(result); //整理结果
}
```

（9）减法运算

减法的运算可以看作是异号加法，可以表示为下面的等式。

num1-num2=num1+(-num2)

根据上述等式，并结合前面的加法运算函数 BigIntAdd1()编写减法运算函数 BigIntSub1()，具体实现代码如下所示。

```
void BigIntSub1(pBIGINT num1, pBIGINT num2, pBIGINT result) //异号相减函数
{
    int i, borrow;
    result->zhengfu = num1->zhengfu;       //因num1绝对值比num2大，结果符号与num1相同
    borrow = 0;
    for (i = 0; i < num1->digit; i++)//将被减数的内容复制到结果中
        result->num[i] = num1->num[i];
    for (i = 0; i <= num2->digit; i++)
    {
        result->num[i] = result->num[i] - num2->num[i] - borrow;
    //num1减去num2，并减去低位的借位
        if (result->num[i] < 0)    //若为负数
        {
            result->num[i] = 10 + result->num[i];    //向高位借位
            borrow = 1;      //设置借位值
        } else
            borrow = 0;
    }
    if (borrow == 1)
        result->num[i] = result->num[i] - borrow;
    BigIntTrim(result);
    /*i = num1->digit;
    while (i > 0)
    {
        if (result->num[i] == 0)
            i--;
        else
            break;
    }
    result->digit = i;    //保存结果位数*/
}
```

函数 BigIntSub()的具体实现代码如下所示。

```
void BigIntSub(pBIGINT num1, pBIGINT num2, pBIGINT result) //减法函数
{
        num2->zhengfu = -1 * num2->zhengfu; //将减数的符号取反
        BigIntAdd(num1, num2, result);    //调用加法函数
}
```

（10）乘法运算

编写函数 BigIntMul()实现乘法运算。对于大整数乘法运算来说，以乘数的每一位去乘以被乘数。例如，首先乘数个位去乘被乘数，将结果通过进位处理后保存到结果位中。接着用乘数的十位去乘以被乘数，将每位计算的结果累加到最终结果中。函数 BigIntMul()的实现代码如下所示。

```
void BigIntMul(pBIGINT num1, pBIGINT num2, pBIGINT result)
{
        char carry, temp;
        int i, j, pos;
        for (i = 0; i < num1->digit + num2->digit; i++) //结果数组和中间数组清0
          result->num[i] = 0;
     for (i = 0; i < num2->digit; i++) //用乘数的每1位乘以被乘数
        {
            carry = 0;      //清除进位
            for (j = 0; j < num1->digit; j++) //被乘数的每1位
            {
                temp = num2->num[i] * num1->num[j] + carry; //相乘并加上进位
                carry = temp / 10;     //计算进位carry
                temp = temp % 10;      //计算当前位的值
                pos = i + j;
                result->num[pos] += temp; //计算结果累加到临时数组中
                carry = carry + result->num[pos] / 10;   //计算进位
                result->num[pos] = result->num[pos] % 10;
            }
            if (carry > 0)
            {
                result->num[i + j] = carry;  //加上最高位进位
                result->digit = i + j + 1;   //保存结果位数
            } else
                result->digit = i + j;   //保存结果位数
        }
        result->zhengfu = num1->zhengfu * num2->zhengfu;       //结果的符号
}
```

（11）除法运算

编写函数 BigIntDiv()实现除法运算。对于大整数除法运算，首先取被除数的最高两位作为部分被除数，去除以除数，根据该部分被除数与除数的结果——商，得到一位数的商。函数 BigIntDiv()的具体代码如下所示。

```
void BigIntDiv(pBIGINT num1, pBIGINT num2, pBIGINT result, pBIGINT residue)
{
    BIGINT quo1, residuo1, quo2;
    int i, j, k, m;                 //k保存试商结果,m保存商的位数
    char t;
    result->zhengfu = num1->zhengfu * num2->zhengfu;     //商的符号
    residue->num = (char *) malloc(sizeof(char) * num2->digit);       //分配余数的内存空间
    residue->digit = num2->digit+1;        //设置余数的初始位数与除数相同
    for (i = 0; i < residue->digit; i++)     //将余数全部清0
        residue->num[i] = 0;
    m = 0;
    for (i = num1->digit - 1; i >= 0; i--)
    {
        residue->digit=num2->digit+1;  //重新设置余数的位数比除数多一位
        for (j = residue->digit - 1; j > 0; j--)  //移余数
          //将序号低位的数据移向高位(实际是将余数中的最高位去除)
            residue->num[j] = residue->num[j - 1];
        residue->num[0] = num1->num[i];  //复制被除数中的一位到余数的最低位中
        BigIntTrim(residue); //整理余数
        k = 0;  //试商
        while (BigIntEqual(residue, num2) >= 0)     //比较余数与除数的大小
        {
            BigIntSub1(residue, num2, residue);   //用余数减去除数，差值保存在余数中
            k++;   //试商加1
        }
```

```
            result->num[m++] = k;      //保存商
        }
        result->digit = m;    //保存商的位数
        for (i = 0; i < m / 2; i++)    //将商各位反转(在计算过程中序号0保存的是商的高位)
        {
            t = result->num[i];
            result->num[i] = result->num[m - 1 - i];
            result->num[m - 1 - i] = t;
        }
        BigIntTrim(result);   //整理商
        BigIntTrim(residue);       //整理余数
}
```

（12）主函数 main()

编写主函数 main()用于测试前面定义的加、减、乘、除运算函数，具体代码如下所示。

```
int main()
{
    BIGINT num1, num2, result, residue; //参与运算的数、结果、余数
    int i = 0, len;
    char op;
    printf("输入最大数的位数:");
    scanf("%d", &len);
    if (!(num1.num = (char *) malloc(sizeof(char) * (len + 1))))
    {
        printf("内存分配失败!\n");
        exit(0);
    }
    num1.digit = len + 1;
    if (!(num2.num = (char *) malloc(sizeof(char) * (len + 1))))
    {
        printf("内存分配失败!\n");
        exit(0);
    }
    num2.digit = len + 1;
    if (!(result.num = (char *) malloc(sizeof(char) * (2 * len + 1))))
    {
        printf("内存分配失败!\n");
        exit(0);
    }
    result.digit = 2 * len + 1;
    for (i = 0; i < result.digit; i++)   //清空结果集
        result.num[i] = 0;
    printf("选择大整数的运算(+、-、*、/):");
    fflush(stdin);
    scanf("%c", &op);
    switch (op)
    {
    case '+':
        printf("\n输入被加数:");
        scanf("%s", num1.num);
        printf("\n输入加数:");
        scanf("%s", num2.num);
        BigIntTrans(&num1);
        BigIntTrans(&num2);
        BigIntAdd(&num1, &num2, &result); //加法
        break;
    case '-':
        printf("\n输入被减数:");
        scanf("%s", num1.num);
        printf("\n输入减数:");
        scanf("%s", num2.num);
        BigIntTrans(&num1);
        BigIntTrans(&num2);
        BigIntSub(&num1, &num2, &result); //减法
        break;
    case '*':
        printf("\n输入被乘数:");
        scanf("%s", num1.num);
        printf("\n输入乘数:");
        scanf("%s", num2.num);
        BigIntTrans(&num1);
        BigIntTrans(&num2);
        BigIntMul(&num1, &num2, &result); //乘法
```

```
                    break;
          case '/':
                    printf("\n输入被除数:");
                    scanf("%s", num1.num);
                    printf("\n输入除数:");
                    scanf("%s", num2.num);
                    BigIntTrans(&num1);
                    BigIntTrans(&num2);
                    if (num2.digit == 1 && num2.num[0] == 0)  //大整数为0
                              printf("除数不能为0!\n");
                    else
                              BigIntDiv(&num1, &num2, &result, &residue);  //除法
                    break;
          }
          if (op == '/')
          {
                    if (!(num2.digit == 1 && num2.num[0] == 0))  //为除法且除数不为0
                    {
                              printf("商:");
                              BigIntPrint(&result);
                              printf("\t余数:");
                              BigIntPrint(&residue);
                    }
          } else
          {
                    printf("\n结果:");
                    BigIntPrint(&result);
          }

          getch();
          return 0;
}
```

执行后的效果如图 9-3 所示。

图 9-3 使用数组进行大整数运算的执行效果

9.2.2 链表实现大整数运算

实例 9-3 使用链表方法实现大整数运算
源码路径   光盘\daima\9\9-3.c

编写实例文件 9-3.c，其具体实现流程如下所示。

（1）设计结构

定义一个全局变量来表示模运算的分母，定义节点结构将节点中保存的数定义为一个整型变量。具体代码如下所示。

```
#define MAXBIT 4                            //每部分保存的最大位数
int maxnumber;                              //全局部量
typedef struct node
{
     int data;
     struct node *next;
}BIGINT,*pBIGINT;                           //定义链表结构
```

（2）输入大整数

定义函数 BigIntInput()用于输入大整数。因为每个节点不只是保存一位整数，所以需要根据设置的 MAXBIT 常量将用户输入的数据进行分组。当达到 MAXBIT 位时，就创建一个节点，

并将该节点添加到链表中。具体代码如下所示。

```
pBIGINT BigIntInput() //输入大整数
{
    int i,j,k;
    long sum;
    char c;
    pBIGINT node,ps,qs;
    struct number    //定义临时中间结构
    {
        int num;
        struct number *np;
    }*p,*q;
    p=NULL;        //链首为个位，链尾为高位
    while((c=getchar())!='\n')   //按字符接收数字
    {
        if(c>='0' && c<='9')        //若为数字就存入
        {
            if(!(q=(struct number *)malloc(sizeof(struct number))))
            {
                printf("内存分配失败!\n");
                getch();
                exit(0);
            }
            q->num=c-'0';        //保存一位整数
            q->np=p; //加入链表
            p=q;
        }
    }
    if(!(node=(pBIGINT)malloc(sizeof(BIGINT))))//分配表头内存
    {
        printf("内存分配失败!\n");getch();
        exit(0);
    }
    node->data=-1; //表头
    ps=node;
    while(p!=NULL) //保存输入各位整数的链表不为空
    {
        sum=0;
        i=0;
        k=1;
        while(i<MAXBIT   && p!=NULL) //按MAXBIT位合并位链表
        {
            sum=sum+k*(p->num); //由低位开始累加数据
            i++; //位数加1
            p=p->np; //处理下一位整数
            k=k*10; //系数
        }
        if(!(qs=(pBIGINT)malloc(sizeof(BIGINT))))//分配保存节点的内存
        {
            printf("内存分配失败!\n");getch();
            exit(0);
        }
        qs->data=sum; //将组合的数据保存到节点
        ps->next=qs; //将节点插入链表
        ps=qs;
    }
    ps->next=node;    //完成链表
    return(node);
}
```

（3）输出大整数

编写函数 BigIntPrint()来输出大整数。使用链表结构保存的整数,输出操作没有线性表方便。因为在表头保存的是低位数据,在输出时需要首先输出高位数据。所以输出时需要从表头逐步检查到表尾,再从表尾到表头逐步输出数据。在单向列表中,可以使用递归方式输出大整数。函数 BigIntPrint()的具体代码如下所示。

```
void BigIntPrint(pBIGINT result) //输出大整数
{
    if(result->next->data!=-1) //若下一节点不是链表结尾(通过递归找到链表的结尾 )
    {
        BigIntPrint(result->next); //递归调用输出函数
```

```
            if(result->next->next->data==-1) //若下一节点的再下一节点是链表尾
                printf("%d",result->next->data); //输出下一节点的数据
            else{
                int i,k=maxnumber;
                for(i=1;i<=MAXBIT ;i++,k/=10) //中间部分的数据不足MAXBIT位的在前面输出0
                    putchar('0'+result->next->data%(k)/(k/10));
            }
        }
    }
```

（4）加法运算

编写函数 BigIntAdd() 实现加法运算处理。在链表保存的大整数中，因为表头指向的是大整数低位，所以直接从两个加数链表的表头开始向后累加，不需要另外再进行低位对齐操作。函数 BigIntAdd() 的具体代码如下所示。

```
pBIGINT BigIntAdd(pBIGINT num1,pBIGINT num2)    //完成加法操作
{
    pBIGINT num11,num21,node,temp,temp1;
    int total,number,carry;
    num11=num1->next; //被加数链表的第1个位置
    num21=num2->next; //加数链表的第1个位置
    if(!(node=(pBIGINT)malloc(sizeof(BIGINT))))//建立存放和的链表表头
    {
        printf("内存分配失败!\n");getch();
        exit(0);
    }
    node->data=-1; //表头数据部分存放-1
    temp=node; //使temp指向存放和的链表
    carry=0; //进位变量
    while(num9->data!=-1 && num21->data!=-1)//都不是表头
    {
        total=num9->data + num21->data + carry;//对应位和上次进位数求和
        number=total % maxnumber;        //记录可以存入链表的数
        carry=total / maxnumber;          //操作maxnumber的数作为进位数
        temp=BigIntInsert(temp,number);   //把可存入的数插入链表
        num11=num9->next;                //取两数的后面部分相加
        num21=num21->next;
    }
    temp1=(num9->data!=-1)?num11:num21;//设置两数的大小不能是尚未处理的指针大小
    while(temp->data!=-1)        //判断另一个是否到头
    {
        total=temp1->data+carry;//与进位数相加
        number=total%maxnumber;        //记录可存入的数
        carry=total/maxnumber;          //记录进位数
        temp=BigIntInsert(temp,number); //插入链表
        temp1=temp1->next;
    }
    if(carry)        //如果还有进位数
        temp=BigIntInsert(temp,1);//保存进位
    temp->next=node;        //完成链表
    return(node);        //返回求和结果的链表指针
}
```

编写函数 BigIntInsert() 在 num1 节点后插入一个新的节点。创建节点后，将指定的参数保存在节点中，然后将该节点添加到指定的链表中。函数 BigIntInsert() 的具体代码如下所示。

```
pBIGINT BigIntInsert(pBIGINT num1,int num)//在num1节点之后插入一个新的节点,节点中保存值num
{
    pBIGINT node;
    if(!(node=(pBIGINT)malloc(sizeof(BIGINT))))//分配内存
    {
        printf("内存分配失败!\n");getch();
        exit(0);
    }
    node->data=num;        //赋值
    num1->next=node;                //将新的节点添加到链表num1的后面
    return(node);
}
```

（5）减法运算

编写函数 BigIntSub() 实现大整数的减法运算。链表方式的大整数减法是从个位开始的，所以可以直接从两个链表的头指针开始进行逐位相减即可实现减法运算。函数 BigIntSub() 的具体

代码如下所示。

```
pBIGINT BigIntSub(pBIGINT num1,pBIGINT num2)    //完成减法操作
{
    pBIGINT num11,num21,node,temp;
    int diff,number,borrow;
    num11=num1->next; //被减数链表的第1个位置
    num21=num2->next; //减数链表的第1个位置
    if(!(node=(pBIGINT)malloc(sizeof(BIGINT)))) //建立存放差的链表表头
    {
        printf("内存分配失败!\n");getch();
        exit(0);
    }
    node->data=-1; //表头数据部分存放-1
    temp=node; //使temp指向存放差的链表
    borrow=0; //借位变量
    while(num9->data!=-1) //被减数链表未到表头
    {
        if(num21->data!=-1) //减数链表未到表头
        {
            diff=num9->data - num21->data - borrow;//减去对应位和上次的借位数
            if(diff<0) //如果减法运算的结果为负数，需要借位
            {
                diff=maxnumber+diff; //借位得到正数
                borrow=1; //设置借位标志
            }else
                borrow=0; //清除借位标志
            num21=num21->next;//处理下一个减数
        }
        else
        {
            diff=num9->data - borrow;//减去借位
            borrow=0;
        }
        temp=BigIntInsert(temp,diff);    //把可存入的数插入链表
        num11=num9->next;        //取两数的后面部分相减
    }
    while(num21->data!=-1)        //若减数链表未到表头
    {
        diff=num21->data - borrow;//与进位数相加
        if(diff<0) //如果减法运算的结果为负数，
        {
            diff=maxnumber+diff; //借位得到正数
            borrow=1; //设置借位标志
        }else
            borrow=0; //清除借位标志
        temp=BigIntInsert(temp,diff);    //把可存入的数插入链表
        num21=num21->next;
    }
    temp->next=node;    //完成链表
    return(node);    //返回求差结果的链表指针
}
```

（6）主函数 main()

编写主函数 main()用于测试前面定义的运算函数的功能，具体代码如下所示。

```
int main()
{
    pBIGINT num1,num2,result;
    int i;
    char op;
    maxnumber=1;
    for(i=0;i<MAXBIT;i++) //计算最大数，后面求余运算需要使用
        maxnumber=maxnumber*10;
    printf("选择大整数的运算(+、-):");
    scanf("%c", &op);
    fflush(stdin);
    switch (op)
    {
    case '+':
        printf("\n输入被加数:");
        num1=BigIntInput();
        printf("\n输入加数:");
        num2=BigIntInput();
```

```
        result=BigIntAdd(num1, num2); //加法
        break;
    case '-':
        printf("\n输入被减数:");
        num1=BigIntInput();
        printf("\n输入减数:");
        num2=BigIntInput();
        result=BigIntSub(num1,num2);; //减法
        break;
    default:
        printf("运算符输入错误!\n");
        break;
    }
    if (op == '+' || op == '-')
    {
        printf("\n结果:");
        BigIntPrint(result);
        printf("\n");
    }
    getch();
    getch();
    return 0;
}
```

编译执行后的效果如图 9-4 所示。

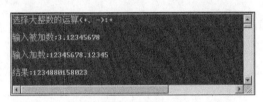

图 9-4　使用链表进行大整数运算的执行效果

9.3　计算机进制转换

知识点讲解：光盘:视频讲解\第 9 章\计算机进制转换.avi

实例 9-4　通过编程的方式，实现计算机进制的转换处理
源码路径　光盘\daima\9\9-4.c

问题描述：进制即数制，数制是人们利用符号进行计数的科学方法。数制有很多种，在计算机中常用的数制有十进制、二进制和十六进制。数制也称计数制，是指用一组固定的符号和统一的规则来表示数值的方法。计算机是信息处理的工具，任何信息必须转换成二进制形式数据后才能由计算机进行处理、存储和传输。

具体实现：编写实例文件 9-4.c，其具体实现流程如下所示。

（1）栈操作

定义栈结构 struct、StackInit 来初始化栈，分别定义函数 PUSH()实现入栈操作，POP()实现出栈操作，StackLength()获取栈长度，用 StackFree()释放栈。具体代码如下所示。

```
#include<stdio.h>
#include<stdlib.h>
#define STACK_INIT_SIZE   100
#define SIZE_INCREMENT   5
typedef struct //栈结构
{
    int *base; //栈底
    int *top; //栈顶
    int stacksize; //栈大小
}SqStack,*SQSTACK;
int StackInit(SQSTACK s) //初始化栈
{
```

224

```
        s->base=(int *)malloc(STACK_INIT_SIZE*sizeof(int));
        if(!(s->base))
                exit(0);
        s->top=s->base;
        s->stacksize=STACK_INIT_SIZE;
        return 1;
}
int PUSH(SQSTACK s,int e) //入栈
{
        if(s->base+s->stacksize==s->top)
        {
                s->base=(int *)realloc(s->base,(SIZE_INCREMENT+s->stacksize)*sizeof(int));
                s->top=s->base+s->stacksize;
                s->stacksize+=SIZE_INCREMENT;
        }
        *(s->top)=e;
        s->top+=1;
        return 1;
}
int POP(SQSTACK s,int *p) //出栈
{
        if(s->base==s->top) //空栈
                return 0;
        *p=*(s->top-1);
        s->top--;
        return 1;
}
int StackLength(SQSTACK s) //栈的长度(元素数量)
{
        return (s->top-s->base);
}
int StackFree(SQSTACK s) //释放栈
{
        free(s->base);
        s->top=s->base=NULL;
        return 1;
}
```

（2）转换为十进制

定义函数 OtherToDec()将其他任何进制转换为十进制。此过程不需要栈，因为其他进制数可能会使用字母来表示超过 9 的数，所以其他进制数应该是使用一个字符串来表示。在函数中，首先将该字符串的各个字符转换为对应的十进制数，然后按照权进行展开相加，最后返回一个十进制数。函数 OtherToDec()的具体代码如下所示。

```
int OtherToDec(int sys,char *in_str) //其他进制转换为十进制(输入数)
{ //sys表示进制,*in_str表示需处理的字符串
        int i,j,length,start=0;
        unsigned long sum=0,pow;
        int *in_bit;

        length=strlen(in_str); //字符串的长度
        if(!(in_bit=(int *)malloc(sizeof(int)*length)))
        {
                printf("内存分配失败!\n");
                exit(0);
        }
        if(in_str[0]=='-') //为负数，跳过符号
                start++;
        j=0;
        for(i=length-1;i>=start;i--)
        {
                if(in_str[i]>='0' && in_str[i]<='9') //为数字0～9
                        in_bit[j]=in_str[i]-'0'; //将字符转换为整数
                else if(in_str[i]>='A' && in_str[i]<='F') //大写字母A～F
                        in_bit[j]=in_str[i]-'A'+10;
                else if(in_str[i]>='a' && in_str[i]<='f') //小写字母a～f
                        in_bit[j]=in_str[i]-'a'+10;
                else
                        exit(0);
                j++;
        }
        length-=start;
```

```
    for(i=0;i<length;i++)
    {
        if(in_bit[i]>=sys) //若某个数超过了设置的进制
        {
            printf("输入的数据不符合%d进制数据的规则!",sys); //显示错误
            exit(0);
        }
        for(j=1,pow=1;j<=i;j++)
            pow*=sys;
        sum+=in_bit[i]*pow;
    }
    return sum;
}
```

（3）十进制转换为其他进制

定义函数 DecToOther()将十进制转换为其他进制。此模块需要通过栈来保存余数，因为其他进制可能需要使用字母来表示，所以转换的结果不能用数值变量来保存，而是需要保存到一个字符串。函数 DecToOther()的具体代码如下所示。

```
char *DecToOther(unsigned long num,int sys) //十进制数转换为其他进制数，返回一个字符串
{//num需转换的数据,sys为需转换的进制
    SqStack s;
    int rem,i,length,num1,inc=1;
    char *out,*p; //控制输出字符串
    if(!StackInit(&s)) //初始化栈失败
        exit(0);//退出
    do{
        if(num<sys) //如果被除数小于要求的进制
        {
            rem=num;
            PUSH(&s,rem); //进制作为除数入栈
            break;//退出循环
        }
        else
        {
            rem=num % sys; //除进制数取余数
            PUSH(&s,rem); //将余数入栈
            num=(num-rem)/sys; //商
        }
    }while(num); //被除数不为0
    if(sys==16) //十六进制有两个字符的前缀
        inc++;
    length=StackLength(&s); //获取栈的长度(需输出元素的个数)
    if(!(out=(char *)malloc(sizeof(char)*(length+inc))))//若分配内存失败
    {
        printf("内存分配失败!\n");
        exit(0);
    }
    p=out; //指针p指向分配内存首地址
    *p++='0';//添加前缀
    if(sys==16) //十六进制的前缀
        *p++='x';
    for(i=1;i<=length;i++)
    {
        POP(&s,&num1); //从栈中弹出一个数
        if(num1<10) //若小于10
            *p++=num1+'0'; //保存数字的ASCII字符
        else //大于10，输出A～F
            *p++=num1+'A'-10;//输出A～F之间的字母
    }
    StackFree(&s); //释放栈所占用空间
    *p='\0';
    return (out);//返回字符串
}
```

（4）主函数 main()

编写主函数 main()用于测试前面定义的转换函数的功能，具体代码如下所示。

```
int main()
{
    int old,new1;
    char select='N',*other,str[80]; //符号
    unsigned long num10; //保存十进制数
```

```
    char array[32];
    do{
        printf("\n原数据进制:");
        scanf("%d",&old);
        printf("输入%d进制数:",old);
        scanf("%s",str); //保存字符串
        num10=OtherToDec(old,str); //将其他进制转换为十进制
        printf("需转换的进制:");
        scanf("%d",&new1);
        if(10==new1) //若是转换为十进制
        {
            printf("\n将%d进制数%s\n转换为10进制数:%d\n",old,str,num10);
        }
        else
        {
            other=DecToOther(num10,new1);
            printf("将%d进制数%s\n转换为%d进制数:%s\n",old,str,new1,other);
        }
        printf("\n继续(Y/N)?");
        select=getch();
    }while(select=='y' || select =='Y');
    getch();
    return 0;
}
```

编译执行后的效果如图 9-5 所示。

图 9-5 计算机进制转换的执行效果

9.4 中序表达式转换为后序表达式

知识点讲解：光盘:视频讲解\第 9 章\中序表达式转换为后续表达式.avi

实例 9-5 用编程方式将中序表达式转换为后序表达式
源码路径 光盘\daima\9\9-5.c

问题描述：中序表达式是指操作运算符在中间，被操作数在操作运算符的两侧的表达式。平时见到的表达式大多数都是中序表达式。后序表达式要求每一个操作符出现在其操作数之后。例如，中序 A/B*C 的后序表达式为 AB/C*，其中除号紧接其操作数 A 和 B 之后，依次类推。

前序表达式要求每一个操作符出现在其操作数之前，一般不用。编写表达式的后序表达式一般是为了便于计算机编程中栈的实现，所以在现实中用得比较多。

具体实现：编写实例文件 9-5.c，其具体实现流程如下所示。

（1）定义函数 PRI()，通过 switch_case 语句返回运算符的优先级，具体代码如下所示。

```
int PRI(char op) //设定算符的优先级
{
    switch (op)
    {
    case '+':
    case '-':
        return 1;
    case '*':
    case '/':
        return 2;
    default:
```

```
        return 0;
    }
}
```

（2）编写函数 toPosfix()用于计算后序表达式。首先设置参数 infix 是一个指针，指向需要转换的中序表达式字符串，并计算中序表达式的长度；然后从中序表达式中逐个取出字符进行判断，并分别处理左括号和右括号；最后处理 4 个运算符，如果栈未满则将当前运算符入栈。函数 toPosfix()的具体实现代码如下所示。

```c
char *toPosfix(char *infix)        // 求后序表达式
{
    int length=strlen(infix);
    char *stack,*buf,*p,flag;
    char op;
    int i,top=0;
    if(!(stack=(char *)malloc(sizeof(char)*length)))  //作为栈内存空间
    {
        printf("内存分配失败!\n");
        exit(0);
    }
    if(!(buf=(char *)malloc(sizeof(char)*length*2)))  //保存后序表达式字符串
    {
        printf("内存分配失败!\n");
        exit(0);
    }
    p=buf;
    for(i=0;i<length;i++)
    {
        op=infix[i]; //获取表达式中一个字符
        switch(op) //根据字符进行入栈操作
        {
        case '(': //为左括号
            if(top<length) //若栈未满
            {
                top++; //修改栈顶指针
                stack[top]=op; //保存运算符到栈
            }
            flag=0;
            break;
        case '+':
        case '-':
        case '*':
        case '/':
            while(PRI(stack[top])>=PRI(op)) //判断栈顶运算符与当前运算符的级别
            {
                *p++=stack[top]; //将栈中的运算符保存到字符串
                top--; //修改栈顶指针
                flag=0;
            }
            if(top<length) //栈未满
            {
                top++; //修改栈顶指针
                stack[top]=op; //保存运算符到栈
                if(flag==1)
                    *p++=','; //添加一个逗号分隔数字
                flag=0;
            }
            break;
        case ')': //右括号
            while(stack[top]!= '(') //在栈中一直找到左括号
            {
                *p++=stack[top]; //将栈顶的运算符保存到字符串
                top--; //修改栈顶指针
            }
            flag=0;
            top--; //修改栈顶指针，将左括号出栈
            break;
        default: //其他字符(数字、字母等非运算符)
            *p++=op;
            flag=1;
            break;
        }
```

```
        }
        while (top>0) //若栈不为空
        {
            *p++=stack[top]; //将栈中的运算符出栈
            top--; //修改栈顶指针
        }
        free(stack);//释放栈占用的内存
        *p='\0';
        return (buf); //返回字符串
    }
```

（3）在进行四则运算前需要编写运算函数 calc()，在函数 calc()中通过 switch_case 语句进行不同的运算处理。其中，参数 d1、d2 表示 2 个运算数，op 表示运算符。函数 calc()的具体代码如下所示。

```
double calc(double d1, char op, double d2) //计算函数
{
    switch (op) //根据运算符进行操作
    {
    case '+':
        return d1 + d2;
    case '-':
        return d1 - d2;
    case '*':
        return d1 * d2;
    case '/':
        return d1 / d2;
    }
    return 0;
}
```

（4）编写函数 eval()使用按序表达对指定的表达式进行求值运算，在函数中使用一个栈来保存前面运算的结果。函数 eval()的具体代码如下所示。

```
double eval(char *postfix)        //计算表达式的值
{
    double *stack,num,k=1.0; //k为系数
    int i,length,top=0,dec=0,flag;//dec为0表示整数,为1表示小数,flag=1表示有数据需入栈
    char token;

    length=strlen(postfix);
    if(!(stack=(double *)malloc(sizeof(double)*length)))
    {
        printf("内存分配失败!\n");
        exit(0);
    }
    num=0;
    for(i=0;i<length;i++)
    {
        token=postfix[i]; //取出一个字符
        switch(token)
        {
        case '+': //若是运算符
        case '-':
        case '*':
        case '/':
            if(top<length && flag==1) //若栈未满
            {
                top++; //修改栈顶指针
                stack[top]=(double)num; //将数字保存到栈中
                num=0;
            }
            //取出每个栈的前两个元素进行运算，结果保存到栈中
            stack[top-1]=calc(stack[top-1], token, stack[top]);
            top--; //修改栈顶指针
            dec=0;//先设为整数
            flag=0;//下一步操作不将数入栈
            break;
        default: //不为运算符
            if(token==',') //若为逗号
            {
                if(top<length) //若栈未满
                {
                    top++; //修改栈顶指针
```

```
                    stack[top]=(double)num; //将数字保存到栈中
                    num=0;
                    dec=0;
                        break;
                }
            }
            else if(token=='.')
            {
                k=1.0;
                dec=1;
                break;
            }
            if(dec==1) //小数部分
            {
                k=k*0.1;
                num=num+(token-'0')*k;
            }
            else
            {
                num=num*10+token-'0';
            }
            flag=1;//有数需要入库
                break;
        }
    }
    return stack[top]; //返回栈顶的结果
}
```

（5）编写主函数 main()用于测试前面算法函数的功能，具体代码如下所示。

```
int main()
{
    char infix[80];
    printf("输入表达式:");
    scanf("%s",infix);
    printf("中序表达式:%s\n", infix);
    printf("后序表达式:%s\n", toPosfix(infix));
    printf("后序表达式求值:%lf\n",eval(toPosfix(infix)));
    getch();
    return 0;
}
```

执行后的效果如图 9-6 所示。

图 9-6   中序表达式转换为后续表达式的执行效果

第 10 章

解决数学问题

　　算法是编程语言的灵魂，能够解决编程应用中的数学问题、趣味问题、图像问题和奥赛问题等。在本章中，首先将讲解使用算法解决现实中常见数学问题的知识，然后通过具体实例的实现过程来详细剖析各个知识点的使用方法。

10.1　最大公约数和最小公倍数

📷 知识点讲解：光盘:视频讲解\第 10 章\最大公约数和最小公倍数.avi

实例 10-1　计算两个正整数的最大公约数和最小公倍数
源码路径　光盘\daima\10\10-1.c

　　算法分析：所谓两个数的最大公约数，是指两个数 *a*、*b* 的公约数中最大的那一个。例如 4 和 8，两个数的公约数分别为 1、2、4，其中 4 为 4 和 8 的最大公约数。

　　要想计算出两个数的最大公约数，最简单的方法是从两个数中较小的那个开始依次递减，得到的第一个这两个数的公因数即为这两个数的最大公约数。

　　如果一个数 *i* 为 *a* 和 *b* 的公约数，那么一定满足 *a%i* 等于 0，并且 *b%i* 等于 0。所以，在计算两个数的公约数时，只需从 *i*=min(*a*,*b*) 开始依次减 1，并逐一判断 *i* 是否为 *a* 和 *b* 的公约数，得到的第一个公约数就是 *a* 和 *b* 的最大公约数。

　　所谓两个数的最小公倍数，是指两个数 *a*、*b* 的公倍数中最小的那一个。例如 5 和 3，两个数的公倍数可以是 15，30，45……因为 15 最小，所以 15 是 5 和 3 的最小公倍数。

　　根据上述描述，要想计算两个数的最小公倍数，最简单的方法是从两个数中最大的那个数开始依次加 1，得到的第一个公共倍数就为这两个数的最小公倍数。

　　如果一个数 *i* 为 *a* 和 *b* 的公共倍数，那么一定满足 *i%a* 等于 0，并且 *i%b* 等于 0。所以，设计算法时只需从 *i*=max(*a*,*b*) 开始依次加 1，并逐一判断 *i* 是否为 *a* 和 *b* 的公倍数，得到的第一个公倍数就是 *a* 和 *b* 的最小公倍数。

　　具体实现：编写实例文件 10-1.c，具体代码如下所示。

```c
#include "stdio.h"
int gcd(int a,int b){
/*最大公约数*/
    int min;
    if(a<=0||b<=0) return -1;
    if(a>b) min = b;                        /*找到a、b中的较小的一个赋值给min*/
    else min = a;
    while(min){
        if(a%min == 0 && b%min == 0)        /*判断是否被整除*/
            return min;                     /*找到最大公约数，返回*/
            min--;                          /*没有找到最大公约数，min减1*/
        }
    return -1;
}

int lcm(int a,int b){
/*最小公倍数*/
    int max;
    if(a<=0||b<=0) return -1;
    if(a>b) max = a;
    else max = b;                           /*找到a、b中的较大的一个赋值给max*/
    while(max){
        if(max%a == 0 && max%b == 0)        /*判断公倍数*/
            return max;                     /*找到最小公倍数，返回*/
        max++;                              /*没有找到最小公倍数，max加1*/
        }
    return -1;
}

main(){
    int a,b;
    printf("Please input two digit for getting GCD and LCM\n");
    scanf("%d %d",&a,&b);
    printf("The GCD of %d and %d is %d\n",a,b,gcd(a,b));   /*打印出a、b的最大公约数*/
    printf("The LCM of %d and %d is %d\n",a,b,lcm(a,b));   /*打印出a、b的最小公倍数*/
    getche();
}
```

执行后的效果如图 10-1 所示。

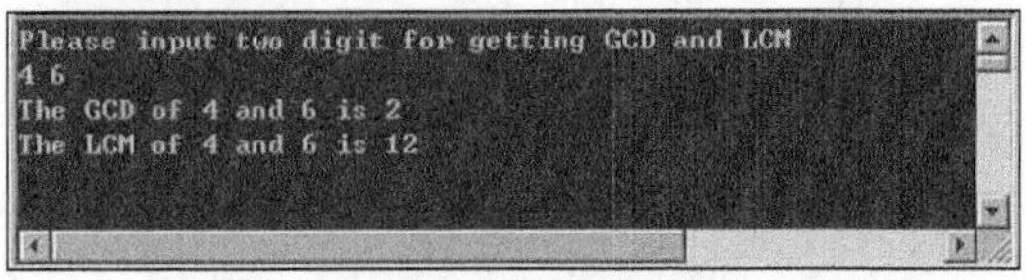

图 10-1　计算最大公约数和最小公倍数

10.2　哥德巴赫猜想

知识点讲解：光盘:视频讲解\第 10 章\哥德巴赫猜想.avi

实例 10-2　哥德巴赫猜想的证明
源码路径　光盘\daima\10\10-2.c

问题描述：所谓哥德巴赫猜想，是指任何一个大于 2 的偶数都可以写为两个素数的和。应用计算机工具可以很快地在一定范围内验证证明哥德巴赫猜想的正确性。请编写一个 C 程序，验证指定范围内哥德巴赫猜想的正确性，也就是近似证明哥德巴赫猜想（因为不可能用计算机穷举出所有正偶数）。

哥德巴赫猜想的证明是一个世界性的数学难题，至今未能完全解决。我国著名数学家陈景润为哥德巴赫猜想的证明做出过杰出的贡献。

算法分析：可以把问题归结为在指定范围内（例如：1～2000 内）验证其中每一个偶数是否满足哥德巴赫猜想的论断，即是否能表示为两个素数之和。如果发现一个偶数不能表示为两个素数之和，即不满足哥德巴赫猜想的论断，则意味着举出了反例，从而可以否定哥德巴赫猜想。

可以应用枚举的方法枚举出指定范围内的每一个偶数，然后判断它是否满足哥德巴赫猜想的论断，一旦发现有不满足哥德巴赫猜想的数据，则可以跳出循环，并做出否定的结论；否则如果集合内的数据都满足哥德巴赫猜想的论断，则可以说明在该指定范围内，哥德巴赫猜想是正确的。

上述过程的伪码算法如下所示。

```
low             ;范围下界
high            ;范围上界
a<-low
repeat:
      if   a为偶数并且a>2   then
              if   a满足哥德巴赫猜想
then                    输出一种结论
              else
                    设置标志，跳出循环
              endif
      endif
a<-a+1
until   a>high
if设置标志then   哥德巴赫猜想不成立
else   在[low,high]内哥德巴赫猜想成立
```

上述问题的核心变为如何验证一个偶数 a 是否满足哥德巴赫猜想，即偶数 a 能否表示为两个素数之和。可以这样考虑这个问题：

一个正偶数 a 一定可以表示成为 a/2 种正整数相加的形式。这是因为 a=1+(a-1)，a=2+(a-2)，…，a=(a/2-1)+(a/2+1)，a=a/2+a/2，共 a/2 种。因为后面还有 a/2-1 种表示形式与前面 a/2-1 种表示形式相同，所以可以先不考虑后面部分的形式。那么，在这 a/2 种正整数相加的形式中，只要存在一种形式 a=i+j，其中 i 和 j 均为素数，则就可以断定该偶数 a 满足哥德巴

赫猜想。因此，判断一个大于 2 的偶数 a 是否满足哥德巴赫猜想的伪码算法描述如下。

```
i?
repeat:
if   i是素数   and   a-i也是素数
   then              设置标志，跳出循环
      endif
      i<-i+1
until   i>a/2
if   设置标志then   a满足哥德巴赫猜想
else   a不满足哥德巴赫猜想
```

具体实现： 编写实例文件 10-2.c，具体代码如下所示。

```c
#include <string.h>
#include <stdio.h>
int isGoldbach(int a);
int TestifyGB_Guess(int low,int high);
int isPrime(int i);
void main()
{
/*验证1～100以内的哥德巴赫猜想*/
    printf("Now testify Goldbach Guess in the range of 1～100\n\n");
      if(TestifyGB_Guess(1,100))
        printf("\nIn the range of 1～100,Goldbach Guess is right.\n");
        else   printf("\nGoldbach Guess is wrong.\n");
        getchar();
}
int TestifyGB_Guess (int low,int high)
{/*在low和high的范围内验证哥德巴赫猜想*/
int i,j=0;
        int flag=0;
            for(i=low;i<=high;i++)
             if(i%2==0&&i>2)
             if(isGoldbach(i)){   /*偶数i符合哥德巴赫猜想*/
             j++;                 /*j用来控制输出格式*/
             if(j==5){
                printf("\n");
                    j=0;
             }
             }
             else
             {flag=1;break;}
                if(flag==0)
                    return 1;            /*在low和high的范围内哥德巴赫猜想正确返回1*/
                    else
                    return 0;            /*在low和high的范围内哥德巴赫猜想不正确返回0*/
            }
    int isGoldbach(int a)
        {/*判断偶数a是否符合哥德巴赫猜想*/
        int i,flag=0;
        or(i=1;i<=a/2;i++)
        {
        if(isPrime(i)&& isPrime(a-i))
         /*如果i和a-i都为素数，则符合哥德巴赫猜想*/
          {
          flag=1;
          printf("%d=%d+%d ",a,i,a-i);
          break;
        }
        }
        if(flag==1)
          return 1;              /*a符合哥德巴赫猜想返回1*/
          else
           return 0;             /*a不符合哥德巴赫猜想返回0*/
}
int isPrime(int i)
{/*判断i是否是素数*/
int n,flag=1;
if(1==i)flag=0;   /*1不是素数，素数都要大于1*/
for(n=2;n<i;n++)
if(i%n==0){flag=0;break;}
/*如果在2～i-1之间i有其他倍数因子，则i不是素数，flag置0*/
if(flag==1)
return 1;          /*i是素数返回1*/
```

```
else
  return 0;        /*i不是素返回0*/
}
```

在上述代码中，将哥德巴赫猜想验证的范围规定在 100 以内。主函数调用 3 个函数：TestifyGB_Guess()函数有两个参数，分别指定哥德巴赫猜想验证范围的下界 low 和上界 high，该函数的作用是在[low,high]验证哥德巴赫猜想的正确性。函数 isGoldbach()中的参数 a 可以判断 a 是否满足哥德巴赫猜想，也就是偶数 a 是否可表示成两个素数之和。函数 isPrime()中的参数 i 可以判断 i 是否是素数，这里要注意，严格地讲 1 不是素数。

执行后的效果如图 10-2 所示。

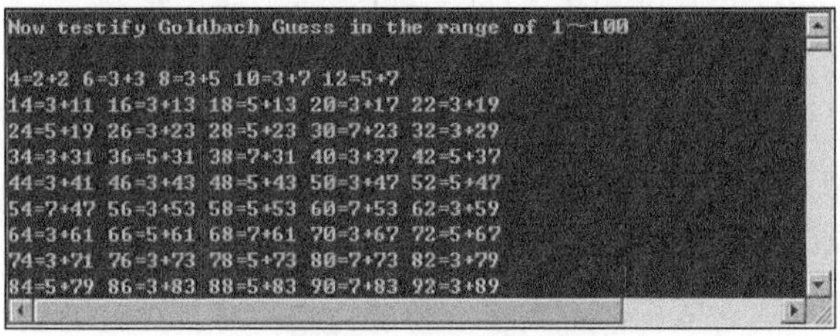

图 10-2　验证哥德巴赫猜想的执行结果

10.3　完全数

知识点讲解：光盘:视频讲解\第 10 章\完全数.avi

实例 10-3　编写程序，求出 1～10000 的完全数
源码路径　光盘\daima\10\10-3.c

完全数（perfect number），又称完美数或完备数，是一些特殊的自然数，满足所有的真因数（即除了自身以外的约数）的和（即因数函数）等于它本身这一条件。

例如：第一个完全数是 6，它有约数 1、2、3、6，除去它本身 6 外，其余 3 个数相加，1+2+3＝6。第二个完全数是 28，它有约数 1、2、4、7、14、28，除去它本身 28 外，其余 5 个数相加，1+2+4+7+14＝28。后面的完全数是 496、8128 等。再例如：

6＝1+2+3

28＝1+2+4+7+14

496＝1+2+4+8+16+31+62+124+248

8128＝1+2+4+8+16+32+64+127+254+508+1016+2032+4064

例如数字"4"，它的真因数有 1 和 2，和是 3。因为 4 本身比其真因数之和要大，这样的数叫作亏数。如果是数字"12"，它的真因数有 1、2、3、4、6，其和是 16。由于 12 本身比其真因数之和要小，这样的数就叫作盈数。那么有没有既不盈余，又不亏欠的数呢？有，这样的数就叫作完全数。

问题描述：编写程序，求出 1～10000 的完全数。

算法分析：完全数有许多有趣的性质，具体说明如下所示。

（1）它们都能写成连续自然数之和。例如：

6＝1+2+3

28＝1+2+3+4+5+6+7

496＝1+2+3+…+30+31

（2）它们的全部因数的倒数之和都是 2，因此每个完全数都是调和数（在数学上，第 n 个

235

调和数是首 n 个正整数的倒数和)。例如：

$1/1+1/2+1/3+1/6 = 2$

$1/1+1/2+1/4+1/7+1/14+1/28 = 2$

（3）除 6 以外的完全数，还可以表示成连续奇立方数之和。例如：

$28 = 1^3+3^3$

$496 = 1^3+3^3+5^3+7^3$

$8128 = 1^3+3^3+5^3+\cdots+15^3$

$33550336 = 1^3+3^3+5^3+\cdots+125^3+127^3$

（4）完全数都可以表达为 2 的一些连续正整数次幂之和。例如：

$6 = 2^1+2^2$

$28 = 2^2+2^3+2^4$

$8128 = 2^6+2^7+2^8+2^9+2^{10}+2^{11}+2^{12}$

$33550336 = 2^{12}+2^{13}+\cdots+2^{24}$

（5）完全数都是以 6 或 8 结尾。如果以 8 结尾，那么就肯定是以 28 结尾。

（6）除 6 以外的完全数，被 9 除后都余 1。

28：$2+8 = 10$，$1+0 = 1$

496：$4+9+6 = 19$，$1+9 = 10$，$1+0 = 1$

数学家欧几里得曾经推算出完全数的获得公式：如果 2^p-1 为质数，那么 $(2^p-1)×2(p-1)$ 便是一个完全数。例如 $p = 2$，$2^p-1 = 3$ 是质数，$(2^p-1)×2^p-1 = 3×2 = 6$，是完全数。例如 $p = 3$，$2^p-1 = 7$ 是质数，$(2^p-1)×2^p-1 = 7×4 = 28$，是完全数。但是 2^p-1 什么条件下才是质数呢？事实上，当 2^p-1 是质数的时候，称其为梅森素数。

具体实现：编写实例文件 10-3.c，具体代码如下所示。

```
/*求10000以内的完全数*/
#include <stdio.h>
int main()
{
    long p[300]; //保存分解的因数
    long i,num,count,s,c=0;
    for(num=2;num<=2000000;num++)
    {
        count=0;
        s=num;
        for(i=1;i<num/2+1;i++) //循环处理每1个数
        {
            if(num % i==0) //能被i整除*/
            {
                p[count++]=i; //保存因数，计数器count增加1
                s-=i; //减去一个因数*/
            }
        }
        if(s==0) //已被分解完成，则输出*/
        {
            printf("%4ld是完全数,因数是",num);
            printf("%ld=%ld",num,p[0]); //输出完数 */
            for(i=1;i<count;i++) //输出因数 */
                printf("+%ld",p[i]);
            printf("\n");
            c++;
        }
    }
    printf("\n共找到%d个完全数。\n",c);
    getch();
    return 0;
}
```

执行效果如图 10-3 所示。

图 10-3　求完全数的执行效果

10.4　亲密数

📷 知识点讲解：光盘:视频讲解\第 10 章\亲密数.avi

实例 10-4	编写程序求出指定范围内的亲密数
	源码路径　　光盘\daima\10\10-4.c

如果整数 *a* 的全部因数之和等于 *b*，此处的因数包括 1，但是不包括 *a* 本身。并且整数 *b* 的全部因数（包括 1，不包括 *b* 本身）之和等于 *a*，则将整数 *a* 和 *b* 称为亲密数。

问题描述：编写程序，求指定范围内的亲密数。

算法分析：按照亲密数的定义，要想判断数 *a* 是否有亲密数，需要先计算出 *a* 的全部因数的累加和为 *b*，然后再计算 *b* 的全部因数的累加和为 *n*。如果 *n* 等于 *a*，则可以判定 *a* 和 *b* 是亲密数。计算数 *a* 的各因数的算法如下所示：

用 *a* 依次对 *i*(*i*=1～*a*/2)进行模运算，如果模运算结果等于 0，则 *i* 为 *a* 的一个因数；否则 *i* 就不是 *a* 的因数。

具体实现：编写实例文件 10-4.c，具体代码如下所示。

```c
#include <stdio.h>
int main()
{
    int i,a,b1,b2,m,g1[100],g2[100],count;
    printf("输入最大范围:");
    scanf("%d",&m);
    for(a=1;a<m;a++)          //循环次数
    {
        for(i=0;i<100;i++) //清空数组
            g1[i]=g2[i]=0;
        count=0;//数组下标
        b1=0;//累加和
        for(i=1;i<a/2+1;i++)//求数a的因数
        {
            if(a%i==0)//a能被i整除
            {
                g1[count++]=i; //保存因数到数组，方便输出
                b1+=i;//累加因数之和
            }
        }
        count=0;
        b2=0;
        for(i=1;i<b1/2+1;i++) //将数a因数之和再进行因数分解
        {
            if(b1%i==0) //b1能被i整除
            {
                g2[count++]=i; //保存因数到数组
                b2=b2+i;         //累加因数之和
            }
        }
        if(b2==a && a<b1) //判断a，b的输出条件
        {
            printf("\n\n%d--%d是亲密数，各因数为：",a,b1); //输出亲密数
            printf("\n%d=1",a);
            count=1;
            while(g1[count]>0)//输出一个数的因数
            {
                printf("+%d",g1[count]);
                count++;
```

```
            }
            printf("\n%d=1",b1);
            count=1;
            while(g2[count]>0)//输出另一个数的因数
            {
                printf("+%d",g2[count]);
                count++;
            }
        }
    }
    getch();
    return 0;
}
```

执行后的效果如图 10-4 所示。

图 10-4　求亲密数的执行结果

10.5　自守数

知识点讲解：光盘:视频讲解\第 10 章\自守数.avi

实例 10-5　编写可以计算自守数的程序
源码路径　光盘\daima\10\10-5.c

如果某个数的平方的末尾数等于这个数，那么就称这个数为自守数。例如 5 和 6 是一位自守数（5×5=25　6×6=36），25×25=625　76×76=5776，所以 25 和 76 是两位自守数。

问题描述：求出自首数的实现程序。

算法分析：自守数有一个显著特性，以他为后几位的两个数相乘，乘积的后几位仍是这个自守数。因为 5 是自守数，所以如果以 5 为个位数的两个数相乘，乘积的个位仍然是 5；76 是自守数，所以以 76 为后两位数的两个数相乘，其结果的后两位仍是 76，如 176×576=101376。

虽然 0 和 1 的平方的末尾分别是 0 和 1，但是因为比较简单，研究它们没有意义，所以不将 0 和 1 算作是自守数。3 位自守数是 625 和 376，四位自守数是 0625 和 9376，五位自守数是 90625 和 09376。

可以看到，（$n+1$）位的自守数和 n 位的自守数密切相关。由此得出，如果知道 n 位的自守数 a，那么（$n+1$）位的自守数应当在 a 前面加上一个数构成。

实际上，简化一下，还能发现如下规律：

5+6=11

25+76=101

625+376=1001

所以，两个 n 位自守数，它们的和等于 10^n+1。

具体实现：编写实例文件 10-5.c，具体代码如下所示。

```c
#include <stdio.h>
int main(){
    //mod表示被乘数的系数，n_mod表示乘数的系数,p_mod表示部分乘积的系数
    long faciend,num,mod,n_mod,p_mod;
    long i,t,n;   //临时变量
    printf("设置最大数:");
    scanf("%ld",&num);
    printf("1~%ld之间有以下自守数:\n",num);
    for(i=1;i<num;i++)
    {
        faciend=i; //被乘数
        mod=1;
        do{
            mod*=10; //被乘数的系数
            faciend/=10;
        }while(faciend>0); //循环求出被乘数的系数
        p_mod=mod; //p_mod为截取部分积时的系数
        faciend=0; //积的最后n位
        n_mod=10; //ll为截取乘数相应位时的系数
        while(mod>0)
        {
            t=i % (mod*10); //获取被乘数
            n=i%n_mod-i%(n_mod/10);//分解出每一位乘数作为乘数
            t=t*n; //相乘的结果
            faciend=(faciend+t)%p_mod; //截取乘积的后面几位
            mod/=10; //调整被乘数的系数
            n_mod*=10; //调整乘数的系数
        }
        if(i==faciend) //若为自守数，则输出
            printf("%ld ",i);
    }
    getch();
    return 0;
}
```

执行后的效果如图 10-5 所示。

图 10-5 求自守数的执行结果

10.6 方程求解

知识点讲解：光盘:视频讲解\第 10 章\方程求解.avi

数学领域中的方程有两种，分别是线性方程和非线性方程。

（1）线性方程（linear equation）：代数方程，例如 $y=2x$，其中任一个变量都为一次幂。这种方程的函数图像为一条直线，所以称为线性方程。

（2）非线性方程：即因变量与自变量之间的关系不是线性的关系，这类方程很多，例如平方关系、对数关系、指数关系、三角函数关系等。

10.6.1 用高斯消元法解方程组

实例 10-6	实现用高斯消元法解方程组
	源码路径 光盘\daima\10\10-6-1.c

问题描述：编写一段程序，实现用高斯消元法解方程组。

具体实现：编写实例文件为 10-6-1.c，具体实现流程如下所示。

（1）定义交换函数 swap() 来交换矩阵中的两行数据，然后定义 gcd 和 lcm 分别返回最大公约数和最小公倍数。具体代码如下所示。

```c
#include <stdio.h>
#define MAXN 100    //设置矩阵的最大数量
int arr[MAXN][MAXN]; //保存增广矩阵（就是在系数矩阵的右边添上一列，这一列是线性方程组的等号右边的值）
int result[MAXN]; //保存方程的解
int unuse_result[MAXN];//判断是否是不确定的变元
int unuse_num;
void swap(int *a,int *b) //交换两数
{
    int t;
    t=*a;
    *a=*b;
    *b=t;
}
int gcd(int a,int b) //返回最大公约数
{
    int t;
    while(b!= 0)
    {
        t=b;
        b=a%b;
        a=t;
    }
    return a;
}
int lcm(int a,int b) //返回最小公倍数
{
    return a*b/gcd(a,b);
}
void debug(int equ,int var)
{
    int i,j;
    for(i=0;i<equ;i++)
    {
        for(j=0;j<var+1;j++)
            printf("%d ",arr[i][j]);
        printf("\n");
    }
    printf("\n");
}
```

（2）编写函数 Gauss() 用于实现用高斯消元法解方程组。首先通过循环对矩阵中各行进行消元，这样可以得到一个三角形矩阵；如果最后一行最后一列不为 0，表示方程组无解，返回 -1；如果未使用变量有多个，表示方程组有多解；最后实现回代求解。函数 Gauss() 的具体代码如下所示。

```c
int Gauss(int equ,int var)
{
    int i,j,k,col;
    int max_r,ta,tb,lcm1;
    int temp,unuse_x_num,unuse_index;
    col=0; //设当前处理列的值为0，表示从第1列开始处理
    for(k=0;k<equ && col<var;k++,col++) //循环处理矩阵中的行
    {
        max_r=k; //绝对值最大行
        for(i=k+1;i<equ;i++)
            if(abs(arr[i][col])>abs(arr[max_r][col]))
                max_r=i; //保存绝对值最大的行号
        if(max_r!=k) //最大行不是当前行，则与第k行交换
            for(j=k;j<var+1;j++)
                swap(&arr[k][j], &arr[max_r][j]); //交换矩阵右上角数据
        if(arr[k][col]==0) //说明col列第k行以下全是0了，则处理当前行的下一列
        {
            k--;
            continue;
        }
        for(i=k+1;i<equ;i++) //查找要删除的行
        {
            if(arr[i][col]!=0) //左列不为0，进行消元运算
            {
```

```
                    lcm1=lcm(abs(arr[i][col]),abs(arr[k][col])); //求最小公倍数
                    ta=lcm1/abs(arr[i][col]);
                    tb=lcm1/abs(arr[k][col]);
                    if(arr[i][col]*arr[k][col]<0) //相乘为负，表示两数符号不同
                        tb=-tb; //异号的情况表示为两个数相加的形式
                    for(j=col;j<var+1;j++)
                        arr[i][j]=arr[i][j]*ta-arr[k][j]*tb;
                }
            }
        }
    for(i=k;i<equ;i++)//判断最后一行最后一列，若不为0，表示无解
        if(arr[i][col]!=0)
            return -1; //返回无解
     if(k<var)//自由变元有var-k个，即不确定的变元至少有var-k个.
    {
        for(i=k-1;i>=0;i--)
        {
            unuse_x_num=0; //判断该行中不确定变元的数量，若超过1个，则无法求解
            for(j=0;j<var;j++)
            {
                if(arr[i][j]!=0 && unuse_result[j])
                {
                    unuse_x_num++;
                    unuse_index=j;
                }
            }
            if(unuse_x_num>1)
                continue; // 无法求解出确定的解
            temp=arr[i][var];
            for(j=0;j<var;j++)
            {
                if(arr[i][j]!=0 && j!=unuse_index)
                    temp-=arr[i][j]*result[j];
            }
            result[unuse_index]=temp/arr[i][unuse_index]; // 求出该变元
            unuse_result[unuse_index]=0; //该变元是确定的
        }
        return var-k; //自由变元有var-k个
    }
    for(i=var-1;i>=0;i--) //回代求解
    {
        temp=arr[i][var];
        for(j=i+1;j<var;j++)
        {
            if(arr[i][j]!=0)
                temp-=arr[i][j]*result[j];
        }
        if(temp % arr[i][i]!=0) //若不能整除
            return -2; //返回有浮点数解，但无整数解
        result[i]=temp/arr[i][i];
    }
    return 0;
}
```

（3）编写主函数 main()输出结果，具体代码如下所示。

```
int main()
{
    int i,j;
    int equ, var;
    printf("方程数:");
    scanf("%d",&equ); //输入方程数量
    printf("变元数:");
    scanf("%d",&var);    //输入变元数量
    for(i=0;i<equ;i++) //循环输入各方程的系数
    {
        printf("第%d个方程的系数:",i+1);
        for(j=0;j<var+1;j++) //循环输入一个方程的系数
        {
            scanf("%d", &arr[i][j]);
        }
    }
    unuse_num=Gauss(equ,var); //调用高斯函数
    if(unuse_num==-1) //无解
        printf("无解!\n");
```

```
    else if(unuse_num==-2) //只有浮点数解
        printf("有浮点数解，无整数解!\n");
    else if(unuse_num>0) //无穷多解
    {
        printf("无穷多解! 自由变元数量为%d\n",unuse_num);
        for(i=0;i<var;i++)
        {
            if(unuse_result[i])
                printf("x%d是不确定的\n",i+1);
            else
                printf("x%d: %d\n",i+1,result[i]);
        }
    }
    else
    {
        for(i=0;i<var;i++) //输出解
        {
            printf("x%d=%d\n",i+1,result[i]);
        }
    }
    printf("\n");
    getch();
    return 0;
}
```

执行后的效果如图 10-6 所示。

图 10-6　高斯消元法解方程执行效果

10.6.2　用二分法解非线性方程

实例 10-7　用二分法解非线性方程

源码路径　光盘\daima\10\10-6-2.c

问题描述：编写一段程序，用二分法解非线性方程。

具体实现：编写实例文件 10-6-2.c，具体代码如下所示。

```
#include <stdio.h>
#include <math.h>
double func(double x) //函数
{
    return 2*x*x*x-5*x-1;
}
int main()
{
    double a=1.0,b=2.0;//初始区间
    double c;
    c=(a+b)/2.0;
    while(fabs(func(c))>1e-5 && func(a-b)>1e-5)
    {
        if(func(c)*func(b)<0) //确定新的区间
            a=c;
        if(func(a)*func(c)<0)
            b=c;
        c=(a+b)/2; //二分法确定新的区间
    }
    printf("二分法解方程:2*x*x*x-5*x-1=0\n");
    printf("结果:%0.5f\n",c); //输出解
    getch();
    return 0;
}
```

执行后的效果如图 10-7 所示。

图 10-7　二分法解非线性方程执行效果

10.6.3　用牛顿迭代法解非线性方程

实例 10-8 用牛顿迭代法解非线性方程
源码路径　光盘\daima\10\10-6-3.c

　　牛顿迭代法又被称为牛顿-拉夫逊方法，是牛顿在 17 世纪提出的一种在实数域和复数域上近似求解方程的方法。因为大多数方程不存在求根公式，所以求精确根非常困难，甚至不可能，这样寻找方程的近似根就显得特别重要。

　　可以使用函数 $f(x)$ 的泰勒级数的前面几项来寻找方程 $f(x) = 0$ 的根。在数学领域中，牛顿迭代法是求方程根的重要方法之一，其最大优点是在方程 $f(x) = 0$ 的单根附近具有平方收敛，而且该法还可以用来求方程的重根、复根。另外该方法广泛用于计算机编程中。

　　假设 r 是 $f(x) = 0$ 的根，选取 x_0 作为 r 初始近似值，经过点 $(x_0, f(x_0))$ 做一条曲线 $y = f(x)$ 的切线 L，L 的方程为 $y = f(x_0) + f'(x_0)(x - x_0)$，求出 L 与 x 轴交点的横坐标 $x_1 = x_0 - f(x_0)/f'(x_0)$，称 x_1 为 r 的一次近似值。过点 $(x_1, f(x_1))$ 做曲线 $y = f(x)$ 的切线，并求该切线与 x 轴交点的横坐标 $x_2 = x_1 - f(x_1)/f'(x_1)$，称 x_2 为 r 的二次近似值。重复以上过程，得 r 的近似值序列，其中 $x(n+1) = x(n) - f(x(n))/f'(x(n))$，称为 r 的 $n+1$ 次近似值，上式称为牛顿迭代公式。

　　问题描述：编写一段程序，用牛顿迭代法解非线性方程。

　　具体实现：本实例的实现文件是 10-6-3.c，下面开始讲解其实现流程。

　　（1）分别定义需要求解的函数 func() 和导函数 func1()，具体代码如下所示。

```
#include <stdio.h>
double func(double x) //函数
{
    return x*x*x*x-3*x*x*x+1.5*x*x-4.0;
}
double func1(double x) //导函数
{
    return 4*x*x*x-9*x*x+3*x;
}
```

　　（2）定义函数 Newton() 根据函数 func() 和 func1() 实现迭代操作。其中函数 Newton() 有如下 3 个参数。

- ❑　x：传入初始近似根，计算结束后根的结果将通过该参数返回。
- ❑　precision：传入迭代需要达到的精度。
- ❑　maxcyc：传入最大迭代的次数。

　　函数 Newton() 的具体代码如下所示。

```
int Newton(double *x,double precision,int maxcyc) //迭代次数
{
    double x1,x0;
    int k;
    x0=*x;
    for(k=0;k<maxcyc;k++)
    {
        if(func1(x0)==0.0)//如果初值通过运算，函数返回值为0
        {
            printf("迭代过程中导数为0!\n");
            return 0;
        }
        x1=x0-func(x0)/func1(x0);//进行牛顿迭代计算
        if(fabs(x1-x0)<precision || fabs(func(x1))<precision) //达到结束条件
        {
```

```
                    *x=x1; //返回结果
                    return 1;
                }
                else //未达到结束条件
                    x0=x1; //准备下一次迭代
            }
            printf("迭代次数超过预期!\n"); //迭代次数达到，仍没有达到精度
            return 0;
        }
```

（3）编写主函数 main()调用前面定义的函数以输出计算结果，具体代码如下所示。

```
int main()
{
        double x,precision;
        int maxcyc;
        printf("输入初始迭代值x0:");
        scanf("%lf",&x);
        printf("输入最大迭代次数:");
        scanf("%d",&maxcyc);
        printf("迭代要求的精度:");
        scanf("%lf",&precision);
        if(Newton(&x,precision,maxcyc)==1) //若函数返回值为1
            printf("该值附近的根为:%lf\n",x);
        else //若函数返回值为0
            printf("迭代失败!\n");
        getch();
        return 0;
}
```

执行后的效果如图 10-8 所示。

图 10-8　用牛顿迭代法解非线性方程执行效果

10.7　矩阵运算

📹 知识点讲解：光盘:视频讲解\第 10 章\矩阵运算.avi

实例 10-9　**实现矩阵运算**
源码路径　光盘\daima\10\10-7.c

矩阵运算是数学领域中的一种基本运算，可以用编程的方法来实现。在现实应用中，能够用多维矩阵处理的问题一般可以转换成多维数组的问题，然后直接用矩阵运算的公式进行处理即可。

问题描述：编写程序，可以实现 $m \times n$ 矩阵和 $n \times p$ 矩阵相乘。m、n、p 均小于 10，矩阵元素为整数。

算法分析：首先可以根据题意写出函数头，可以设置为如下格式。

```
void MatrixMutiply(int m,int n,int p,
long lMatrix1[MAX][MAX],long lMatrix2[MAX][MAX],
long lMatrixResult[MAX][MAX]
)
```

其中 lMatrix1 和 lMatrix2 分别输入的是 $m \times n$ 矩阵和 $n \times p$ 矩阵，lMatrixResult 是输出的 $m \times p$ 矩阵。上述代码中的 m、n 和 p 都是未知量，这种如果要进行处理的矩阵大小是变量，可以定义一个比较大的二维数组，只使用其中的部分数组元素即可。

矩阵相乘的算法比较简单，输入一个 $m \times n$ 矩阵和一个 $n \times p$ 矩阵，结果必然是 $m \times p$ 矩阵。

假设有 $m \times p$ 个元素，每个元素都需要计算，此时可以使用 $m \times p$ 嵌套循环进行计算。

根据矩阵乘法公式：

$$E_{i,j} = \sum_{k-1}^{n} M1_{i,k} \times M2_{k,j}$$

其中 i、j 和 k 表示要计算的两个矩阵，即 $i \times j$ 矩阵和一个 $j \times k$ 矩阵。可以用循环直接套用上面的公式计算每个元素。嵌套循环内部进行累加前，一定要注意对累加变量进行清零。

具体实现：编写实例文件 10-7.c，具体代码如下所示。

```c
#define MAX 10
void MatrixMutiply(int m,int n,int p,long lMatrix1[MAX][MAX],
long lMatrix2[MAX][MAX],long lMatrixResult[MAX][MAX])
{
    int i,j,k;
    long lSum;

    /*嵌套循环计算结果矩阵（m*p）的每个元素*/
    for(i=0;i<m;i++)
    for(j=0;j<p;j++)
{
/*按照矩阵乘法的规则计算结果矩阵的i*j元素*/
    lSum=0;
    for(k=0;k<n;k++)
    lSum+=lMatrix1[i][k]*lMatrix2[k][j];
    lMatrixResult[i][j]=lSum;
}
}
main()
{
    long lMatrix1[MAX][MAX],lMatrix2[MAX][MAX];
    long lMatrixResult[MAX][MAX],lTemp;
    int i,j,m,n,p;

/*输入两个矩阵的的行列数m,n,p*/
    printf("\nPlease input m of Matrix1:\n");
    scanf("%d",&m);
    printf("Please input n of Matrix1:\n");
    scanf("%d",&n);
    printf("Please input p of Matrix2:\n");
    scanf("%d",&p);

    /*输入第一个矩阵的每个元素*/
    printf("\nPlease elements of Matrix1(%d*%d):\n",m,n);
    for(i=0;i<m;i++)
    for(j=0;j<n;j++)
{
    scanf("%ld",&lTemp);
    lMatrix1[i][j]=lTemp;
}
/*输入第二个矩阵的每个元素*/
    printf("\nPlease elements of Matrix2(%d*%d):\n",n,p);
    for(i=0;i<n;i++)
    for(j=0;j<p;j++)
{
    scanf("%ld",&lTemp);
    lMatrix2[i][j]=lTemp;
}
/*调用函数进行乘法运算，结果放在lMatrixResult中*/
MatrixMutiply(m,n,p,lMatrix1,lMatrix2,lMatrixResult);
/*打印输出结果矩阵*/
printf("\nResult matrix: \n");
for(i=0;i<m;i++)
{
    for(j=0;j<p;j++)
        printf("%ld ",lMatrixResult[i][j]);
    printf("\n");
}
    getch();
    return 0;
}
```

执行后的效果如图 10-9 所示。

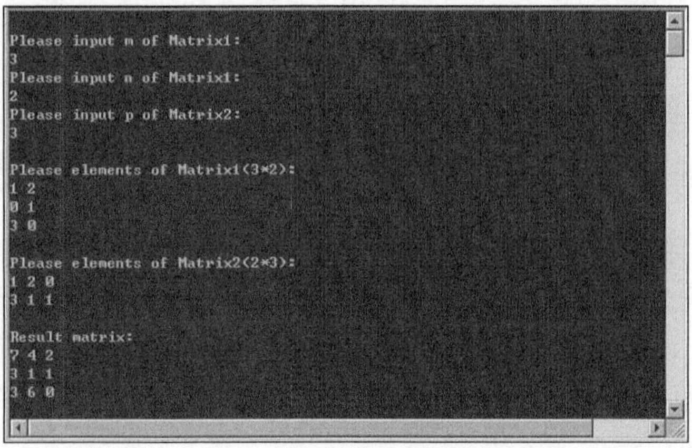

图 10-9　矩阵运算执行效果

10.8　实现 $n×n$ 整数方阵的转置

📹 知识点讲解：光盘:视频讲解\第 10 章\实现 $n×n$ 整数方阵的转置.avi

实例 10-10	实现 $n×n$ 整数方阵的转置（n 小于 10）
	源码路径　光盘\daima\10\10-8.c

问题描述：编写程序，实现 $n×n$ 整数方阵的转置（n 小于 10）。

算法分析：此处可以使用嵌套循环将二维数组的元素 $a[i][j]$ 和 $a[j][i]$ 交换，在此需要注意矩阵对角线右上角的所有元素和矩阵对角线左下角的元素交换。因为不用交换对角线元素，所以只需要 $n(n-1)/2$ 次对调。如果使用 n 的嵌套循环进行交换，则每个元素被交换两次，这样相当于没有转置矩阵。

具体实现：编写实例文件 10-8.c，具体代码如下所示。

```
#define MAX 10
main()
{
long lMatrix[MAX][MAX],lTemp;
int i,j,n;

/*输入矩阵的n*/
printf("Please input n of Matrix:\n");
scanf("%d",&n);

/*输入矩阵的每个元素*/
printf("\nPlease input elements of Matrix(%d*%d):\n",n,n);
for(i=0;i<n;i++)
for(j=0;j<n;j++)
{
scanf("%ld",&lTemp);
lMatrix[i][j]=lTemp;
}

/*对调a[i][j]和a[j][i] */
for(i=0;i<n;i++)
for(j=0;j<i;j++)
{
lTemp=lMatrix[i][j];
lMatrix[i][j]= lMatrix[j][i];
lMatrix[j][i]=lTemp;
}
```

```
/*打印输出结果*/
printf("\nResult matrix: \n");
for(i=0;i<n;i++)
{
for(j=0;j<n;j++)
printf("%ld ",lMatrix[i][j]);
printf("\n");
}
    getch();
}
```

执行后的效果如图 10-10 所示。

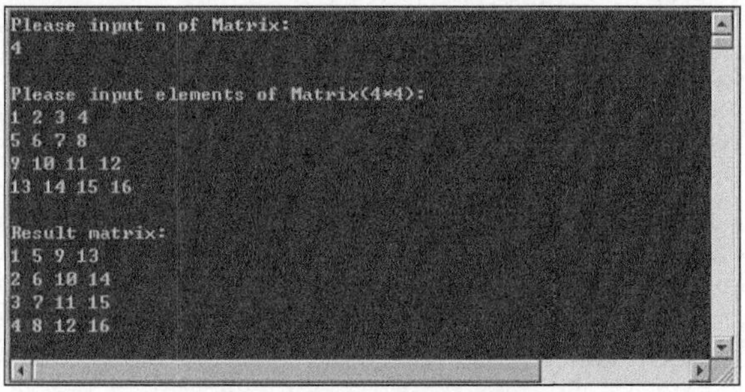

图 10-10　实现方阵转置的执行效果

10.9　一元多项式运算

知识点讲解：光盘:视频讲解\第 10 章\一元多项式运算.avi

多项式是代数学的一个基本概念，在本节的内容中，将分别讲解实现一元多项式的加法运算和一元多项式的减法运算的过程。

10.9.1　一元多项式的加法运算

实例 10-11　编程实现一元多项式的加法运算
源码路径　光盘\daima\10\10-9-1.c

问题描述：编程实现一元多项式的加法运算。

具体实现：编写实例文件 10-9-1.c，其具体实现流程如下所示。

（1）定义一个表示多项式的数据结构 polyn，在里面包含了系数、指数和下一节点的指针，一共 3 个成员。具体代码如下所示。

```
#include <stdio.h>
#include <stdlib.h>
#include <limits.h>
typedef struct polyn //定义多项式项的结构
{
    float coef;   //系数项
    int expn;   //指数
    struct polyn *next; //指向下一项
}POLYN,*pPOLYN;
```

（2）定义函数 PolynInput()，通过此函数可以输入多项式。首先，分配保存根节点的内存，并设置头节点的系数为 0 如下加粗代码行，其指数域中保存当前多项式的项数；然后，让用户循环输入多项式中各项的系数和指数，对输入的系数不进行检查；接着，检查指数是否正确，要求指数是按照递增的方式顺序输入；然后，保存本次输入的指数，方便输入下一项时进行对比；接着，将输入的节点插入到链表中，作为表头后面的第一个节点。如果原来有节点，则将原来的节点链接到当前节点的后面；最后，对输入的链表进行检查，如果存在指数相同的节点，则对其合并。函数 PolynInput() 的具体代码如下所示。

```
void PolynInput(pPOLYN *p) //输入一元多项式
{
    int i,min=INT_MIN; //INT_MIN为int型的最小数
    pPOLYN p1,p2;
    if(!(*p=(POLYN *)malloc(sizeof(POLYN)))) //为头节点分配内存
    {
        printf("内存分配失败!\n");
        exit(0);
    }
    (*p)->coef=0; //设置头节点的系数为0
    printf("输入该多项式的项数:");
    scanf("%d",&((*p)->expn));   //使用头节点的指数域保存项数
    (*p)->next=NULL;
    for(i=0;i<(*p)->expn;i++) //输入多项式各项
    {
        if(!(p1=(pPOLYN)malloc(sizeof(POLYN)))) //分配保存一个多项式项的内存
        {
            printf("内存分配失败!\n");
            exit(0);
        }
        printf("第%d项系数:",i+1);
        scanf("%f",&(p1->coef));
        do{
            printf("第%d项指数:",i+1);
            scanf("%d",&(p1->expn));
            if(p1->expn<min)
                printf("\n当前项指数值不能小于前一项指数值%d!\n重新输入!\n",(*p)->next->expn);
        }while(p1->expn<min); //使每一项的指数为递增
        min=p1->expn; //保存本次输入的指数作为参考依据
        p1->next=(*p)->next;//将节点插入链表中(插入到链表头后面的第1个位置)
        (*p)->next=p1;
    }
    p1=(*p)->next;//合并多项式中指数值相同的项
    while(p1)
    {
        p2=p1->next; //取下一节点
        while(p2 && p2->expn==p1->expn) //若节点有效，则两个节点的指数相同
        {
            p1->coef+=p2->coef; //累加系数
            p1->next=p2->next; //删除p1指向的节点，p2是要删除的节点p1的前一个节点

            free(p2); //释放p2节点占用的内存
            p2=p1->next; //处理下一节点
            (*p)->expn--; //总节点数减1
        }
        p1=p1->next;
    }
}
```

（3）编写函数 PolynPrint() 来输出指定的一元多项式。首先从链表头节点中取出多项式中项的数量；然后从链表头节点开始，逐项输出多项式中各项系数的指数。再输入多项式时，将后输入的项添加到链表头的下一位置，输出时是从链表头开始的，所以输出的多项式和输入时的顺序是反向的。函数 PolynPrint() 的具体代码如下所示。

```
void PolynPrint(pPOLYN p) //输出多项式
{
    pPOLYN p1;
    int i;
    printf("\n\n计算后的多项式共有%d项。\n",p->expn);
    p1=p->next;
    i=1;
    while(p1)
    {
        printf("第%d项,系数:%g,指数:%d\n",i++,p1->coef,p1->expn);
        p1=p1->next;
    }
    printf("\n");
}
```

（4）编写函数 PolynAdd() 实现多项式相加。首先用临时指针变量指向 pa 和 pb，这样便于

后面的操作；然后，对 pa 和 pb 所指向链表中相同项进行相加操作；然后，在相同指数项相加完成后，某多项式中可能存在一部分未被使用，此部分只需直接添加到结果中即可。函数 PolynAdd()的具体代码如下所示。

```
void PolynAdd(pPOLYN pa,pPOLYN pb) //多项式相加pa=pa+pb
{
    pPOLYN pa1,pb1,pc1,p;
    pa1=pa->next; //指向被加链表的第1个有效项
    pb1=pb->next; //指向加链表的第1个有效项
    pc1=pa; //指向被加链表
    pc1->next=NULL;
    pa->expn=0; //清空多项式项目数量
    while(pa1 && pb1) //两个多项式都未结束
    {
        if(pa1->expn > pb1->expn) //pa1指数大于pb1指数
        {
            pc1->next=pa1; //将pa1加入结果链表中
            pc1=pa1;
            pa1=pa1->next; //处理pa1中的下一项
            pc1->next=NULL;
        }else if(pa1->expn < pb1->expn){ //pa1指数小于pb1指数
            pc1->next=pb1; //将pb1加入结果链表中
            pc1=pb1;
            pb1=pb1->next; //处理pb1中的下一项
            pc1->next=NULL;
        }else{              //pa1指数等于pb1指数，进行系数相加
            pa1->coef+=pb1->coef; //累加素数求和
            if(pa1->coef!=0) //若系数不为0
            {
                pc1->next=pa1; //将相加结果添加到结果链表中
                pc1=pa1;
                pa1=pa1->next; //处理pa1中的下一项
                pc1->next=NULL;
                p=pb1;
                pb1=pb1->next; //处理pb1中的下一项
                free(p);
            }
            else//系数为0，则不记录该项
            {
                p=pa1; //用临时指针指向pa1中的该项
                pa1=pa1->next; //从链表中删除该项
                free(p); //释放该项占用内存
                p=pb1; //用临时指针指向pb1中的该项
                pb1=pb1->next;//从链表中删除该项
                free(p);//释放该项占用内存
                pa->expn--;//后面要进行累加操作，此处先减1
            }
        }
        pa->expn++; //累加一个结果项
    }
    if(pa1) //若pa1中还有项
    {
        pc1->next=pa1; //将pa1中的项添加到结果链表中
        while(pa1)
        {
            pa->expn++;
            pa1=pa1->next;
        }
    }
    if(pb1) //若pb1中还有项
    {
        pc1->next=pb1; //将pb1中的项添加到结果链表中
        while(pb1)
        {
            pa->expn++;
            pb1=pb1->next;
        }
    }
    free(pb); //释放pb头链所占的空间
}
```

（5）编写主函数 main()来输出计算结果，具体代码如下所示。

```
int main()
{
    pPOLYN pa=NULL,pb=NULL; //指向多项式链表的指针
    printf("输入第一个多项式数据:\n");
    PolynInput(&pa); //调用函数输入一个多项式
    printf("\n输入第二个多项式数据:\n");
    PolynInput(&pb); //调用函数，输入另一个多项式
    PolynAdd(pa,pb); //调用多项式相加函数
    printf("\n两个多项式之和为：");
    PolynPrint(pa); //输出运算得到的多项式
    getch();
    return 0;
}
```

执行效果如图 10-11 所示。

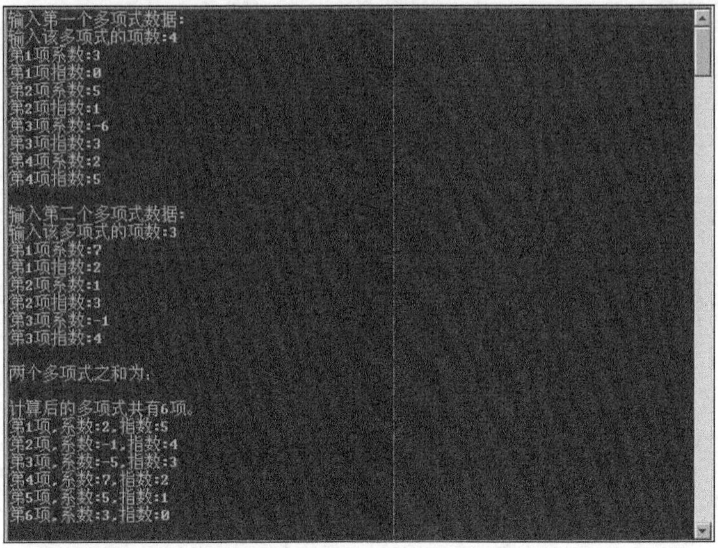

图 10-11　一元多项式加法运算执行效果

10.9.2　一元多项式的减法运算

实例 10-12　编程实现一元多项式的减法运算
源码路径　　光盘\daima\10\10-9-2.c

问题描述：编程实现一元多项式的加法运算。

具体实现：编写实例文件 10-9-2.c，其具体实现流程如下所示。

（1）定义多项式项的结构 polyn，作为一个节点在里面包含了系数、指数和下一节点的指针共 3 种结构。具体代码如下所示。

```
#include <stdio.h>
#include <stdlib.h>
#include <limits.h>
typedef struct polyn //定义多项式项的结构
{
    float coef;  //系数项
    int expn;  //指数
    struct polyn *next; //指向下一项
}POLYN,*pPOLYN;
```

（2）定义函数 PolynInput()用于输入一元多项式。首先，定义 INT_MIN 为 int 型的最小数；然后，为头节点分配内存；最后，合并多项式中指数值相同的项。具体代码如下所示。

```
void PolynInput(pPOLYN *p) //输入一元多项式
{
    int i,min=INT_MIN; //INT_MIN为int型的最小数
    pPOLYN p1,p2;
```

```
        if(!(*p=(POLYN *)malloc(sizeof(POLYN)))) //为头节点分配内存
        {
            printf("内存分配失败!\n");
            exit(0);
        }
        (*p)->coef=0; //设置头节点的系数为0
        printf("输入该多项式的项数:");
        scanf("%d",&((*p)->expn));    //使用头节点的指数域保存项数
        (*p)->next=NULL;
        for(i=0;i<(*p)->expn;i++) //输入多项式各项
        {
            if(!(p1=(pPOLYN)malloc(sizeof(POLYN)))) //分配保存一个多项式项的内存
            {
                printf("内存分配失败!\n");
                exit(0);
            }
            printf("第%d项系数:",i+1);
            scanf("%f",&(p1->coef));
            do{
                printf("第%d项指数:",i+1);
                scanf("%d",&(p1->expn));
                if(p1->expn<min)
                    printf("\n前一项指数值为%d,当前项指数值应不小于该值!\n重新输入!\n",(*p)->next->expn);
            }while(p1->expn<min); //使每一项的指数为递增
            min=p1->expn; //保存本次输入的指数作为参考依据
            p1->next=(*p)->next;//将节点插入链表中(插入到链表头后面的第1个位置)
            (*p)->next=p1;
        }
        p1=(*p)->next;//合并多项式中指数值相同的项
        while(p1)
        {
            p2=p1->next; //取下一节点
            while(p2 && p2->expn==p1->expn) //若节点有效,节与q节点的指数相同
            {
                p1->coef+=p2->coef; //累加系数
                p1->next=p2->next; //删除p指向的节点
                free(p2); //释放p节点占用的内存
                p2=p1->next; //处理下一节点
                (*p)->expn--; //总节点数减1
            }
            p1=p1->next;
        }
    }
```

（3）定义函数 PolynPrint()输出多项式，具体代码如下所示。

```
void PolynPrint(pPOLYN p) //输出多项式
{
    pPOLYN p1;
    int i;
    printf("\n\n计算后的多项式共有%d项。\n",p->expn);
    p1=p->next;
    i=1;
    while(p1)
    {
        printf("第%d项,系数:%g,指数:%d\n",i++,p1->coef,p1->expn);
        p1=p1->next;
    }
    printf("\n");
}
```

（4）定义函数 PolynMinus()实现多项式的减法运算。其中，参数 pa 是指向被减链表的第 1 个有效项，参数 pb 是指向减链表的第 1 个有效项。具体代码如下所示。

```
void PolynMinus(pPOLYN pa,pPOLYN pb) //多项式减法pa=pa-pb
{
    pPOLYN pa1,pb1,pc1,p;
    pa1=pa->next; //指向被减链表的第1个有效项
    pb1=pb->next; //指向减链表的第1个有效项
    pc1=pa;
    pc1->next=NULL;
    pa->expn=0; //清空多项式项目数量
    while(pa1 && pb1) //两个多项式都未结束
    {
        if(pa1->expn > pb1->expn) //pa1指数大于pb1指数
```

```
                {
                    pc1->next=pa1;//将pa1加入结果链表中
                    pc1=pa1;
                    pa1=pa1->next;//处理pa1中的下一项
                    pc1->next=NULL;
                }
            else if(pa1->expn < pb1->expn) //pa1指数小于pb1指数
                {
                    pb1->coef*=-1; //将pb1系数修改为负数
                    pc1->next=pb1; //将pb1加入结果链表中
                    pc1=pb1;
                    pb1=pb1->next; //处理pb1中的下一项
                    pc1->next=NULL;
                }
            else//pa1指数等于pb1指数，执行相减操作
                {
                    pa1->coef-=pb1->coef; //pa1的系数减去pb1的系数
                    if(pa1->coef!=0) //若相减后的系数不为0
                    {
                        pc1->next=pa1; //将相减后的项添加到结果项
                        pc1=pa1;
                        pa1=pa1->next; //处理pa1中的下一项
                        pc1->next=NULL;
                        p=pb1;
                        pb1=pb1->next; //处理pb1中的下一项
                        free(p); //释放本次相减处理后pb1的内存空间
                    }
                    else //若相减后的系数为0，则从结果链中删除该指数的项
                    {
                        p=pa1;
                        pa1=pa1->next; //删除pa1指向的项
                        free(p); //释放内存
                        p=pb1;
                        pb1=pb1->next; //删除pb1指向的项
                        free(p); //释放空间
                        pa->expn--;//后面要进行累加操作，此处先减1
                    }
                }
            pa->expn++;//累加一个结果项
        }
        if (pa1) //若pa1中还有项
        {
            pc1->next=pa1; //将pa1中的项添加到结果链表中
            while(pa1)
            {
                pa->expn++;
                pa1=pa1->next;
            }
        }
        if(pb1) //若pb1中还有项
        {
            pc1->next=pb1; //将pb1中的项添加到结果链表中
            while(pb1)
            {
                pb1->coef*=-1;
                pa->expn++;
                pb1=pb1->next;
            }
        }
        free(pb); //释放pb头节点占用的内存
}
```

（5）定义主函数 main()用于输出结果，具体代码如下所示。

```
int main()
{
    char operation=' ';
    pPOLYN pa=NULL,pb=NULL; //指向多项式链表的指针
    printf("请输入第一个多项式\n");
    PolynInput(&pa); //调用函数输入一个多项式
    printf("\n请输入第二个多项式\n");
    PolynInput(&pb); //调用函数，输入另一个多项式
    PolynMinus(pa,pb);//调用多项式相减函数
    printf("\n两个多项式之差为：");
    PolynPrint(pa);
```

```
        getch();
        return 0;
}
```

执行后的效果如图 10-12 所示。

图 10-12　一元多项式减法运算执行效果

前面介绍了多项式的加法和减法，其实可以同时把加法和减法在同一个程序内实现。这样就需要模块化设计了，看下面的实现代码。

```
/**********************************************/
#include <stdio.h>
#include <stdlib.h>
/**************链表实现的头文件***************/
typedef struct node
{
    int zhishu;
    int xishu;
    struct node *next;
}linknode;
typedef linknode *linklist;
/**********************************************/
/*  函数功能:        创建链表
    函数入口参数:    head     空链表的头节点
    函数返回值:      已经建好的链表的头节点
*/
linklist creat_list(linklist head)
{
    linklist x;
    linklist p;
    head=(linklist)malloc(sizeof(linknode));/*为头节点申请空间*/
        head->next=NULL;
        head->zhishu=0;
        head->xishu=0;   /*头节点全部信息置空 */
        p=head;          /*指针指向头节点 */
        while(1)
        {
            x=(linklist)malloc(sizeof(linknode));
            printf("\n Input xi shu and zhi shu:");
            scanf("%d %d",&(x->xishu),&(x->zhishu)); /*输入系数与指数，且系数与指数之间用一空格键隔开 */
            if(x->xishu==0)
            {                                             /*系数与指数均可为负数*/
                printf(" ******* First list is ok!*******\n\n");
                break;   /*当系数为0时输入完成，退出循环*/
            }
            x->next=NULL; /*链接数据*/
            p->next=x;
```

```
                    p=x;
            }

        return head;    /*返回头节点*/
}
/*********************************************/
/*函数功能：      打印出链表各节点的值
    函数入口参数：链表的头节点
    函数返回值：   无
*/
void print_list(linklist head)
{
    linklist p;
    p=head->next;
    printf("                    ");
    while(p!=NULL)
    {
        printf("(%d)X^%d",p->xishu,p->zhishu);
        if(p->next!=NULL)
            printf("+");
        p=p->next;
    }
    printf("\n");
}
/*********************************************/
/*函数功能：        释放函数所占空间
    函数入口参数：   要释放链表的头节点
    函数返回值：     无?
  */
void free_list(linklist head)
{
    linklist p;
    while(head!=NULL)
    {
        p=head;
        head=head->next;
        free(p);
    }
}
/*********************************************/
/*函数功能：实现两个多项式的相加
    函数入口参数：待相加的两个多项式所在链表的头节点
    函数返回值：  两多项式之和的链表的头节点
*/
linklist jiafa(linklist head1,linklist head2)
{
    linklist p1,p2,s;
    linklist p3,head3;
    head3=(linklist)malloc(sizeof(linknode));
    p3=head3;
    p1=head1->next;
    p2=head2->next;

    while(p1 && p2)
    {
        s=(linklist)malloc(sizeof(linknode));
        if(p1->zhishu>p2->zhishu)
        {
            s->zhishu=p1->zhishu;
            s->xishu=p1->xishu;
            p1=p1->next;
        }
        else if(p1->zhishu==p2->zhishu)
        {
            s->zhishu=p1->zhishu;
            s->xishu=p1->xishu+p2->xishu;
            p1=p1->next;
            p2=p2->next;
        }
        else
        {
            s->zhishu=p2->zhishu;
            s->xishu=p2->xishu;
```

```
                p2=p2->next;
            }
            p3->next=s;
            p3=s;
        }
        p3->next=NULL;          /*处理尾部*/
        if(p1)
            p3->next=p1;
        if(p2)
            p3->next=p2;
        return   head3;
}
/**************************************************/
linklist jianfa(linklist head1,linklist head2)
{
    linklist p2;
    p2=head2->next;
    while(p2)
    {
        p2->xishu=(-1)*p2->xishu;
        p2=p2->next;
    }
    return jiafa(head1,head2);
}
/**********************************************/
void main()
{
    int choose;
    linklist   head1,head2,head3;
    head1=NULL;
    head2=NULL;
    head3=NULL;
     /*表头提示*/
    printf("*******************************************\n");
    printf("The xishu and zhishu are integer type!\n"); /*指数和系数都为整数类型*/
    /* 链表输入时，当系数为0时输入结束 */
    printf("The linklist input end by xishu == 0!\n");
    /*程序输出时指数由高到低排列 */
    printf("The zhishu of polynomial is form high to low!\n");
    printf("*******************************************\n");
    while(1)
    {
        printf("\n\n*****************************************\n");
        printf("1.jiafa!\n");
        printf("2.jianfa!\n");
        printf("0.Exit the system!\n");
        printf("Please choose:");
        scanf("%d",&choose);
        if(choose!=0&&(choose==1||choose==2))
        {
            head1=creat_list(head1); /*创建链表*/
            head2=creat_list(head2);
            if(head1!=NULL && head2!=NULL) /*运行的条件是两链表都不为空*/
            {
                printf("The first polynomial:\n");
                print_list(head1);      /*输出第一个链表*/
                printf("The second polymial:\n");
                print_list(head2);      /*输出第二个链表 */
                printf("The result is:\n");
                switch(choose)
                {
                    case 1:
                        head3=jiafa(head1,head2);
                        break;
                    case 2:
                        head3=jianfa(head1,head2);
                        break;
                    default:
                        break;
                }
                print_list(head3);            /* 输出结果 */
                printf("That is over!\n");
```

```
                    free_list(head1); /* 释放掉空间 */
                    free_list(head2);
                    free_list(head3);
                }
            if(head1==NULL && head2==NULL)            /*当两个链表为空时，显示为空 */
                printf("The list is empty!!\n");
            }
            if(choose==0)
                break;
        }
    getch();
}
```

在上述代码中实现了对多项式的加法和减法运算，执行效果如图 10-13 所示。

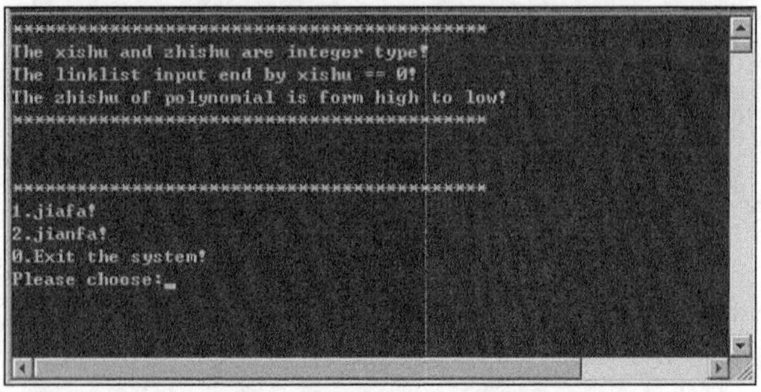

图 10-13　一元多项式加法和减法运算执行效果

在上述代码中标注了详细的注释，保存为"光盘:\daima\10\10-10.c"，读者可以研究此文件的具体实现原理。

第 11 章

解决趣味问题

在第 10 章中，讲解了算法在数学领域中的使用知识和具体用法。在本章中，将详细讲解算法在趣味问题中发挥的作用，通过具体实例的实现过程详细剖析了各个知识点的使用方法。

11.1　歌星大奖赛

📀 知识点讲解：光盘:视频讲解\第 11 章\歌星大奖赛.avi

实例 11-1	歌星大奖赛
	源码路径　光盘\daima\11\11-1.c

问题描述：在歌星大奖赛中，有 10 个评委为参赛的选手打分，分数为 1～100 分。选手最后得分为：去掉一个最高分和一个最低分后其余 8 个分数的平均值。请编程实现上述计分功能。

算法分析：此问题的算法十分简单，但是要注意在程序中判断最大、最小值的变量是如何赋值的。

具体实现：编写实例文件 11-1.c，具体代码如下所示。

```c
#include<stdio.h>
void main()
{
    int integer,i,max,min,sum;
    max=-32767;                      /*先假设当前的最大值max为C语言整型数的最小值*/
    min=32768;                       /*先假设当前的最小值min为C语言整型数的最大值*/
    sum=0;                           /*将求累加和变量的初值置为0*/
for(i=1;i<=10;i++)
{
    printf("Input number %d=",i);
    scanf("%d",&integer);            /*输入评委的评分*/
    sum+=integer;                    /*计算总分*/
    if(integer>max)max=integer;      /*通过比较筛选出其中的最高分*/
    if(integer<min)min=integer;      /*通过比较筛选出其中的最低分*/
}
printf("Canceled max score:%d\nCanceled min score:%d\n",max,min);
printf("Average score:%d\n",(sum-max-min)/8);   /*输出结果*/
    getch();
    return 0;
}
```

执行后的效果如图 11-1 所示。

图 11-1　歌星大奖赛求得分的执行效果

11.2　借书方案

📀 知识点讲解：光盘:视频讲解\第 11 章\借书方案.avi

实例 11-2	编程解决"借书方案"的问题
	源码路径　光盘\daima\11\11-2.c

问题描述：小明有 5 本新书，要借给 A、B、C 三位小朋友，若每人每次只能借一本，则可以有多少种不同的借法？

算法分析：本问题实际上是一个排列问题，即求从 5 个中取 3 个进行排列的方法的总数。首先对 5 本书从 1～5 进行编号，然后使用穷举的方法。假设 3 个人分别借这 5 本书中的一本，当 3 个人所借的书的编号都不相同时，就是满足题意的一种借阅方法。

具体实现：编写实例文件 11-2.c，具体代码如下所示。

```
#include<stdio.h>
void main()
{
int a,b,c,count=0;
printf("There are diffrent methods for XM to distribute books to 3 readers:\n");
for(a=1;a<=5;a++)              /*穷举第一个人借5本书中的1本的全部情况*/
    for(b=1;b<=5;b++)          /*穷举第二个人借5本书中的一本的全部情况*/
        for(c=1;a!=b&&c<=5;c++)    /*当前两个人借不同的书时，穷举第三个人借5本书中的1本的全部情况*/
            if(c!=a&&c!=b)     /*判断第三人与前两个人借的书是否不同*/
printf(count%8?"%2d:%d,%d,%d   ":"%2d:%d,%d,%d\n   ",++count,a,b,c);
/*打印可能的借阅方法*/
    getch();
        return 0;
}
```

执行后的效果如图 11-2 所示。

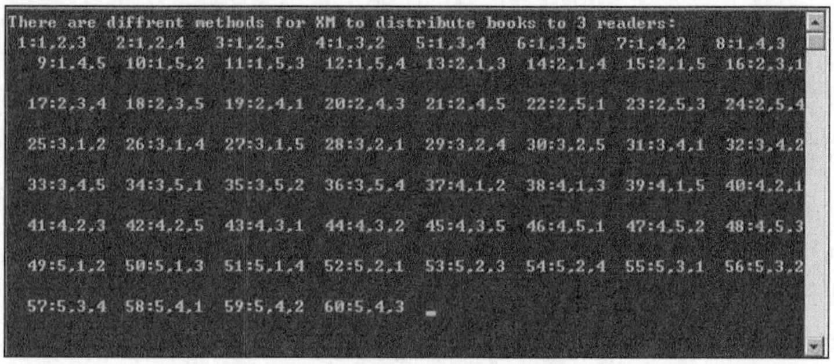

图 11-2　借书方案执行效果

11.3　打鱼还是晒网

知识点讲解：光盘:视频讲解\第 11 章\打鱼还是晒网.avi

实例 11-3	编程解决"三天打鱼两天晒网"的问题
	源码路径　光盘\daima\11\11-3.c

问题描述：中国有句俗语叫"三天打鱼两天晒网"。某人从 1990 年 1 月 1 日起开始"三天打鱼两天晒网"，问这个人在以后的某一天中是"打鱼"还是"晒网"。

算法分析：根据题意可以将解题过程分为 3 步。

① 计算从 1990 年 1 月 1 日开始至指定日期共有多少天。

② 由于"打鱼"和"晒网"的周期为 5 天，所以将计算出的天数用 5 去除。

③ 根据余数判断他是在"打鱼"还是在"晒网"，如果余数是 1、2 或 3，则是在"打鱼"，否则是在"晒网"。

在这三步中，关键是第一步。求从 1990 年 1 月 1 日至指定日期有多少天，要判断经历年份中是否有闰年，二月为 29 天，平年为 28 天。闰年的方法可以用伪语句描述。

```
如果((年能被4除尽且不能被100除尽)或能被400除尽)
则该年是闰年;
否则不是闰年
```

具体实现：编写实例文件 11-3.c，具体代码如下所示。

```
#include "stdio.h"
```

```
#define YEAR 1990
#define DAYS 365

int TotalDays(int year,int month,int day);
int a[] = {0,31,28,31,30,31,30,31,31,30,31,30,31};
int main()
{
    int totalday;
    int year,month,day;
    printf("please input the yaer-month-day:");
    scanf("%d-%d-%d",&year,&month,&day);
    totalday = TotalDays(year,month,day);
    printf("%d-%d-%d是：",year,month,day);
    if (totalday % 5 == 0 || totalday % 5 == 4)
    {
        printf("晒网日!\n");
    }
    else
    {
        printf("打鱼日!\n");
    }
getch();
    return 0;
}
//统计当前的天数
int TotalDays(int year,int month,int day)
{
    int i = year - YEAR;
    int i_month = 1;
    int totalday = day;
    if ( year%4 == 0 && year%100 != 0)
    {
        a[2] = 29;
    }
    while (i_month < month)
    {
        totalday += a[i_month ++];
    }
    if ( i > 0 )
    {
        totalday += DAYS*i + (i-1)/4 + 1;
    }
    return totalday;
}
```

执行后的效果如图 11-3 所示。

图 11-3　解决"三天打鱼两天晒网"问题执行效果

11.4　捕鱼和分鱼

知识点讲解：光盘:视频讲解\第 11 章\捕鱼和分鱼.avi

实例 11-4　**编程解决"捕鱼和分鱼"的问题**
源码路径　光盘\daima\11\11-4.c

　　问题描述：某天夜里，A、B、C、D、E 五人一块去捕鱼，到第二天凌晨时都疲惫不堪，于是各自找地方睡觉。天亮了，A 第一个醒来，他将鱼分为 5 份，把多余的一条鱼扔掉，拿走自己的一份。B 第二个醒来，也将鱼分为 5 份，把多余的一条鱼扔掉，保持走自己的一份。C、D、E 依次醒来，也按同样的方法拿走鱼。问他们合伙至少捕了多少条鱼？

算法分析：根据题意，总计将所有的鱼进行了 5 次平均分配，每次分配时的策略是相同的，即扔掉一条鱼后剩下的鱼正好分成 5 份，然后拿走自己的一份，余下其他的 4 份。假定鱼的总数为 X，则 X 可以按照题目的要求进行 5 次分配：$X-1$ 后可被 5 整除，余下的鱼为 $4\times(X-1)/5$。若 X 满足上述要求，则 X 就是题目的解。

具体实现：编写实例文件 11-4.c，具体代码如下所示。

```
#include<stdio.h>
void main()
{
int n,i,x,flag=1;                       /*flag：控制标记*/
for(n=6;flag;n++)                       /*采用试探的方法，令试探值n逐步加大*/
{
for(x=n,i=1&&flag;i<=5;i++)
if((x-1)%5==0) x=4*(x-1)/5;
else    flag=0;                         /*若不能分配,则设置标记falg为0,表示退出分配过程*/
if(flag) break;                         /*若分配过程正常结束,则找到分配结果,并退出试探过程*/
else flag=1;                            /*否则继续试探下一个数*/
}
printf("Total number of fish catched=%d\n",n); /*输出结果*/
 getch();
}
```

执行效果如图 11-4 所示。

图 11-4 解决"捕鱼和分鱼"问题执行效果

11.5 出售金鱼

实例 11-5 编程解决"出售金鱼"的问题
源码路径 光盘\daima\11\11-5.c

问题描述：鱼商 A 将养的一缸金鱼分 5 次出售，第一次卖出全部的一半加二分之一条；第二次卖出余下的三分之一加三分之一条；第三次卖出余下的四分之一加四分之一条；第四次卖出余下的五分之一加五分之一条；最后卖出余下的 11 条。问原来的鱼缸中共有几条金鱼？

算法分析：题目中所有的鱼是分五次出售的，每次卖出的策略相同；第 j 次卖剩下的 $(j+1)$ 分之一再加 $1/(j+1)$ 条，第五次将第四次余下的 11 条全卖了。假定第 j 次鱼的总数为 x，则第 j 次留下：

```
x-(x+1)/(j+1)
```

当第四次出售完毕时，应该剩下 11 条。若 x 满足上述要求，则 x 就是题目的解。

应当注意的是：$(x+1)/(j+1)$ 应满足整除条件。试探 x 的初值可以从 23 开始，试探的步长为 2，因为 x 的值一定为奇数。

具体实现：编写实例文件 11-5.c，具体代码如下所示。

```
#include<stdio.h>
void main()
{
int i,j,n=0,x;                          /*n为标志变量*/
for(i=23;n==0;i+=2)                     /*控制试探的步长和过程*/
{
    for(j=1,x=i;j<=4&&x>=11;j++)   /*完成出售4次的操作*/
    if((x+1)%(j+1)==0)              /*若满足整除条件则进行实际的出售操作*/
    x-=(x+1)/(j+1);
```

```
        else {x=0;break;}        /*否则停止计算过程*/
    if(j==5&&x==11)              /*若第四次余下11条则满足题意*/
    {
        printf("There are %d fishes at first.\n",i);    /*输出结果*/
        n=1;                                              /*控制退出试探过程*/
    }
    }
    getch();
}
```

执行后的效果如图 11-5 所示。

图 11-5 解决"出售金鱼"问题执行效果

11.6 平分七筐鱼

知识点讲解：光盘:视频讲解\第 11 章\平分七筐鱼.avi

实例 11-6 编程解决"平分七筐鱼"的问题
源码路径 光盘\daima\11\11-6.c

问题描述：A、B、C 三位渔夫出海打鱼，他们随船带了 21 只箩筐。返航时发现有 7 筐装满了鱼，还有 7 筐装了半筐鱼，另外 7 筐则是空的，由于他们没有秤，只好通过目测认为 7 个满筐鱼的重量是相等的，7 个半筐鱼的重量是相等的。在不将鱼倒出来的前提下，怎样将鱼和筐平分为 3 份？

算法分析：根据题意可知：每个人应分得 7 个箩筐，其中有 3.5 筐鱼。使用一个 3×3 的数组 a 来表示 3 个人分到的东西。其中每个人对应数组 a 的一行，数组的第 0 列放分到的鱼的整筐数，数组的第 1 列放分到的半筐数，数组的第 2 列放分到的空筐数。由题目可以推出。

① 数组的每行或每列的元素之和都为 7。
② 对数组的行来说，满筐数加半筐数=3.5。
③ 每个人所得的满筐数不能超过 3 筐。
④ 每个人都必须至少有 1 个半筐，且半筐数一定为奇数。

想要的某种分鱼方案，要求 3 个人谁拿哪一份都是相同的。为了避免出现重复的分配方案，可以规定第二个人的满筐数等于第一个人的满筐数，第二个人的半筐数大于等于第一个人的半筐数（因为鱼不可能完全相等平分）。

具体实现：编写实例文件 11-6.c，具体代码如下所示。

```
#include<stdio.h>
int a[3][3],count;
void main()
{
    int i,j,k,m,n,flag;
    printf("It exists possible distribtion plans:\n");
    for(i=0;i<=3;i++)             /*试探第一个人满筐a[0][0]的值，满筐数不能>3*/
    {
        a[0][0]=i;
        for(j=i;j<=7-i&&j<=3;j++)      /*试探第二个人满筐a[1][0]的值，满筐数不能>3*/
        {
            a[1][0]=j;
            if((a[2][0]=7-j-a[0][0])>3)continue;    /*第三个人满筐数不能>3*/
            if(a[2][0]<a[1][0])break;   /*要求后一个人分的满筐数>=前一个人，以排除重复情况*/
            for(k=1;k<=5;k+=2)      /*试探半筐a[0][1]的值，半筐数为奇数*/
            {
                a[0][1]=k;
```

```
                for(m=1;m<7-k;m+=2)        /*试探半筐a[1][1]的值，半筐数为奇数*/
                {
                    a[1][1]=m;
                    a[2][1]=7-k-m;
                    for(flag=1,n=0;flag&&n<3;n++)
                                            /*判断每个人分到的鱼是3.5筐，flag为满足题意的标记变量*/
                        if(a[n][0]+a[n][1]<7&&a[n][0]*2+a[n][1]==7)
                            a[n][2]=7-a[n][0]-a[n][1];        /*计算应得到的空筐数量*/
                        else flag=0;                          /*不符合题意则置标记为0*/
        if(flag)
                {
                    printf("No.%d        Full basket Semi--basket Empty\n",++count);
                    for(n=0;n<3;n++)
                        printf("       fisher %c:      %d       %d      %d\n",
                                            'A'+n,a[n][0],a[n][1],a[n][2]);
                }
            } getch();
        }
    }
}
```

执行效果如图 11-6 所示。

图 11-6 解决"平分七筐鱼"问题执行效果

11.7 绳子的长度和井深

📹 知识点讲解：光盘:视频讲解\第 11 章\绳子的长度和井深.avi

实例 11-7 编程解决"绳子长度和井深"的问题
源码路径　　光盘\daima\11\11-7.c

问题描述：《九章算术》是我国现存最早的数学专著，其中第八章《方程》的第 13 题是著名的"五家共井"问题，题目描述如下：今有五家共井，甲二绠不足如乙一绠，乙三绠不足如丙一绠，丙四绠不足如丁一绠，丁五绠不足如戊一绠，戊六绠不足如甲一绠。如各得所不足一绠，皆逮。问井深、绠长各几何？（题中："绠"是汲水桶上的绳索，"逮"是到达井底水面的意思）

意思是：现在有五家共用一口井，甲、乙、丙、丁、戊五家各有一条绳子提水（下面用文字表示每一家的绳子）：甲×2+乙=井深，乙×3+丙=井深，丙×4+丁=井深，丁×5+戊=井深，戊×6+甲=井深，求甲、乙、丙、丁、戊各家绳子的长度和井深。

算法分析：这种题目用的是五元一次方程组，具体解法如下所示。

设甲、乙、丙、丁、戊五根绳子的长度分别是 x、y、z、s、t，井深 u，那么列出方程组：

$$\begin{cases} 2x + y = u \\ 3y + z = u \\ 4z + s = u \\ 5s + t = u \\ 6t + x = u \end{cases}$$

求解上述方程组，得 x、y、z、s、t 分别等于 265/721、191/721、148/721、129/721、76/721，

而井 *u* 深为 1。

　　具体实现：编写实例文件 11-7.c，具体代码如下所示。

```c
#include <stdio.h>
int main()
{
    int len1,len2,len3,len4,len5,len,flag;
    flag=1; //循环标志变量
    len5=0;
    while(flag)
    {
        len5+=4; //len5为4的倍数
        len1=0;
        while(flag)
        {
            len1+=5;//len1为5的倍数
            len4=len5+len1/5;//丁家井绳长度
            len3=len4+len5/4;//丙家井绳长度
            if(len3%2) //若不能被2整除
                continue;
            if(len4%3)   //若不能被3整除
                continue;
            len2=len3+len4/3;
            if(len2+len3/2<len1) //不符合条件
                break;
            if(len2+len3/2==len1) //符合条件
                flag=0;
        }
    }
    len=2*len1+len2; //求进深
    printf("各家井绳长度分别为:\n");
    printf("甲:%d\n",len1);
    printf("乙:%d\n",len2);
    printf("丙:%d\n",len3);
    printf("丁:%d\n",len4);
    printf("戊:%d\n",len5);
    printf("井深:%d\n",len);
    getch();
    return 0;
}
```

执行效果如图 11-7 所示。

图 11-7　解决"绳子长度和井深"问题执行效果

11.8　鸡兔同笼

　　知识点讲解：光盘:视频讲解\第 11 章\鸡兔同笼.avi

实例 11-8	编程实现"鸡兔同笼"的问题
	源码路径　光盘\daima\11\11-8.c

　　问题描述：大约在 1500 年前，《孙子算经》中就记载了"鸡兔同笼"问题。叙述如下："今有雉兔同笼，上有三十五头，下有九十四足，问雉兔各几何？"

　　意思是如果将若干只鸡、兔同在一个笼子里，从上面数有 35 个头；从下面数有 94 只脚。求笼中各有几只鸡和兔?

算法分析：由题目可知，鸡兔一共有 35 只，如果把兔子的两只前脚用绳子捆起来，看作是一只脚，两只后脚也用绳子捆起来，看作是一只脚，那么，兔子就成了 2 只脚，即把兔子都先当作两只脚的鸡。鸡兔总的脚数是 35×2=70（只），比题中所说的 94 只要少 94-70=24（只）。

现在，松开一只兔子脚上的绳子，脚的总数就会增加 2 只，即 70+2=72（只），再松开一只兔子脚上的绳子，总的脚数又增加 2……一直继续下去，直至增加 24，因此兔子数为 24÷2=12（只），从而鸡有 35-12=23（只）。

在解题时先假设全是鸡，于是根据鸡兔的总数就可以算出在假设下共有几只脚，把这样得到的脚数与题中给出的脚数相比较，看看差多少，每差 2 只脚就说明有 1 只兔，将所差的脚数除以 2，就可以算出共有多少只兔。由此可以得出解鸡兔同笼题的基本关系式是：兔数=（实际脚数-每只鸡脚数×鸡兔总数）÷（每只兔子脚数-每只鸡脚数）。同样，也可以假设全是兔子。

采用列方程的办法，设兔子的数量为 X，鸡的数量为 Y，则有

$$\begin{cases} X+Y=35 \\ 4X+2Y=94 \end{cases}$$

解得上述方程后得出兔子有 12 只，鸡有 23 只。

具体实现：编写实例文件 11-8.c，具体代码如下所示。

```c
#include <stdio.h>
int main()
{
    int chook,rabbit,head,foot;
    printf("输入头数和脚数:");
    scanf("%d%d",&head,&foot);
    rabbit=(foot-2*head)/2; //用总脚数foot减去鸡脚数2*head
    chook=head-rabbit;   //用总头数减去兔子数，剩余的就是鸡数
    printf("鸡有:%d只,兔子有:%d只。",chook,rabbit);
    getch();
    return 0;
}
```

执行后的效果如图 11-8 所示。

图 11-8　解决"鸡兔同笼"问题执行效果

11.9　汉诺塔

知识点讲解：光盘:视频讲解\第 11 章\汉诺塔.avi

汉诺（Hanoi）塔问题：古代有一个梵塔，塔内有 3 个座 A、B、C，A 座上有 64 个盘子，盘子大小不等，大的在下，小的在上，如图 11-9 所示。有一个和尚想把这 64 个盘子从 A 座移到 B 座，但每次只能允许移动一个盘子，并且在移动过程中，3 个座上的盘子始终保持大盘在下，小盘在上。在移动过程中可以利用 B 座，要求打印移动的步骤。

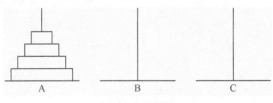

图 11-9　汉诺塔

解决汉诺（Hanoi）塔的算法有多种，在本节的内容中，将分别详细介绍。

11.9.1　递归法

用递归法解决"汉诺塔"问题
源码路径　　光盘\daima\11\11-11-1.c

算法分析：假设 A 上有 n 个盘子，如果 $n=1$，则将圆盘从 A 直接移动到 C。如果 $n=2$，则：

① 将 A 上的 $n-1$（等于 1）个圆盘移到 B 上。

② 再将 A 上的一个圆盘移到 C 上。

③ 最后将 B 上的 $n-1$（等于 1）个圆盘移到 C 上。

如果 $n=3$，则：

(1) 将 A 上的 $n-1$（等于 2，令其为 n）个圆盘移到 B（借助于 C），步骤如下。

① 将 A 上的 $n-1$（等于 1）个圆盘移到 C 上。

② 将 A 上的一个圆盘移到 B。

③ 将 C 上的 $n-1$（等于 1）个圆盘移到 B。

(2) 将 A 上的一个圆盘移到 C。

(3) 将 B 上的 $n-1$（等于 2，令其为 n'）个圆盘移到 C（借助 A），步骤如下。

① 将 B 上的 $n-1$（等于 1）个圆盘移到 A。

② 将 B 上的一个盘子移到 C。

③ 将 A 上的 $n-1$（等于 1）个圆盘移到 C。

到此，完成了 3 个圆盘的移动过程。

从上面分析可以看出，当 n 大于等于 2 时，移动的过程可分解为如下 3 个步骤：

① 把 A 上的 $n-1$ 个圆盘移到 B 上。

② 把 A 上的一个圆盘移到 C 上。

③ 把 B 上的 $n-1$ 个圆盘移到 C 上；其中第一步和第三步是类同的。

当 $n=3$ 时，第一步和第三步又分解为类同的 3 步，即把 $n-1$ 个圆盘从一个塔移到另一个塔上，这里的 $n=n-1$。依次类推。

这显然是一个递归过程。

具体实现：编写实例文件 11-11-1.c，具体代码如下所示。

```
#include <stdio.h>
long count; //全局变量, 记录移动的次数
void hanoi(int n,char a,char b,char c) //a移到b,用c作为临时柱子
{
    if(n==1)
    {
        printf("第%d次，%c柱子-->%c柱子\n",++count,a,c);
    }
    else
    {
        hanoi(n-1,a,c,b); //递归调用本函数,移动a到c,用b作为临时柱子
        printf("第%d次，%c柱子-->%c柱子\n",++count,a,c);
        hanoi(n-1,b,a,c); //递归调用本函数,将b移到a,用c作为临时柱子
    }
}
int main()
{
    int h; //圆盘数量
    printf("请输入汉诺塔圆盘的数量:");
    scanf("%d",&h);
    count=0;
    hanoi(h,'A','B','C');
    getch();
    return 0;
}
```

执行效果如图 11-10 所示。

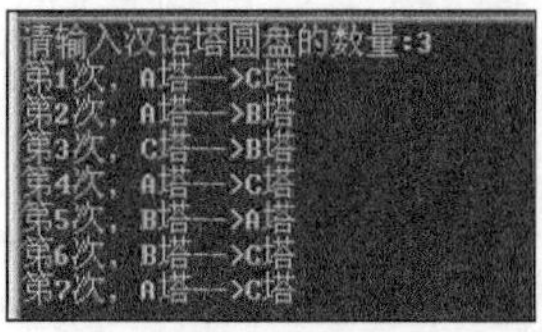

图 11-10 用递归法解决"汉诺塔"问题执行效果

11.9.2 非递归法

实例 11-10 用非递归法解决"汉诺塔"问题
源码路径 光盘\daima\11\11-11-2.c

算法分析：当盘子的个数为 n 时，移动的次数是 2^n-1。后来一位美国学者发现一种非常的简单方法，只要轮流进行两步操作就可以了。首先把 3 根塔按顺序排成品字形，然后把所有的圆盘按从大到小的顺序放在 A 塔上，根据圆盘的数量确定塔的排放顺序。

如果 n 是偶数，按顺时针方向依次摆放 A、B、C。

如果 n 为奇数，按顺时针方向依次摆放 A、C、B。

① 按顺时针方向把圆盘 1 从现在的塔移动到下一根塔，即当 n 为偶数时，若圆盘 1 在塔 A，则把它移动到 B；若圆盘 1 在塔 B，则把它移动到 C；若圆盘 1 在塔 C，则把它移动到 A。

② 接着，把另外两个塔上可以移动的圆盘移动到新的塔上。即把非空塔上的圆盘移动到空塔上，当两根塔都非空时，移动较小的圆盘。这一步没有明确规定移动哪个圆盘，你可能以为会有多种可能性，其实不然，可实施的行动是唯一的。

③ 反复进行步骤①和步骤②操作，最后就能按规定完成汉诺塔的移动。

上述过程非常简单，就是按照移动规则向一个方向移动。例如 3 阶汉诺塔的移动过程如下：
A→C，A→B，C→B，A→C，B→A，B→C，A→C。

具体实现：编写实例文件 11-11-2.c，具体代码如下所示。

```c
#include <stdio.h>
#define MAX 64 //最多64个圆盘
int main()
{
    int n, target, source, i, array[(MAX+1)*3+1], stick[3],height;
    long count=0;//圆盘移动的次数
    printf("请输入汉诺塔圆盘的数量:");
    scanf("%d", &n); //输入盘子数量
    height=n+1;//塔的高度(用来分隔数组)
    for (i = 1; i <= n; i++)     //将盘子放入第1个塔
        array[i] = height - i; //数字大的表示大盘子
    for (i = 0; i <= 2 * height; i += height)      //将每个塔的底部设置为一个大的数据
        array[i] = 1000;
    if (n % 2 == 0) //若圆盘序号是偶数
    {
        target = 1; //目标为B塔
        stick[2] = 0;
        stick[1] = 1;
        array[height + 1] = array[n]; //移动第1个圆盘到第2个塔
    }
    else //若圆盘序号为奇数
    {
        target = 2; //目标为C塔
        stick[1] = 0;
        stick[2] = 1;
        array[2 * height + 1] = array[n]; //移动第1个圆盘到第3个塔
    }
    printf("第%d次,A塔-->%c塔\n",++count,'a'-1+target+1);   //输出移动操作
    stick[0] = n - 1; //A塔中减去一个圆盘
```

```
        while(stick[0] + stick[1]) //第1塔和第2塔不为空,则循环移动
        {
            if (target == 0) //若目标塔是A
            {
                if (array[height + stick[1]] < array[2 * height + stick[2]])
            //比较B、C塔,较小值作为下一个移动塔
                    source = 1;
                else
                    source = 2;
            }
            if (target == 1)//若目标塔是B
            {
                if(array[stick[0]] < array[2 * height + stick[2]]) //比较A、C塔的较小值
                    source = 0;
                else
                    source = 2;
            }
            if (target == 2)//若目标塔是C
            {
                if(array[stick[0]] < array[height + stick[1]]) //比较A、B塔的较小值
                    source= 0;
                else
                    source= 1;
            }
    // 将source塔顶部圆盘移到另一较大或为偶数的塔
            if ((array[source * height + stick[source]]) > (array[target * height + stick[target]])
                || ((array[target * height + stick[target]] - array[source * height + stick[source]]) % 2 ==0))
                target = 3 - source - target;
            printf("第%d次,%c塔-->%c塔\n",++count,'a'-1+source+1,'a'-1+target+1);
        //输出移动操作
            stick[source] = stick[source] - 1;
            stick[target] = stick[target] + 1;   //从source塔移动target塔
            array[target * height + stick[target]] = array[source * height + stick[source] + 1];
        }
        getch();
        return 0;
    }
```

执行效果如图 11-11 所示。

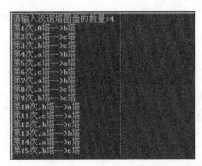

图 11-11　用非递归法解决"汉诺塔"问题执行效果

11.10　马踏棋盘

知识点讲解：光盘:视频讲解\第 11 章\马踏棋盘.avi

马踏棋盘也是一个经典的算法问题,指用国际象棋的棋盘（8×8）让马在任何起始位置用走马的规则,无重复地踏遍所有的格子。也就是说将马随机放在国际象棋 8×8 棋盘中的某个方格中,马按照走棋规则进行移动。要求每个方格只进入一次,走遍棋盘上全部 64 个方格。编制非递归程序,求出马的行走路线,并按求出的行走路线,将数字 1,2,…,64 依次填入一个 8×8 的方阵中并输出。

11.10.1　使用循环查找法

实例 11-11　使用循环查找法解决"马踏棋盘"问题

源码路径　　光盘\daima\11\11-10-1.c

问题描述：使用循环查找法解决"马踏棋盘"问题。

算法分析：具体思路如下。

① 将当前步数写入棋盘数组中，接着开始探测下一步应该走的位置。

② 马的下一步都可以走 8 个位置，在此分别测试每个位置是否可以走，并将可走位置记录下来。

③ 对下一步的可走位置进行探测，统计每一个下一步可走的步数，选出步数最少的位置作为下一步的位置。

④ 循环步骤①～步骤③，直到马将棋盘所有单元格走完为止。

具体实现：编写实例文件 11-10-1.c，其具体实现流程如下。

（1）定义结构 coord 和全局变量，然后定义主函数 main()用于提示用户输入马的起始位置，调用函数遍历棋盘，然后输出具体结果。具体代码如下所示。

```
#include <stdio.h>
typedef struct coord
{
    int x;
    int y;
}Coordinate;        //棋盘上的坐标
int chessboard[8][8] = { 0 }; //棋盘初始状态
int main()
{
    Coordinate start;     //起始坐标
    int i, j;
    printf("输入马的起始位置坐标:");
    scanf("%d %d", &start.x, &start.y);
    if(start.x< 1  || start.y < 1
        || start.x > 8 || start.y > 8) //超界
    {
        printf("坐标输入错误，请重新输入！\n");
        exit(0);
    }
    start.x -= 1;
    start.y -= 1;
    if (travel(start))
    {
        printf("\n马按以下顺序走:\n");
        for (i = 0; i < 8; i++)   //输出遍历过下一步可以走的顺序
        {
        for (j = 0; j < 8; j++)
        {
            printf("%2d ", chessboard[i][j]);
        }
        printf("\n");
        }
    }
    else
    {
        printf("遍历失败！\n");
    }
    getch();
    return 0;
}
```

（2）定义遍历函数 travel()。首先定义马从当前位置可以向上、下、左、右跳动的 8 个方向的相对坐标，并将传入的起始位置作为当前坐标，在当前位置标记 1。然后通过循环处理 2～64 单元格中的跳动顺序，并试探从当前位置开始，在所有 8 个方向中有哪几个位置是可以走的，将可走位置的坐标保存在 next 数组中；接下来开始判断，如果在当前位置没有可走位置了则表示遍历失败；如果可走位置只有 1 个，则不要判断，直接设置下一步即可；如果可走位置有多个，则试探下一步可走位置的数量，将数量保存在 ways 数组中，并统计每条路线所要走的步数。最后将通过试探找出的下一步位置作为当前位置，将棋盘对应位置作为一个标记以便于输出，提示该位置已经走过。函数 travel()的实现代码如下所示。

```
int travel(Coordinate start){
    Coordinate move[8] ={ {-2, 1}, {-1, 2}, {1, 2}, {2, 1},
                          {2, -1}, {1, -2}, {-1, -2}, {-2, -1} };//马可走的8个方向
    Coordinate next[8] = { 0 };        //下一步的出路
    int ways[8] = { 0 }; //记录每个方向出路的数量
    Coordinate curpos, tmp; //当前坐标、临时坐标
    int i, j, n, m;//循环变量
    int count, count1, min, tmp1; //计数变量
    curpos = start;        //从起始位置开始
    chessboard[curpos.x][curpos.y] = 1;   //标记第1步
    for (n= 2; n <= 64; n++) //循环2～64个位置
    {
        for (m = 0; m < 8; m++)
        {
            ways[m] = 0;     //清空各位置的出路数为0
        }
        count1 = 0;    //下一个可走位置序号
        for (j = 0; j < 8; j++) //试探8个方向
        {
            tmp.x = curpos.x + move[j].x;    //下一方向的坐标
            tmp.y = curpos.y + move[j].y;
            if (tmp.x < 0 || tmp.y < 0 || tmp.x > 7 || tmp.y > 7) //若下一方向越界了
                continue;   //继续试探其他方向
            if (chessboard[tmp.x][tmp.y] == 0)    //若该位置还未走过
            {
                next[count1] = tmp;    //保存下一方向坐标
                count1++; //增加可走方向数量
            }
        }
        count = count1;      //保存可走方向的数量
        if (count == 0) //若可走方向为0，则返回遍历失败
        {
            return 0; //遍历失败，返回0
        }
        else if (count == 1)   //若可走方向只有1个，直接为最少出路的方向
        {
            min = 0;
        }
        else // 找下一个位置可以走的路数
        {
            for (m = 0; m < count; m++)//前面找到的各方向的下一方向
            {
                for (j = 0; j < 8; j++)    //试探8个方向
                {
                    tmp.x = next[m].x + move[j].x;    //下一方向的坐标
                    tmp.y = next[m].y + move[j].y;
                    if (tmp.x < 0 || tmp.y < 0 || tmp.x > 7 || tmp.y > 7)      //越界
                    {
                        continue;//继续
                    }
                    if (chessboard[tmp.x][tmp.y] == 0)      //若该方向未走
                        ways[m]++;   //增加出路数
                }
            }
            tmp1 = ways[0];//第1个位置的可走出路数
            min = 0;
            for (m = 1; m < count; m++)//从可走的位置中查找最少出路的方向
            {
                if (ways[m] < tmp1)
                {
                    tmp1 = ways[m];
                    min = m;   //找出最少出路的方向
                }
            }
        }
        curpos = next[min];
        chessboard[curpos.x][curpos.y] = n;   //记录步数
    }
    return 1;    //遍历成功，返回1
}
```

执行效果如图 11-12 所示。

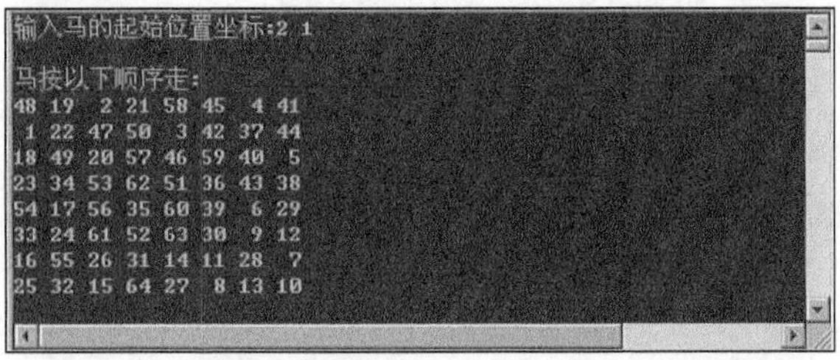

图 11-12 使用循环查找法解决"马踏棋盘"问题执行效果

11.10.2 使用递归法

实例 11-12 使用递归法解决"马踏棋盘"问题

源码路径 光盘\daima\11\11-10-2.c

问题描述：使用递归法解决"马踏棋盘"问题

算法分析：具体思路如下。

① 从起始点开始向下一个可走的位置走一步。

② 以该位置为起始，向下一步可走的位置走一步。

③ 继续循环，不断递归调用，直到走完 64 个单元格。

④ 如果某个位置向 8 个方向都没有可走的点，则退回上一步，从上一个位置的下一个可走位置继续递归调用。

具体实现：编写实例文件 11-10-2.c，其具体实现流程如下所示。

（1）定义结构 coord 和全局变量，然后定义函数 display() 来显示走法。具体代码如下所示。

```c
#include <stdio.h>
typedef struct coord
{
    int x;
    int y;
}Coordinate;      //棋盘上的坐标
int chessboard[8][8] = { 0 };  //初始化棋盘各单元格状态
int curstep;  //马跳的步骤序号
Coordinate move[8] = { {-2, 1}, {-1, 2}, {1, 2}, {2, 1},
            {2, -1}, {1, -2}, {-1, -2}, {-2, -1}};//马可走的8个方向
void display()  //显示走法
{
    int i, j;
    for (i = 0; i < 8; i++)
    {
        for (j = 0; j < 8; j++)
            printf("%4d", chessboard[i][j]);
        printf("\n");
    }
    getch();
}
```

（2）编写递归函数 travel() 设置从当前位置向前走一步，并标记棋盘相应位置的状态。首先判断当前位置是否超过了棋盘，并判断该位置是否已经走过，如果走过则不能重复；然后将本步序号保存到当前位置，用于标识该位置已经走过。并判断是否走完 64 格，是则调用 display() 函数显示该行走方案；如果没走完，则向当前的 8 个方向进行判断，生成试探位置坐标，如果新的坐标在棋盘内，则调用 travel() 函数试探下一步的走法。如果试探后都没有发现可以走的位置，则重新设置当前位置为未走过的状态，并减少行走步数，重新试探新的位置。函数 travel() 的具体代码如下所示。

```c
void travel(Coordinate curpos) //向前走一步
{
```

```
        Coordinate next;
        int i;
        if (curpos.x < 0 || curpos.x > 7 || curpos.y < 0 || curpos.y > 7)        //越界
            return;
        if (chessboard[curpos.x][curpos.y])    //若已走过
            return;    //是否遍历过
        chessboard[curpos.x][curpos.y] = curstep;   //保存步数
        curstep++;
        if (curstep > 64)    //64个棋盘位置都走完了
        {
            display();
            printf("\n");
        }
        else
        {
            for (i = 0; i < 8; i++) //8个可能的方向
            {
                next.x = curpos.x + move[i].x;
                next.y = curpos.y + move[i].y;
                if (next.x < 0 || next.x > 7 || next.y < 0 || next.y > 7);
                else
                    travel(next);
            }
        }
        chessboard[curpos.x][curpos.y] = 0; //清除步数序号
        curstep--; //减少步数
    }
```

（3）编写主函数 main()来调用上面的函数输出测试结果，具体代码如下所示。

```
int main()
{
    int i, j;
    Coordinate start;
    printf("输入马的起始位置:");
    scanf("%d%d", &start.x, &start.y);
    if (start.x < 1 || start.y < 1 || start.x > 8 || start.y > 8)  //越界
    {
        printf("坐标输入错误，请重新输入！\n");
        exit(0);
    }
    start.x--;
    start.y--;
    curstep = 1;    //第1步
    travel(start);
    getch();
    return 0;
}
```

执行效果如图 11-13 所示。

图 11-13　使用递归法解决"马踏棋盘"问题执行效果

11.10.3　使用栈方法

实例 11-13　使用栈方法解决"马踏棋盘"问题

源码路径　光盘\daima\11\11-10-3.c

问题描述：使用栈方法解决"马踏棋盘"问题。

算法分析：具体思路如下所示。

① 从起始点开始，将棋盘中走过的位置放入栈中。

② 以该位置为起始，试探从该位置向下走的 8 个位置。

③ 当找到一个能走的位置时，又将当前位置放入栈中，然后继续往前走。

④ 如果某个位置试探其 8 个下一步的位置都不可走，则从栈中弹出前一步，然后试探前一步中 8 个方向的其他方向。

具体实现：编写实例文件 11-10-3.c，其具体实现流程如下。

（1）定义结构和全局变量，具体代码如下所示。

```c
#include<stdio.h>
#define STACK_INIT_SIZE 100
#define STACKINCREMENT 10
typedef struct
{
    int x;
    int y;
}Coordinate; //坐标位置
int chessboard[8][8] = { 0 };
Coordinate move[8] ={ {-2, 1}, {-1, 2}, {1, 2}, {2, 1},
                      {2, -1}, {1, -2}, {-1, -2}, {-2, -1} };//马可走的8个方向

typedef struct
{
    int ord; //步数序号
    Coordinate seat; //位置
    int di; //方向
}SElemType; //栈操作的节点
typedef struct
{
    SElemType *base;
    SElemType *top;
    int stacksize;
}SqStack; //栈结构
```

（2）分别编写栈操作函数 InitStack()、Pop()、Push()和 StackEmpty()，具体代码如下所示。

```c
int InitStack(SqStack * s1)
{
    s1->base = (SElemType *) malloc(STACK_INIT_SIZE * sizeof(SElemType));
    if (!s1->base)
        exit(1);
    s1->top = s1->base;
    s1->stacksize = STACK_INIT_SIZE;
    return (1);
}
SElemType Pop(SqStack * s, SElemType e)
{
    e = *(--s->top);
    return e;
}
int Push(SqStack * s1, SElemType e)
{
    if (s1->top - s1->base >= s1->stacksize)
    {
        s1->base =
            (SElemType *) realloc(s1->base,
            (s1->stacksize + STACKINCREMENT) * sizeof(SElemType));
        if (!s1->base)
            exit(1);
        s1->top = s1->base + s1->stacksize;
        s1->stacksize += STACKINCREMENT;
    }
    *(s1->top++) = e;
    return 1;
}
int StackEmpty(SqStack * s)
{
    if (s->base == s->top)
        return (1);

    else
        return (0);
}
```

（3）编写函数 Pass()来判断当前棋盘指定的位置是否可走。在此需要判断指定的坐标位置是否超出了棋盘坐标，或指定坐标位置是否已经走过。具体代码如下所示。

```
int Pass(Coordinate s) //是否能通过
{
    if ((chessboard[s.x][s.y] == 0) && (s.x <= 7) && (s.x >= 0) && (s.y <= 7)
    && (s.y >= 0))
        return (1);
    else
        return (0);
}
```

（4）编写函数 NextPos()从当前位置按指定顺序取下一个位置的坐标。该函数通过全局变量 move 数组中设置的 8 个相对坐标进行计算，得到下一个坐标位置。该坐标位置可能已经超出棋盘，此函数并不对其边界进行判断。函数 NextPos()的具体代码如下所示。

```
Coordinate NextPos(Coordinate s, int i)                //下一位置
{
    s.x = s.x + move[i].x;
    s.y = s.y + move[i].y;
    return (s);
}
```

（5）编写函数 knight()实现棋子的走动，并判断走动是否合法。如果走动的步数达到 64 步，则退出函数。函数 knight()的具体实现代码如下所示。

```
void knight(Coordinate start)
{
    int curstep = 0;
    SqStack S;
    SElemType e;
    Coordinate curpos = start; //当有位置时开始统计
    InitStack(&S); //初始化栈
    do
    {
        if (Pass(curpos)) //若当前位置可走
        {
            curstep++;    //步数增加
            chessboard[curpos.x][curpos.y] = curstep; //保存步数序号
            e.seat = curpos; //保存当前位置
            e.ord = curstep; //步数
            e.di = 0; //方向
            Push(&S, e); //入栈
            if (curstep == 64) //若已走完64个单元格
            {
                break; //退出循环
            }
            else
            {
                curpos = NextPos(curpos, e.di); //取下一位置
            }
        }
        else //若当前位置不可走
        {
            if (!StackEmpty(&S)) //若栈不为空
            {
                Pop(&S, e); //将上一步出栈
                if (e.di == 7) //若8个位置都走过
                {
                    chessboard[e.seat.x][e.seat.y] = 0; //取消该步的步数序号
                }
                while (e.di == 7 && !StackEmpty(&S)) //当前8个位置已走完，且栈不为空
                {
                    e = Pop(&S, e); //出栈
                    if (e.di == 7) //若8个位置都试探过了
                        chessboard[e.seat.x][e.seat.y] = 0; //取消该步的步数序号
                    curstep = e.ord; //保存步数序号
                }
                if (e.di < 7) //若还有位置未进行试探
                {
                    e.di++; //试探下一位置
                    Push(&S, e); //入栈
                    curpos = NextPos(e.seat, e.di); //取下一位置
```

```
                }
            }
    } while (!StackEmpty(&S)); //若栈中还有数据，继续循环
    if (StackEmpty(&S)) //若栈为空
    {
        printf("遍历失败!\n");
        printf("请按任意键退出本程序\n");
        getch();
        exit(1);
    }
}
```

（6）编写主函数 main() 来调用前面定义的函数实现功能测试，具体代码如下所示。

```
int main()
{
    int i,j;
    Coordinate start;
    printf("输入马的起始位置坐标:");
    scanf("%d %d", &start.x, &start.y);
    if(start.x< 1   || start.y < 1
        || start.x > 8 || start.y > 8) //超界
    {
        printf("坐标输入错误，请重新输入！\n");
        exit(0);
    }
    start.x -= 1;
    start.y -= 1;
    knight(start);
    printf("马的路线:\n");
    for (i = 0; i < 8; i++)
    {
        for (j = 0; j < 8; j++)
            printf("%4d", chessboard[i][j]);
        printf("\n");
    }
    getch();
    return 0;
}
```

执行效果如图 11-14 所示。

图 11-14　使用栈方法解决"马踏棋盘"问题执行效果

11.11　三色球问题

知识点讲解：光盘:视频讲解\第 11 章\三色球问题.avi

实例 11-14　使用编程方法解决"三色球"问题
源码路径　光盘\daima\11\11-11.c

问题描述：有红、黄、绿 3 种颜色的球，其中红球 3 个，黄球 3 个，绿球 6 个。现将这 12 个球混放在一个盒子中，从中任意摸出 8 个球，编程计算摸出球的各种颜色搭配。

算法分析：这是一道排列组合问题。从 12 个球中任意摸出 8 个球，求颜色搭配的种类。解决这类问题的一种比较简单、直观的方法是使用穷举法，在可能的解的空间中找出所有的搭配，然后再根据约束条件加以排除，最终筛选出正确的答案。在本题中，因为是随便从 12 个球中摸取，一切都是随机的，所以每种颜色的球被摸到的可能的个数如表 11-1 所示。

表 11-1	每种颜色的球被摸到的可能的个数	
红球	黄球	绿球
0、1、2、3	0、1、2、3	2、3、4、5、6

　　其中绿球不可能被摸到 0 个或者 1 个。假设只摸到 1 个绿球，那么摸到的红球和黄球的总数一定为 7，而红球与黄球全部被摸到的总数才为 6，因此假设是不可能成立的。同理，绿球不可能被摸到 0 个。

　　可以将红黄绿三色球可能被摸到的个数进行排列，以组合一起而构成一个解空间，那么解空间的大小为 4×4×5=80 种颜色搭配组合。但是在这 80 种颜色搭配组合中，只有满足"红球数+黄球数+绿球数=8"这个条件的才是真正的答案，其余的搭配组合都不能满足题目的要求。

　　具体实现：编写实例文件 11-11.c，具体实现代码如下所示。

```
#include "stdio.h"
/*三色球问题求解*/
main()
{
    int red,yellow,green;
    printf("red    yellow    green\n");
    for(red=0;red<=3;red++)
/**红色：0，1，2，3*/
        for(yellow=0;yellow<=3;yellow++)
/*黄色：0，1，2，3*/
            for(green=2;green<=6;green++)
/*绿色：2，3，4，5，6*/
                if(red+yellow+green == 8)
                    printf("%d %d %d\n",red,yellow,green);
                    getch();
}
```

　　执行效果如图 11-15 所示。

图 11-15　解决"三色球"问题执行效果

11.12　新郎和新娘问题

📀 知识点讲解：光盘:视频讲解\第 11 章\新郎和新娘问题.avi

实例 11-15　使用编程方法解决"新郎和新娘"问题
源码路径　光盘\daima\11\11-12.c

　　问题描述：有 3 对新婚夫妇参加婚礼，3 个新郎为 A、B、C，3 个新娘为 X、Y、Z。有人不知道谁和谁结婚，于是询问了 6 位新人中的 3 位，但听到的回答是这样的：A 说他将和 X 结婚；X 说她的未婚夫是 C；C 说他将和 Z 结婚。这人听后知道他们在开玩笑，全是假话。请编程找出谁将和谁结婚。

　　算法分析：如果随便乱点鸳鸯谱，3 个新郎 A、B、C 和 3 个新娘 X、Y、Z 共有 6 种配对组合方式。这是因为不能出现两个新郎（新娘）和一个新娘（新郎）结婚的状况，所以只可能有 3×2×1=6 种配对方案。因此只要穷举出这 6 种配对方案，再应用问题中给出的约束条件就可以筛选出正确的答案来。

现在的关键是如何找出这 6 种配对方案，具体思路如下所示。

假定新郎 A、B、C 的顺序是不变的，不断调换新娘 X、Y、Z 的位置。假设新郎用 husband[3]=
{'A','B','C'}表示，新娘用 wife[3] = {'X','Y','Z'}表示。用 i、j、k 三个变量不断调整 wife 与 husband
的配对方式，如表 11-2 所示。

表 11-2　　　　　　　　　　　　　　　　　　　配对关系

husband[0]	wife[i]
husband[1]	wife[j]
husband[2]	wife[k]

如果规定 wife[i]为 husband[0]的新娘，wife[j]为 husband[1]的新娘，wife[k]为 husband[2]的
新娘。i、j、k 的值在 0～2 中不断调整变化，例如：*i*=0;*j*=1;*k*=2 或者 *i*=1;*j*=0;*k*=2……这样随着 *i*、
j、*k* 的每一次调整，就得到一种配对方案。这里必须注意 $i \ne j \ne k$，否则就会出现"2 个新郎配
1 个新娘"的情况。可以用下面的代码实现变量 i、j、k 的调换。

```
for(i=0;i<3;i++)                          /*新郎A的配对*/
    for(j=0;j<3;j++)                      /*新郎B的配对*/
        for(k=0;k<3;k++)                  /*新郎C的配对*/
            if(i!=j && j!=k && i!=k)      /*不能1个新娘配2个新郎*/
            {
                /*得到一种配对方式*/
                …
            }
```

通过上述代码，就可以得到全部 6 种配对方案，下面就是如何根据题目的叙述筛选出符合要求
的答案。由于如表 11-2 的配对顺序，又由于题目所述："A 说他将和 X 结婚；X 说她的未婚夫是 C；
C 说他将和 Z 结婚。这人听后知道他们在开玩笑，全是假话"。可以得到下面一段代码。

```
int match(int i,int j,int k,char wife[])
{
    /*A不和X结婚*/
    if(wife[i] == 'X') return 0;
    /*X不和C结婚*/
    if(wife[k] == 'X') return 0;
    /*C不和Z结婚*/
    if(wife[k] == 'Z') return 0;
    return 1;
}
```

函数 match()可以判断 wife[i]、wife[j]、wife[k]是否可以与 husband[0]、husband[1]、husband[2]
实现真正的配对。如果 wife[i] == 'X'，则不符合 A 不和 X 结婚的要求；wife[k] == 'X'，则不符
合 X 不和 C 结婚的要求；如果 wife[k] == 'Z'，则不符合 C 不和 Z 结婚的要求。排除掉上述情形
外，就符合题目中的结婚要求了。

具体实现：编写实例文件 11-12.c，具体实现代码如下所示。

```
#include "stdio.h"
main()
{
    char husband[3] = {'A','B','C'}, wife[3] = {'X','Y','Z'};
    int i ,j ,k;
    for(i=0;i<3;i++)
        for(j=0;j<3;j++)
            for(k=0;k<3;k++)
                if(i!=j && j!=k && i!=k) /*不能1个新娘配2个新郎*/
                {
                    /*得到一种配对方式*/
                    if (match(i,j,k,wife))
                    {
                        printf("husband    wife\n");
                        /*这种配对方式符合题目要求*/
                        printf("A--------%c\n",wife[i]);
                        printf("B--------%c\n",wife[j]);
                        printf("C--------%c\n",wife[k]);
                    }
                }
    getche();
```

```
}
int match(int i,int j,int k,char wife[])
{
    /*A不和X结婚*/
    if(wife[i] == 'X') return 0;
    /*X不和C结婚*/
    if(wife[k] == 'X') return 0;
    /*C不和Z结婚*/
    if(wife[k] == 'Z') return 0;
    return 1;
}
```

在上述代码中，通过函数 match() 来筛选配对方案，由于数组 wife 在主函数中定义，这里将数组的首地址作为函数的参数进行传递。执行效果如图 11-16 所示。

图 11-16　解决"新郎和新娘"问题执行效果

11.13　计算年龄

📹 知识点讲解：光盘:视频讲解\第 11 章\计算年龄.avi

实例 11-16　使用编程方法解决"计算年龄"问题
源码路径　光盘\daima\11\11-13.c

问题描述：张三、李四、王五、刘六的年龄成一等差数列，他们 4 人的年龄相加是 26，相乘是 880，求以他们的年龄为前 4 项的等差数列的前 20 项。

算法分析：设数列的首项为 a，则前 4 项之和为（$4 \times n + 6 \times a$），前 4 项之积为：

$$n \times (n+a) \times (n+a+a) \times (n+a+a+a)$$

同时：

$$1 \leqslant = a \leqslant 4,\ 1 \leqslant n \leqslant 6$$

在此可以采用穷举法求出此数列。

具体实现：编写实例文件 11-13.c，其具体实现代码如下所示。

```
#include<stdio.h>
int main()
{
    int n,a,i;
    printf("The series with equal difference are:\n");
    for(n=1;n<=6;n++) /*公差n取值为1~6*/
    for(a=1;a<=4;a++) /*首项a取值为1~4*/
    if(4*n+6*a==26&&n*(n+a)*(n+a+a)*(n+a+a+a)==880) /*判断结果*/
    for(i=0;i<20;i++)
    printf("%d ",n+i*a); /*输出前20项*/
    getch();
    return 0;
}
```

执行效果如图 11-17 所示。

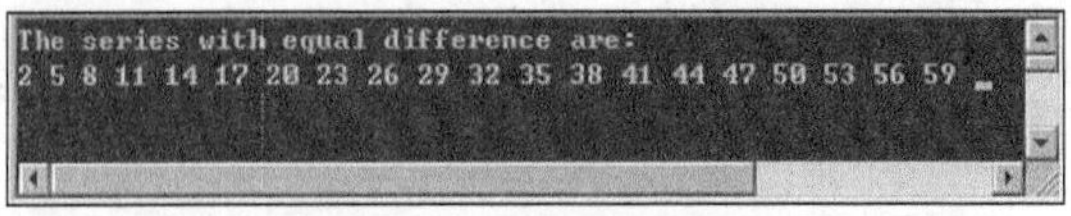

图 11-17　解决"计算年龄"问题的执行效果

第 12 章

解决图像问题

经过本书前面两章内容的讲解，了解了算法解决数学问题和趣味问题的使用知识和具体用法。在本章中，将详细讲解算法在图像问题中的解题作用，通过具体实例的实现过程来详细剖析各个知识点的使用方法。

12.1　"八皇后"问题

📹 知识点讲解：光盘:视频讲解\第 12 章\八皇后问题.avi

　　在本书 2.6.2 节中曾经讲解过用试探法解决"八皇后"问题的方法，在本节将进一步讲解用其他算法求解"八皇后"问题的方法。"八皇后"问题是一个古老而著名的问题，这是回溯算法的典型例题。19 世纪著名的数学家高斯在 1850 年提出：在 8×8 格的国际象棋上摆放 8 个皇后，使其不能互相攻击，即任意两个皇后都不能处于同一行、同一列或同一斜线上，问有多少种摆法？高斯认为有 76 种方案。1854 年在柏林的象棋杂志上不同的作者发表了 40 种不同的解，后来有人用图论的方法解出共有 92 种方案。

12.1.1　使用递归法

实例 12-1　使用递归法解决"八皇后"问题

源码路径　光盘\daima\12\12-1.c

　　问题描述：使用递归法解决"八皇后"问题

　　算法分析：具体思路如下所示。

① 在棋盘某位置放一个皇后。

② 判断皇后是否与前面已有皇后形成相互攻击。

③ 如果没形成相互攻击，则递归调用函数，继续放置下一列的皇后。

④ 放置完 8 个不形成攻击的皇后，就会得到一个解。

　　具体实现：编写实例文件 12-1.c，其具体实现流程如下所示。

　　（1）先定义需要的全局变量，然后定义函数 Output() 来输出一个没有冲突的放置方案。此函数能够以图形方式输出棋盘，判断单元格是否有皇后，有则输出一个五角星。具体代码如下所示。

```
#include <stdio.h>
int iCount = 0;//记录解的序号的全局变量
int Queens[8];//记录皇后在各列上的放置位置的全局数组
void Output()//输出一个解，即一种没有冲突的放置方案
{
int i,j,flag=1;
    printf("第%2d种方案(★表示皇后):\n", ++iCount);//输出序号。
printf("　　");
for(i=1;i<=8;i++)
    printf("▁");
printf("\n");
for (i = 0; i < 8; i++)
    {
        printf("  ▏");
for (j = 0; j < 8; j++)
{
if(Queens[i]-1 == j)
                printf("★");
else
            {
if (flag<0)
printf("　");
else
                    printf("■");
            }
flag=-1*flag;
        }
        printf("▏  \n");
flag=-1*flag;
    }
printf("　　");
for(i=1;i<=8;i++)
        printf("▔");
```

```
printf("\n");
getch();
}
```

（2）编写函数 IsValid() 来判断指定皇后是否与前面已有的皇后形成攻击，具体代码如下所示。

```
int IsValid(int n)//断第n个皇后是否与前面皇后行成攻击
{
int i;
    for (i = 0; i < n; i++)//第n个皇后与前面n-1个皇后比较
    {
        if (Queens[i] == Queens[n])//两个皇后在同一行上，返回0
            return 0;
        if (abs(Queens[i] - Queens[n]) == (n - i))//两个皇后在同一对角线上，返回0
            return 0;
    }
    return 1;//没有冲突，返回1
}
```

（3）编写递归函数 Queen() 在指定的第 n 列放置皇后，具体代码如下所示。

```
void Queen(int n)//在第n列放置皇后
{
int i;
    if (n == 8)//若8个皇后已放置完成
    {
        Output(); //输出
        return;
    }
    for (i = 1; i <= 8; i++)//在第n列的各个行上依次试探
    {
        Queens[n] = i;//在该列的第i行上放置皇后
        if (IsValid(n))//没有冲突，就开始下一列的试探
            Queen(n + 1); //递归调用进行下一步
    }
}
```

（4）编写主函数 main() 调用前面的函数来输出结果，具体代码如下所示。

```
int main()
{
    printf("八皇后排列方案:\n");
    Queen(0);//从第0列开始递归试探
    getch();
    return 0;
}
```

执行效果如图 12-1 所示。

图 12-1　递归法解决 "八皇后" 问题执行效果

12.1.2　使用循环法

实例 12-2　使用循环法解决"八皇后"问题

源码路径　光盘\daima\12\12-2.c

问题描述：使用循环法解决"八皇后"问题

算法分析：具体思路如下所示。

① 定义一个无穷循环。

② 通过循环不停试探皇后各种可能的放置情况，然后进行判断。

③ 找到方案后，调用函数将其输出。

具体实现：编写实例文件 12-2.c，其具体实现流程如下所示。

（1）首先定义需要的全局变量，然后定义函数 Output()输出一种没有冲突的放置方案。具体代码如下所示。

```c
#include<stdio.h>
intQueens[8];
int iCount = 0;      //统计找到解的数量
void Output() //输出一个解，即一种没有冲突的放置方案
{
    int i, j, flag = 1;
    printf("第%2d种方案(★表示皇后):\n", ++iCount);        //输出序号
    printf("   ");
    for (i = 1; i <= 8; i++)
        printf("▁");
    printf("\n");
    for (i = 0; i < 8; i++)
    {
        printf("  |");
        for (j = 0; j < 8; j++)
        {
            if (Queens[i] - 1 == j)
                printf("★");
            else
            {
                if (flag < 0)
                    printf("  ");
                else
                    printf("■");
            }
            flag = -1 * flag;
        }
        printf("|  \n");
        flag = -1 * flag;
    }
    printf("   ");
    for (i = 1; i <= 8; i++)
        printf("▔");
    printf("\n");
    getch();
}
```

（2）编写函数 Queen()循环求解各种各种可能。首先在第一行放一个皇后，并循环遍历各种方案；然后循环求解一种方案，当将 8 个皇后位置都放置好后退出循环；接下来判断当前位置放置皇后以后，是否和前面的已有的皇后形成攻击；最后处理攻击状况，如果未攻击则处理下一列皇后的放置。函数 Queen()的具体代码如下所示。

```c
void Queen()
{
    int i, j, flag, iscontinue = 1;
    i = 0;    //正在处理的元素下标，表示前i-1个元素已符合要求，正在处理第i个元素
    Queens[0] = 1;      //为数组的第一个元素赋初值
    while (iscontinue)   //继续处理
    {
        while (iscontinue && i <= 7)       //还未处理到第8个皇后
        {
            flag = 1;
            for (j = 0; flag && j < i; j++)       //逐列扫描
                if (Queens[j] == Queens[i])       //若两个皇后在同一列
```

```
        flag = 0;
    for (j = 0; flag && j < i; j++)        //判断是否有两个皇后位于同一对角线
        if (abs(Queens[i] - Queens[j]) == (i - j))
            flag = 0;
    if (!flag)   //若皇后位置有冲突
    {
        if (Queens[i] == Queens[i - 1])        //Queens[i]的值已经经过一圈,追上了Queens[i-1]的值
        {
            i--;        //退回一步,重新试探处理前一个元素
            if (i > 0 && Queens[i] == 8)        //当Queens[i]为8时,表示最后一列
                Queens[i] = 1;  //将Queens[i]的值置1,从第1列开始
            else if (i == 0 && Queens[i] == 8)        //当第一位的值达到8时
                iscontinue = 0; //设置结束循环
            else
                Queens[i]++;  //将Queens[i]的值取下一个值
        } else if (Queens[i] == 8)        //若已到第8列
            Queens[i] = 1;        //从第1列开始
        else
            Queens[i]++;  //将Queens[i]的值取下一个值
    } else if (++i < 8)
        if (Queens[i - 1] == 8)
            Queens[i] = 1;        //若前一个元素的值为8则Queens[i]=1
        else
            Queens[i] = Queens[i - 1] + 1;  //否则Queens[i]元素的值为前一个元素的下一个值
    }
    if (iscontinue)  //若还有方案
    {
        Output();  //输出一种方案
        if (Queens[6] < 8)        //若倒数第2列的值未超过8
            Queens[6]++;        //修改倒数第二位的值
        else
            Queens[6] = 1;        //从第1列开始
        i = 6;        //开始寻找下一个满足条件的解
    }
}
}
```

（3）编写主函数 main()调用前面定义的函数输出计算结果，具体代码如下所示。

```
int main()
{
    printf("八皇后排列方案:\n");
    Queen();        //调用函数查找排列方案
    getch();
    return 0;
}
```

执行效果如图 12-2 所示。

图 12-2　循环法解决"八皇后"问题执行效果

12.2　生命游戏

知识点讲解：光盘:视频讲解\第 12 章\生命游戏.avi

实例 12-3　使用编程方法解决"生命游戏"问题
源码路径　光盘\daima\12\12-3.c

问题描述：生命游戏是英国数学家约翰·何顿·康威在 1970 年发明的细胞自动机。它最初于 1970 年 10 月在《科学美国人》杂志中马丁·加德纳的"数学游戏"专栏出现。

生命游戏是一个零玩家游戏，包括一个二维矩形世界，这个世界中的每个方格居住着一个活着的或死了的细胞。一个细胞在下一个时刻生死取决于相邻八个方格中活着的或死了的细胞的数量。如果相邻方格活着的细胞数量过多，这个细胞会因为资源匮乏而在下一个时刻死去；相反，如果周围活细胞过少，这个细胞会因太孤单而死去。实际中，你可以设定周围活细胞的数目怎样时才适宜该细胞的生存。如果这个数目设定过高，世界中的大部分细胞会因为找不到太多的活着的邻居而死去，直到整个世界都没有生命；如果这个数目设定过低，世界中又会被生命充满而没有什么变化。实际中，这个数目一般选取 2 或者 3；这样整个生命世界才不至于太过荒凉或拥挤，而是一种动态的平衡。这样的话，游戏的规则就是：当一个方格周围有 2 或 3 个活细胞时，方格中的活细胞在下一个时刻继续存活；即使这个时刻方格中没有活细胞，在下一个时刻也会"诞生"活细胞。在这个游戏中，还可以设定一些更加复杂的规则，例如当前方格的状况不仅由父一代决定，而且还考虑祖父一代的情况。你还可以作为这个世界的上帝，随意设定某个方格细胞的死活，以观察对世界的影响。

算法分析：可以将这个问题分解为如下两部分来各个击破。

（1）用什么方式表示某时刻有哪些细胞是活的

一种简单的想法是用一个二维数组将某时刻所有的细胞的状态都记录下来，不过这样的内存开销太大，同时又给细胞网格设定了界限，而且效率也并不高。

比较好的做法是用一个线性表 int list[][2] 来记录某时刻的所有的活细胞的坐标，同时用一个整数 int n 记录当前的活细胞数量。

（2）如何从某时刻的状态推导出下一时刻有哪些细胞为活的

根据规则，显然某时刻某个细胞是否活着完全取决于前一时刻周围有多少活着的细胞，以及该时刻该细胞是否活着。因此，推导下一时刻状态时，根据当前 list 中的活细胞，首先可以得到该时刻有哪些细胞与活细胞相临，然后可以进一步得知这些细胞在该时刻与多少个活细胞相临，并且可以知道下一时刻有哪些细胞是活的。在具体实现时，需要一个能够存储坐标并给每个坐标附带了一个计数器（记录该坐标的细胞与多少个活细胞相临）和一个标志（0 或 1，表示当前该坐标的细胞是活是死）的容器 T。容器 T 的功能是检查某个坐标是否在其中，以及向其中添加带有某个标志的某个坐标，并将该坐标的计数器清零，以及将某个坐标的计数器累计。

具体实现：编写实例文件 12-3.c，其具体实现流程如下所示。

（1）定义常量和进行函数原型声明，具体代码如下所示。

```
#include <stdio.h>
#define MAXROW 10 //最大行数
#define MAXCOL 10 //最大列数
#define DEAD 0 //死细胞
#define ALIVE 1 //活细胞
int cell[MAXROW][MAXCOL], tempcell[MAXROW][MAXCOL]; //cell表示当前生命细胞
//的状态，tempcell用于判断当前的细胞的下一个状态
void init(); //初始化细胞数组
int BorderSum(int, int); //统计当前细胞四周的细胞数
void Output(); //输出细胞状态
```